SASで学ぶ統計的データ解析 1

SASによる
データ解析入門［第3版］

竹内 啓——監修

市川伸一・大橋靖雄・岸本淳司
浜田知久馬・下川元継・田中佐智子 ——著

東京大学出版会

SASシステムは米国 SAS Institute 社製の
コンピュータソフトウェアです．

An Introduction to Statistical Data Analysis Using
    SAS Software (3rd ed.)
(Statistical Data Analysis Using SAS Software 1)
Kei TAKEUCHI (Supervising Author), Shinichi ICHIKAWA,
Yasuo OHASHI, Junji KISHIMOTO, Chikuma HAMADA,
Mototsugu SHIMOKAWA, and Sachiko TANAKA
University of Tokyo Press, 2011
ISBN 978-4-13-064085-5

監修者まえがき

　統計データを解析するのに，汎用統計パッケージは不可欠のものとなりつつある．汎用パッケージにもいろいろあるが，そのなかでこれまでのところ，最も大きく最も整備されているのが SAS (Statistical Analysis System) である．

　しかし，SAS を使いこなすのは楽ではない．SAS のマニュアルは膨大であって，通読するのも容易ではない．そもそもマニュアルを読んで使えるようになるまで，大変に手間と時間がかかるというのでは，統計計算を手軽に行うことができるようにしたプログラム・パッケージという本来の趣旨に反することになる．SAS を使うのに，その全体を知らなければならないということはない．実際のデータ解析で必要とされる手法は，分野によって異なるが，SAS に入っているもののなかのごく一部である．したがって，SAS の一般的な使い方のほかは，自分の使いたい手法がどういう形で含まれており，それを使うにはどうすればよいか，あるいはそれを見つけるにはどうすればよいか，を知れば十分である．

　こういう意味で SAS のような大きなプログラム・パッケージには，マニュアルとは違い，マニュアルの使い方を含めた解説書が必要である．それは，SAS の基本的な概念，SAS によるプログラミングの基礎的な手続き，SAS に含まれている主な統計的手法の意味と適用上の注意，SAS に含まれているその他の手法の簡単な解説，等を含んだものとして書かれるべきであろう．

　SAS は，場合に応じてプログラムをいろいろに変形して使うのにも適した形に構成されており，また output もいろいろな形で印刷できるようになっている．したがって，本当にそれを有効に利用するには，やはり，統計計算の形式的手続きだけでなく，その意味を正しく理解していることが必要になる．もちろん，それを完全に説明するには分厚い数理統計学の教科書が必要になり，プログラム・パッケージの解説書という範囲を越えてしまうが，しかしある程度の説明と注意なしには，計算手続きがブラックボックス化してしまうおそれがある．

　このシリーズは，上記のような要請に応えて，SAS を正しくかつ容易に使えるようにすることを目的として書かれたものであり，多くの分野の研究者に有益であると思う．また執筆者たちはいずれも統計的手法の理論にも，それぞれの分野の応用にも優れ，かつコンピュータプログラムにもくわしい人たちであるので，各方面の経験ある研究者にとってはもちろん，初心者にも役立つ "SAS 入門書" になることと信じている．

1986 年 12 月

竹　内　　啓

まえがき

　本書の初版は 1987 年 1 月に出版された．以下が初版の「まえがき」の書き出しである．

　本書は"SAS で学ぶ統計的データ解析シリーズ"の第 1 巻として，SAS の基本的な使い方と，データ解析の入門的なことがらを解説したものである．統計パッケージを利用して実際のデータに触れつつ，統計手法に対する理論的理解を深め，手法間の関連を把握し，ひいてはデータ解析のストラテジーを解析者ごとに構築できるよう手助けするというかなり欲張った目標を目指して，本書および本書に続くシリーズの各巻は企画された．
　統計パッケージは両刃の剣である．汎用統計パッケージが普及し始めたころ，"統計パッケージ有害論"がまき起こったことを我々は忘れるわけにはいかない．計算負荷を減らし，解析効率を上げるという本来の"益"の一方で，データの質も考慮しないままブラックボックスにデータをほうりこみ，その結果，解析結果が一人歩きするという状況さえ現れたのである．しかし，"害"にのみ目を奪われ，統計パッケージを毛嫌いすることもまた大きな損失である．心理学を専攻とし，主に文科系の学生に統計手法を教える立場にある市川も，応用統計家として技術者や医学研究者に教授を行っている大橋も，統計パッケージを利用し，身近なデータを解析することの教育効果の大きさを身にしみて経験してきた．この経験を分かち合いたいというのが，我々の願いである．さらに，こうした実践的な教育と，統計手法の科学としての整合性のバランスをとることが，本シリーズの著者たちに課せられた困難なテーマであるといえよう．

　本書の目標は変わらないものの，以来，20 年以上が流れ，計算機環境の変化は目ざましく，SAS 利用環境そして SAS 自体も大きく変貌した．初版出版当時は大型計算機センターに設置してある汎用計算機上の SAS を端末経由で共同利用していたが，現在はノート PC や UNIX ワークステーションを単独であるいはネットワーク環境を通して個別に利用するようになっている．Version は Version5 から Version9 へ大きく進化し，大型汎用計算機，ミニコン，UNIX ワークステーション，パソコン（Windows 版と Mac 版）という異なる環境に対してほぼ同一のユーザーインターフェイスが提供され，使い勝手は格段に向上した．SAS は統計パッケージというより，総合的な情報システム開発ツールというべき巨大なソフトウェアであるが，ますます多機能となり，統計手法に限っても，本シリーズの構成を変更せざるを得なくなるほど，新しい手法をどん欲なまでに取り入れてきた．
　SAS およびその利用環境の変化を受け，1993 年に Version6 用に本書を第 2 版として改訂し，以来，本書は SAS 入門のバイブルとして高い評価を受け増刷を続けてきたが，上記のような SAS の進化に伴い，本書を Version9 用に第 3 版として全面改訂することにした．

まえがき

　SAS 入門である第 1-2 章は，利用環境の変化に応じて書き直した．SAS プログラミングの基礎である第 3-4 章は，文法の拡張に応じて適宜加筆修正し，とくに SAS のプロシジャの出力結果を HTML, PDF, RTF 等の様々なファイル形式で出力する ODS (OutputDeliverySystem) の機能についても解説した．

　コンピュータ関係の入門書は一般に難しく，本を読んでもなかなか使えるようにならないのが通例である．そこで統計解析というより，まずデータ処理の道具として SAS をできるだけ早く使えるようにするという観点から，本書では初版から 2 つの方針を採用した．それは，"体系的に書かないこと" と "網羅的に書かないこと" である．つまり，初心者にとって最低限必要と思われることから解説し，SAS に慣れてきた段階でまた読み進めばよいような構成にしたことと，知らなくても特に困らないような細かい使い方は大幅に割愛したことである．本書の内容程度の文法知識を理解すれば，充実した SAS の Help を参照して，簡単なプログラミング・統計解析を行うことは充分に可能である．

　第 II 部はデータ解析の入門である．解析の初期に行うデータ吟味（要約統計量の計算とグラフ表示）の重要性を改めて強調して，第 5 章にまとめ直した．第 6 章には統計的検定に関する入門的知識を独立させ，よく用いられる t 検定やカイ 2 乗検定などの基本的な検定手法を紹介した．理論的基礎としては，『統計学入門』（東京大学出版会）等を参照すればよいであろう．第 7 章と第 8 章はそれぞれ回帰分析と分散分析，主成分分析と因子分析について解説している．第 2 版までと同様それぞれの手法のイメージと利用上の基本を体得してもらうことを目的としている．詳しい手法の解説は，第 7 章については，本シリーズ既刊の『SAS による回帰分析』，『SAS による実験データの解析』を参照されたい．また第 8 章については，『SAS による多変量データの解析』を参照されたい．

　今度の第 3 版の改版は全面的なものであり，幸い好評をもって迎えられた初版・第 2 版を超える本を作るために下川元継・田中佐智子の二人を新たに著者に加え，度重なる意見の交換に基づいて改版作業を進めた．本書の出版に際しては多くの方々のご意見ご協力をいただいた．日本 SAS ユーザー会の会員の方々からは数々のアドバイスを受け，佐藤宏征氏（独立行政法人医薬品医療機器総合機構），水澤純基氏（国立がんセンター），志村将司氏・真野博貴氏（東京理科大学）には校正に御協力いただいた．また，東京大学出版会の丹内利香氏には作業の遅れによって多大の迷惑をおかけしたにもかかわらず，新版を望む読者の声を伝えていただくことも含め，最後まで励ましていただいた．これらの方々に感謝の意を表させていただきたい．

2011 年 11 月

市　川　伸　一
大　橋　靖　雄
岸　本　淳　司
浜　田　知久馬
下　川　元　継
田　中　佐智子

目　　次

監修者まえがき　(i)

まえがき　(iii)

─────────── 第Ⅰ部　SAS の概要 ───────────

第1章　SAS とは何か ………………………………………………………………… 3
　1-1　なぜ SAS を使うのか ……………………………………………………………… 3
　1-2　簡単な SAS のプログラム例 ……………………………………………………… 3
　1-3　SAS の特徴 ………………………………………………………………………… 4
　1-4　SAS の動作環境 …………………………………………………………………… 7
　1-5　本書の目的と構成 ………………………………………………………………… 7

第2章　簡単な SAS プログラムの作成と実行 …………………………………… 9
　2-1　ディスプレイマネージャシステムの利用(対話型 DMS モード) ……………… 9
　2-2　SAS/GRAPH の使い方 ………………………………………………………… 13
　2-3　まとめと補足：今後の学習の指針 …………………………………………… 15
　　　2-3-1　ディスプレイマネージャの操作(15)　2-3-2　OS とファイル管理(15)　2-3-3　SAS プログラム(16)　2-3-4　統計的手法の理解(16)

第3章　SAS によるプログラミングの基礎 ……………………………………… 17
　3-1　SAS のプログラム構成 ………………………………………………………… 17
　3-2　DATA ステップの基本的処理 ………………………………………………… 21
　　　3-2-1　DATA ステップでの処理の流れ(21)　3-2-2　データの入力(23)　3-2-3　変数の生成と除去(27)　3-2-4　SAS データセットの再利用と結合(32)　3-2-5　ファイルへのデータ出力(34)　3-2-6　条件別の処理(35)　3-2-7　オブザベーションの格納と削除(39)
　3-3　PROC ステップの処理 ………………………………………………………… 41
　　　3-3-1　PROC ステップの構成とプロシジャ(41)　3-3-2　対象とする変数の指定(42)　3-3-3　グループ別の処理(42)　3-3-4　対象とするオブザベーションの選択(44)

3-4 補足と注意 ··· 45

 3-4-1 プログラムの実行中断(45) 3-4-2 SAS プログラムの保存と再利用(45) 3-4-3 ファイルやプリンタへの結果の出力(47) 3-4-4 出力幅の制御(47) 3-4-5 変数の長さ(バイト数)の指定(47) 3-4-6 エラーの修正(49) 3-4-7 ODS(アウトプット・デリバリ・システム)の機能(50)

第4章 データハンドリング ··· 53

4-1 入出力の書式 ··· 53

 4-1-1 データ入力の書式(53) 4-1-2 データ出力の書式(60) 4-1-3 ユーザー作成フォーマット(64) 4-1-4 フォーマットの管理(67) 4-1-5 ユーザーフォーマットと PUT 関数(69) 4-1-6 変数のラベルづけ(69)

4-2 DATA ステップにおける制御 ··· 70

 4-2-1 DO グループの反復(70) 4-2-2 データセット出力のタイミング(74) 4-2-3 配列処理(78) 4-2-4 マッチマージ(80)

4-3 データ整形プロシジャの活用 ··· 83

 4-3-1 データの整列(SORT プロシジャ)(83) 4-3-2 データの転置(TRANSPOSE プロシジャ)(84) 4-3-3 順位付け(RANK プロシジャ)(85) 4-3-4 データの標準化(STANDARD プロシジャ)(87)

4-4 日付データの扱い ··· 89

 4-4-1 日付データの表現方法(89) 4-4-2 日付関数(90)

4-5 SAS マクロ機能 ··· 92

4-6 補足と注意 ··· 93

―――――――― 第II部 データ解析入門 ――――――――

第5章 記述統計と予備的解析 ··· 99

5-1 グラフを書いてみよう(CHART, GCHART プロシジャ) ··· 100

 5-1-1 分類変数のバーチャート(100) 5-1-2 連続変数のバーチャート(102) 5-1-3 並列ヒストグラムと分割ヒストグラム(GROUP = オプションと SUBGROUP = オプション)(104) 5-1-4 GCHART プロシジャのまとめ(106)

5-2 集計表を作ってみよう ··· 107

　　　　5-2-1　度数分布表（FREQ プロシジャ）(107)　　5-2-2　クロス集計表（FREQ プロシジャ）(109)
　　　　5-2-3　複雑な帳表の作成（TABULATE プロシジャ）(110)

　5-3　変数ごとの解析 …………………………………………………………………………… 112
　　　　5-3-1　要約統計量の計算（MEANS プロシジャ）(112)　　5-3-2　詳細な要約統計量とグラフの出力（UNIVARIATE プロシジャ）(114)　　5-3-3　要約統計量の抵抗性（レジスタンシー）と頑健性（ロバストネス）(124)　　5-3-4　UNIVARIATE プロシジャをどう使うか(125)

　5-4　2変数間の関連の解析 ……………………………………………………………………… 126
　　　　5-4-1　（層別）散布図の作成（PLOT プロシジャ，GPLOT プロシジャ）(126)　　5-4-2　相関係数の計算（CORR プロシジャ）(132)

第6章　統計的検定入門 …………………………………………………………………………… 147

　6-1　検定の基礎 …………………………………………………………………………………… 147
　　　　6-1-1　検定の原理，帰無仮説，p 値，有意水準(147)　　6-1-2　検定に関する注意(148)

　6-2　対応のない2群の平均の差の t 検定（TTEST プロシジャ） ………………………… 150

　6-3　ウイルコクソンの順位和検定（NPAR1WAY プロシジャ） …………………………… 153

　6-4　対応のある2群の検定（UNIVARIATE プロシジャ） ………………………………… 156

　6-5　カイ2乗検定とフィッシャーの正確検定（FREQ プロシジャ） …………………… 159

第7章　回帰分析と分散分析 ……………………………………………………………………… 167

　7-1　回帰分析（REG プロシジャ） …………………………………………………………… 167
　　　　7-1-1　回帰分析の考え方(167)　　7-1-2　予測値と残差の統計的性質(169)　　7-1-3　回帰モデルの検定(173)　　7-1-4　重回帰分析(175)　　7-1-5　REG プロシジャのオプションとステートメント(178)　　7-1-6　回帰分析における注意(179)

　7-2　分散分析（GLM プロシジャ） …………………………………………………………… 182
　　　　7-2-1　1元配置の分散分析(183)　　7-2-2　2元配置の分散分析(186)　　7-2-3　1元配置と2元配置で何が変わるか(190)　　7-2-4　GLM プロシジャのオプションとステートメント(193)　　7-2-5　GLM プロシジャに関する注意(194)　　7-2-6　GLM プロシジャによる多重比較(197)

第8章　主成分分析と因子分析 …………………………………………………………………… 205

　8-1　主成分分析（PRINCOMP プロシジャ） ………………………………………………… 207
　　　　8-1-1　主成分分析とは(207)　　8-1-2　認知課題データの主成分分析(210)　　8-1-3　PRINCOMP プロシジャのオプション(214)　　8-1-4　主成分分析における注意(218)

8-2 因子分析(FACTORプロシジャ) 219

 8-2-1 因子分析とは(219) 8-2-2 認知課題データの主成分解とその回転解(224)

 8-2-3 主因子解にすると何が変わるか(229) 8-2-4 FACTORプロシジャのオプション(231) 8-2-5 因子分析における注意(237)

付　録

1 SASの主な統計関係プロダクト 245
2 SASシステム統計関係プロダクトのプロシジャ一覧(SAS 9.2) 246
3 SAS関連のソフトウェア 256
4 SASのマニュアル一覧 257
5 日本語の関連書籍 260

参考文献 261

図表・データの引用 262

索　引 263

 事項索引(263) SAS関連索引(266) 事項索引(268)

第 I 部　SASの概要

第 1 章　SAS とは何か

第 2 章　簡単な SAS プログラムの作成と実行

第 3 章　SAS によるプログラミングの基礎

第 4 章　データハンドリング

第1章 SASとは何か

1-1 なぜSASを使うのか

　SAS（Statistical Analysis System）とは，コンピュータソフトウェアの1つである．SASには実に広範囲な機能があるが，とくに統計計算に強いので，いわゆる"統計パッケージ"として分類されることがある．統計の計算には，しばしば複雑なコンピュータプログラムが必要である．統計手法を"使う"立場の人は，たとえ専門家であっても，統計のプログラムを一から作ることは現実的ではない．なぜなら，コンピュータによる計算には独自のテクニックが必要であり，そちらの専門家に任せたほうがよいからである．また，忙しい研究者にとっては，省ける手間はできるだけ省くべきであろう．実際，筆者らはかつて自分で細かいプログラムを作成していたが，SASを知ってからは，少なくとも解析に関してはSASを利用するようになった．SASを使えば，統計学の標準的な教科書で示されている程度の解析に関して，データと簡単なプログラムを与えるだけですぐに結果を得ることができるのである．

　一方，筆者らは統計学を教える立場にもあり，SASは統計学を教える手段としても有効であることを実感している．伝統的な統計学の教授法では，まず数学的な理論が教えられ，次に例題が提示される．このような手順が向いている学生も確かにいる．しかし，多くの学生は，数学的説明が理解できない（しようとしない）で学習が止まってしまう．なぜなら，伝統的教授法では"この統計的手法を会得すると将来役に立つ"と感じるための動機が希薄であるからである．筆者らの考える統計学教授法では，まずデータ例を示し，それをSASで解析し，解釈を与える．つまり，"この統計的手法を使うとこんなことが明らかになる"とか，"このように合理的な意思決定ができる"という内容を学習初期に伝えたいのである．その後で，"この手法は実はこういう方法で計算できる"という理論を説明する．伝統的教授法は，統計的手法を"作る"人の立場であり，新教授法は"使う"人の立場であるといえる．そして，世の中には使う立場の人のほうがずっと多いはずである．実は，この本自体がそういう教授法構成の実験になっている．

1-2 簡単なSASのプログラム例

　今，図表1.1のように15人の名前，性別，身長，体重が入った簡単なデータをもとに，SASによる統計処理がどのようなものかを見ることにしよう．

図表 1.1 名前・性別・身長・体重の入ったファイル (taikaku.txt)

```
松井 F 156.3 47.1
大橋 M 172.4 61.5
市川 M 169.2 64.5
河合 F 158.2 53.6
中村 F 160.1 48.0
山田 M 174.1 64.6
今野 F 152.3 42.2
小林 M 166.2 60.2
村田 M 180.3 74.3
中川 M 178.2 80.2
高野 F 169.2 60.8
安藤 M 176.0 73.3
本橋 F 158.3 49.9
相原 F 162.4 51.6
高田 M 170.4 58.9
```

図表 1.2 SAS プログラムの例

```
title;
options nodate nonumber;

data taikaku;
    length name $ 20;
    infile 'c:\data\taikaku.txt';
    input name $ sex $ height weight;
run;

proc sort data=taikaku;
    by sex height;
run;

proc print data=taikaku;
run;

proc means data=taikaku;
    by sex;
run;

proc plot data=taikaku;
    plot weight*height=sex;
run;
quit;
```

行いたい処理は,
(1) 性別さらに身長順に並べ替えて印刷すること.
(2) 男子・女子ごとに,平均,標準偏差等の基本統計量を求めること.
(3) 男子(M)と女子(F)を異なる文字にして,身長と体重の散布図を描くこと.

とする.データが図表 1.1 のように,すでにファイルに用意されているとすれば,プログラムは図表 1.2 のようになる.このプログラムを実行すると図表 1.3 のような結果が出力される.今ここでは,このプログラムの詳細を理解する必要はない.SAS プログラムのだいたいの感じがわかっていただければ十分である.

1-3 SAS の特徴

統計計算のための既製コンピュータプログラム(いわゆる汎用統計パッケージ)は,SAS だけではない.伝統的なものとしては,社会科学のための SPSS,医学・生物学のための BMDP も広く知られており,SAS,SPSS および BMDP は,世界三大統計解析パッケージと呼ばれている.また,オブジェクト指向プログラミング機能を特徴とした S-PLUS,統計の知識がなくても直感的で使いやすい JMP などもある.統計ソフトウェアは実に多くの種類があり,ここで列挙することはできない.

これらの統計ソフトウェアは,それぞれ特色をもった優れたものであることを筆者らは否定しない.基本的な内容に問題があるソフトは淘汰されてしまい,「良い」ソフトウェアのみが生き残っているはずである.それにもかかわらず,SAS は公平に見て最もよく普及している統計ソフトウェア

図表 1.3 SAS の実行結果

```
     OBS    name    sex    height    weight

      1     今野     F     152.3     42.2
      2     松井     F     156.3     47.1
      3     河合     F     158.2     53.6
      4     本橋     F     158.3     49.9
      5     中村     F     160.1     48.0
      6     相原     F     162.4     51.6
      7     高野     F     169.2     60.8
      8     小林     M     166.2     60.2
      9     市川     M     169.2     64.5
     10     高田     M     170.4     58.9
     11     大橋     M     172.4     61.5
     12     山田     M     174.1     64.6
     13     安藤     M     176.0     73.3
     14     中川     M     178.2     80.2
     15     村田     M     180.3     74.3
```

------------------------------- sex=F -------------------------------

MEANS プロシジャ

変数	N	平均	標準偏差	最小値	最大値
height	7	159.5428571	5.2924025	152.3000000	169.2000000
weight	7	50.4571429	5.8303394	42.2000000	60.8000000

------------------------------- sex=M -------------------------------

変数	N	平均	標準偏差	最小値	最大値
height	8	173.3500000	4.7413078	166.2000000	180.3000000
weight	8	67.1875000	7.7556316	58.9000000	80.2000000

プロット：weight*height　使用するプロット文字：sex　の値

```
weight |
    80 +                                               M
       |
       |                                                        M
       |                                          M
    70 +
       |
       |                              M       M
       |                                          M
    60 +                          M       F
       |                                  M
       |
       |
       |         F
    50 +              F
       |         F
       |      F
       |
    40 +   F
       +--+-------+-------+-------+-------+-------+-------+--
         150     155     160     165     170     175     180     185
                                  height
```

であるといえる．筆者らがSASを選択し紹介するのは，SASには次のような優れた特徴があるからである．

(1) データの入出力形態が多様であり，ファイル管理能力が高い

実際にデータ解析に携わってみればわかることだが，生データというものはけっして我々の期待通りには並んでいない．したがって，フォーマットを使って情報を入出力するとか，条件判断しながら読み込むような作業が必要である．また，複数のファイルを結合したり，データの順番を並べ替えたりすることもある．統計処理した結果をExcel等の外部データファイルに出力して，さらに処理を続けることもある．筆者らが最初にSASに注目したのは，統計機能よりもむしろこのデータの管理機能であった．世界的に見ても，データ管理とレポーティングのためにSASを使っている機関が大半で，統計解析のためだけに使っているところは案外少ないのである．データのハンドリングは，状況によっては高度な統計解析手法の適用よりも重要である．この詳細については第4章で述べる．

(2) 収載されている統計手法が豊富である

付録2で説明しているように，SASの統計プロダクトであるSAS/STATには広範な統計手法が集積されている．これ以外にも，計量経済分析・時系列解析用のSAS/ETS，線形計画法やCPMなどのオペレーションズリサーチ手法を集めたSAS/OR，管理図作成，実験計画などの統計的品質管理手法をまとめたSAS/QCというオプションが提供されている．そのため，さまざまな分野での統計的要求に応えることができる．

さらに重要なことは，SASは常に進歩を続けていて，最新の統計手法を次々と取り入れていることである．新しい統計手法は，コンピュータの利用を前提として提案されているものが多い．

(3) 美しいグラフィック表示が容易に得られる

データ解析では，単に統計手法を適用するだけでなく，その結果を視覚的に表現しないと説得力がない．SAS/GRAPHというオプションを使えば，本書のカバー写真のようなカラーグラフや地図出力を得ることができる．レーザープリンタに出力すれば，そのまま原稿に使うことができる．実際，本書中のグラフ出力はそのようにして得ている．

(4) 行列言語が提供されている

SASに登録されていない新しい統計手法を試みたいときもあるだろう．そのようなときには，SAS独自の計算機言語SAS/IMLが便利である．これは，行列を演算単位とする言語であって，たとえば重回帰式の係数は，

$$B=INV(X'*X)*X'*Y;$$

という具合に，ほぼ行列の形通りにプログラム化することが可能である．統計計算で必要になる行列関数や演算が豊富に用意されている．また，SAS/IMLは会話型言語であって，式を1つだけ実行して途中までの結果を見るような使い方ができる．グラフィック出力の能力も有している．やはり行列言語であるAPLとは違って特殊な端末を必要とせず，プログラムが読みやすいことが特徴である．

(5) 幅広いコンピュータ環境で動作する

次節で紹介するように，SASはメインフレームからパソコンにいたるまでのさまざまなコンピュー

タ環境で利用できる．一度 SAS の操作方法を覚えてしまえば，コンピュータ環境が変化しても，外国へ行っても，同じように使いこなすことができる．パソコン版の SAS で開発したプログラムをそのままメインフレームで実行することもできる．

(6) すでに広く使われている

以上，述べたような特徴が評価されて，SAS は国際的に最も広く使われている統計ソフトウェアとなっている．そのため，国際的な仕事をするときは，SAS でプログラムを作ればそれが世界中で通用することになる．統計学の教科書中にも，SAS でのプログラミング法が載っていることが多い．

アメリカを中心として，全世界に SAS のユーザーは非常に多い．SAS を導入しているサイトは全世界で約 43000，日本国内で約 2300 と言われている．ユーザー相互の情報交換も緊密であり，国際 SAS ユーザー会総会 SUGI（SAS User Group International）は，年 1 回の総会を開き，研究発表や SAS 社への要望の提出等を行っている．また，SAS 社からの開発状況の報告もここで行われる．わが国にも"SAS ユーザー総会"が発足しており，総会を通じて SAS を有効に利用するための研究活動が盛んに行われている．

1-4 SAS の動作環境

わが国で SAS がまず普及したのは，1981 年の九州大学をはじめとして，北海道大学，東京大学，名古屋大学，京都大学等の主要大学に設置されている全国共同利用大型計算機センターであった．当時 SAS は大型汎用コンピュータ（メインフレーム）でのみ稼働していたが，その後ミニコン，パソコン，UNIX ワークステーションと動作可能環境を広げた．同時に，統計の応用やデータ管理を真摯に欲していた民間企業である製薬企業，次いで金融機関等にユーザー層を急速に広めていった．

2011 年現在，SAS は次のようなコンピュータ環境で利用できる（括弧内はメーカー名）．

メインフレーム：z/OS(IBM)
UNIX ワークステーション：HP-UX(HP), AIX(IBM), Solaris(SUN) 等
パソコン：Windows(Microsoft), Linux(RHEL, SuSE), Mac

SAS の開発・販売・サポート・教育は，アメリカのノースカロライナ州にある SAS Institute Inc. が行っている．日本では，現地法人である SAS Institute Japan 株式会社が対応している．

1-5 本書の目的と構成

大半の読者は"SAS を使って統計的データ解析を行う"ことを目的として，本書を手にしていることであろう．ここには 2 つの課題が含まれている．

(1) SAS そのものの使い方を学ぶこと．
(2) SAS が行ってくれる統計的手法を理解すること．

ある手法の計算手続きを完全に理解してからプログラムを自分で書かなければならなかった頃と異なり，今日では統計パッケージによってだれでも容易に出力結果を入手することができる．そのとき，結果を出すことがあたかもその統計手法を使いこなしているかのような錯覚に陥ってしまうと

したら，きわめて危険なことである．すなわち，重要なことは"SASを使って結果を出すこと"ではなく，むしろ"出力された結果の意味を理解し，次の分析や研究への足がかりとすること"である．それは統計学そのものの使い方を理解することにほかならない．SASはそのための便利な道具なのである．

"SASで学ぶ統計的データ解析シリーズ"は，このような立場から，SASの使い方を習得するとともに，データ解析の手法を理解することを目的として企画された．その意味で，SASの文法だけを解説したSASマニュアル（使用手引書）等とは根本的に異なっている．文法に関する事項は必要最小限に抑える方針をとったので，細かい点はむしろSASマニュアル等を参照していただきたい．目的はあくまでも"SASを学ぶ"ではなく"SASで学ぶ"なのである．

本書シリーズ第1巻『SASによるデータ解析入門［第3版］』では，SASおよび統計的データ解析をこれから本格的に学ぼうという読者を対象に，SASに関する基本的な説明と，データ解析の代表的手法についての解説を行う．

第Ⅰ部は，SASそのものの解説である．第2章でまずSASの具体的な実行手順が出てくる．これは，新しいシステムなり言語なりを学ぶ際，とにかく一度簡単な処理を行ってみて，概略をつかんだ後，それぞれの手順の意味と応用の方法を学ぶほうがよいと考えられるからである．とくに初学者のうちは，細かい文法を頭に入れるより，まずコンピュータに向かって一度プログラムを実行してみることをすすめたい．

第3章・第4章では，SASのプログラミングについての説明に入る．ここで読者は第1章や第2章の例で出てきたSASプログラムについて理解し，多くの応用ができるようになるであろう．はじめのうちは，これらの章を完全に読みこなそうと思う必要はない．どこにどういう事項が書かれているかを一応把握しておき，時に応じてそこを読んでは実際に使ってみる程度でかまわない．SASを使って仕事をするための必要最小限度の知識を第3章にまとめ，さらに進んだ方法を第4章で紹介している．

それでもなお，ここで紹介したSASの基本的機能は全体の1%程度である．SASで仕事をするのにSASのすべてを理解する必要はない．SASのすべてを知っている人はおそらく世界中に1人もいないであろうし，普通の企業でも1%程度の機能を引き出せばSAS導入は成功といわれている．

第Ⅱ部は，SASを使った統計技法の紹介に当てられている．第5章では記述統計について述べる．第6章では，統計的検定の基本技術を紹介する．第Ⅱ部を通じて，印刷出力される各種統計量の数学的定義は最小限に抑え，その意味について極力述べるようにした．正確な定義はSASマニュアルなどを適宜参照していただきたい．第7章と第8章では，比較的よく使われているやや高度な解析手法の代表として，回帰分析と基本的な分散分析，主成分分析と因子分析について簡単な使い方を示した．

この第Ⅱ部は第2巻以降へのつなぎでもある．第2巻以降では，各統計手法について体系別に，数学的にもやや詳しく解説し，また実用上の問題についても掘り下げた解説を与える．

なお，このテキストではリリース9.2のSASの機能を中心に説明しており，これ以外のバージョンでは，本テキストに示した実行結果と必ずしも一致しないことに注意されたい．

第2章　簡単なSASプログラムの作成と実行

　この章では，簡単な例を使って，SASの実行手順をまず紹介しておく．コンピュータに不慣れな人も，とにかくまずSASプログラムを例のとおりに入力して実行してみよう．ただし，ここでの解説に出てくる用語のいくつかは，初学者にとっては十分意味がわからないに違いない．それらは，第3章および第4章を読むことによって理解できるはずである．この章の目標は，あくまでも，"とにかくSASを動かしてみる"ということである．なお，ここではSAS/GRAPHの簡単な使い方も示すことにした．これらの例をもとにして，ある程度コンピュータを使ったことのある読者ならば，さっそく応用的な使い方もできるであろう．

　用いるデータは図表1.1のような身体測定データで，名前はローマ字とする．初学者にわかりやすくするため，データを別のファイルにせずに，プログラムの中に含めて書く方法をとることにする．行う処理は，名前をアルファベット順に並べ替えて印刷することだが，その際，

```
DIF=HEIGHT-WEIGHT
```

の値を出力し，さらにこの値が105未満の人には"heavy"の警告が出力されるようにしよう（なお，ここでの例がうまく実行できたら第3章を学び，図表1.1と図表1.2のデータとプログラムをそのまま使って実行してみてほしい）．

　SASプログラムの作成・実行の仕方にはいくつかの種類がある．ここでは，通常の利用者にとって最も頻度が高いと思われるディスプレイマネージャシステムを用いる方法を示す．

2-1　ディスプレイマネージャシステムの利用　　　（対話型DMSモード）

SASの起動
　コンピュータでSASを使うためには，SASのシステムを組み込んでおかなくてはならない．この作業をインストールというが，以下は，インストールが完了した後の手順である．Windowsについて，代表的なやり方を示そう．
　メニューバーから［スタート］→［すべてのプログラム］→［SAS］→［SAS 9.2（日本語）］をクリックするとSASが起動され，図表2.1のようなマルチウィンドウが現れる．これがディスプレイマネージャシステム（DMS）であり，ここから，プログラムの作成，修正，実行，結果の表示などを行うことができる．図表2.1の3つのウィンドウ（分割画面）は最も基本となるもので，次のよう

図表 2.1　ディスプレイ・マネージャの基本ウィンドウ

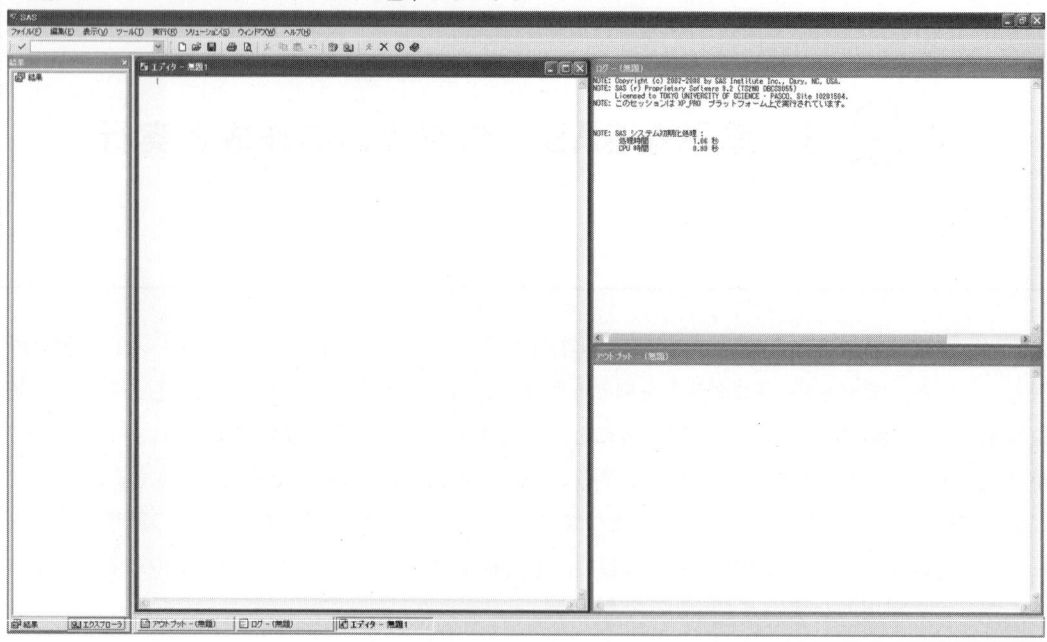

なはたらきをする．
　　　拡張エディタ：プログラムの編集（新規作成や修正）を行う
　　　ログ：実行時に SAS 処理系から出されるメッセージを表示する
　　　アウトプット：統計処理等の出力結果を表示する
　こうして SAS が起動されれば，あとの使い方はコンピュータの種類によってほとんど違いはない．なお，プログラムの編集（新規作成や修正）を行うウィンドウには [拡張エディタ] ウィンドウのほかに [プログラムエディタ] ウィンドウ，および [NOTEPAD] ウィンドウがある．これらの詳細は，SAS マニュアルなどを参照されたい．

　プログラムの入力と実行
　まず，図表 2.2 のプログラムを [拡張エディタ] ウィンドウで作ってみよう．できあがったら，ツールバーボタンをクリック，またはメニューバーから [実行] → [サブミット] を選択すると，実行開始となる（プログラムの最後に"run；"とつける必要があることに注意されたい．この"run；"の意味は，p.21 で述べる）．
　実行後，エラーがなければ [ログ] ウィンドウと [アウトプット] ウィンドウには実行結果がそれぞれ図表 2.3，図表 2.4 のように表示されるはずである．エラーがあれば，[拡張エディタ] ウィンドウに戻り，修正してから再度実行すればよい．[ログ] ウィンドウにはエラーをはじめ実行時の重要情報が出力されているので注意して見る習慣をつけたい．
　なお，プログラムは漢字を除いて半角で入力する必要がある．スペースも半角スペースしか空けてはいけないことに注意されたい．

図表 **2.2**　入力するプログラムの例

```
title;
options nodate nonumber;

data taikaku;
   length name $ 20;
   input name $ sex $ height weight;
   dif=height-weight;
   if dif<105 then warning='heavy';
   datalines;
Ogawa      F 158.2 48.1
Tanaka     M 172.4 59.2
Nakayama   M 180.5 74.5
Takahashi  F 163.2 51.0
Okamura    M 169.1 67.2
Sakakibara F 154.3 53.2
;
run;

proc sort data=taikaku;
   by sex name;
run;

proc print data=taikaku;
run;

proc means data=taikaku maxdec=2;
   by sex;
run;
```

図表 **2.3**　SAS プログラム（図表 2.2）の実行結果（[ログ] ウィンドウ）

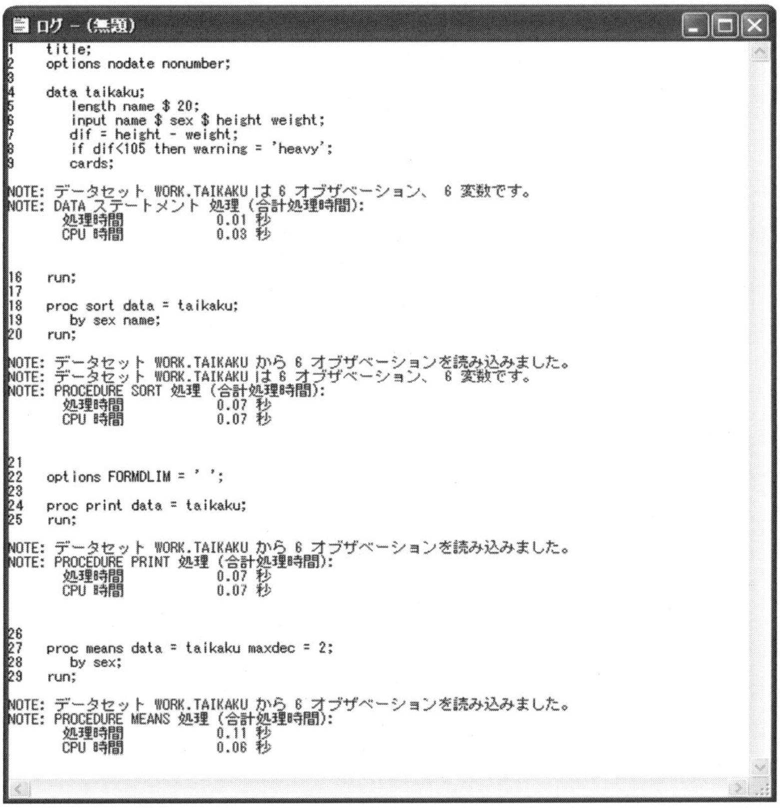

```
ログ - (無題)
1     title;
2     options nodate nonumber;
3
4     data taikaku;
5        length name $ 20;
6        input name $ sex $ height weight;
7        dif = height - weight;
8        if dif<105 then warning = 'heavy';
9        cards;

NOTE: データセット WORK.TAIKAKU は 6 オブザベーション、 6 変数です。
NOTE: DATA ステートメント 処理 (合計処理時間):
      処理時間             0.01 秒
      CPU 時間             0.03 秒


16    run;
17
18    proc sort data = taikaku;
19       by sex name;
20    run;

NOTE: データセット WORK.TAIKAKU から 6 オブザベーションを読み込みました。
NOTE: データセット WORK.TAIKAKU は 6 オブザベーション、 6 変数です。
NOTE: PROCEDURE SORT 処理 (合計処理時間):
      処理時間             0.07 秒
      CPU 時間             0.07 秒


21
22    options FORMDLIM = ' ';
23
24    proc print data = taikaku;
25    run;

NOTE: データセット WORK.TAIKAKU から 6 オブザベーションを読み込みました。
NOTE: PROCEDURE PRINT 処理 (合計処理時間):
      処理時間             0.07 秒
      CPU 時間             0.07 秒


26
27    proc means data = taikaku maxdec = 2;
28       by sex;
29    run;

NOTE: データセット WORK.TAIKAKU から 6 オブザベーションを読み込みました。
NOTE: PROCEDURE MEANS 処理 (合計処理時間):
      処理時間             0.11 秒
      CPU 時間             0.06 秒
```

図表 2.4　SAS プログラム（図表 2.2）の実行結果（[アウトプット] ウィンドウ）

```
アウトプット - (無題)

        OBS   name         sex   height   weight    dif     warning
         1    Ogawa         F     158.2    48.1    110.1
         2    Sakakibara    F     154.3    53.2    101.1    heavy
         3    Takahashi     F     163.2    51.0    112.2
         4    Nakayama      M     180.5    74.5    106.0
         5    Okamura       M     169.1    67.2    101.9    heavy
         6    Tanaka        M     172.4    59.2    113.2

    ------------------------------------- sex=F -------------------------------------
                              MEANS プロシジャ
        変数      N        平均       標準偏差       最小値        最大値
        height    3      158.57        4.46        154.30       163.20
        weight    3       50.77        2.56         48.10        53.20
        dif       3      107.80        5.90        101.10       112.20

    ------------------------------------- sex=M -------------------------------------
        変数      N        平均       標準偏差       最小値        最大値
        height    3      174.00        5.87        169.10       180.50
        weight    3       66.97        7.65         59.20        74.50
        dif       3      107.03        5.72        101.90       113.20
```

SAS の終了

メニューバーから [ファイル] → [終了] を選択，またはメイン SAS ウィンドウの右上隅にある ⊠ をクリックすると SAS が終了する．終了する前に，残しておきたいプログラムやデータをセーブすることを忘れないように注意されたい．

ディスプレイマネージャシステムは，結果を見ながら次の処理を行うという"連続処理"に適しており，使い慣れると便利なものである．SAS を頻繁に使う人には，この方法に慣れることをすすめたいが，

- 特有の操作を習得しなければならない
- 多くのメモリ容量を必要とする

という欠点もある．このような場合は，テキストエディタ（非対話型）による方法があるが，この詳細は SAS マニュアル等を参照されたい．

2-2 SAS/GRAPHの使い方

SAS/GRAPHはグラフ，統計地図などを表示するシステムである．プログラムの作成の仕方はSASとほとんど同じである．図表2.5のプログラムを実行してみよう．

このプログラムは，グラフィック文字と3次元グラフの作成を行うものである．ディスプレイマネージャで🏃ツールバーボタンをクリック，またはメニューバーから[実行]→[サブミット]を選択すると，図表2.6–2.8のような出力が画面に表示されるはずである．

図表 2.5 SAS/GRAPHのテスト用プログラムの例

```
proc gslide ;
   title1 h=4 f=triplex c=magenta 'Welcome';
   title2 h=2 f=swissx  c=green   'to';
   title3 h=6 f=titalic c=yellow  'SAS/GRAPH';
run ;

data d1;
   do x=-5 to 5 by 0.5;
      do y=-5 to 5 by 0.5;
         t=1/exp(sqrt(x*x+y*y));
         z=t*cos(x*x+y*y);
         output;
         end;
      end;
run;

title;
proc g3d data =d1;
   plot y*x=z / tilt=70 80;
run;
```

図表 2.6 SAS/GRAPHによるグラフィック文字の出力

図表 **2.7** SAS/GRAPH による 3 次元グラフ (1)

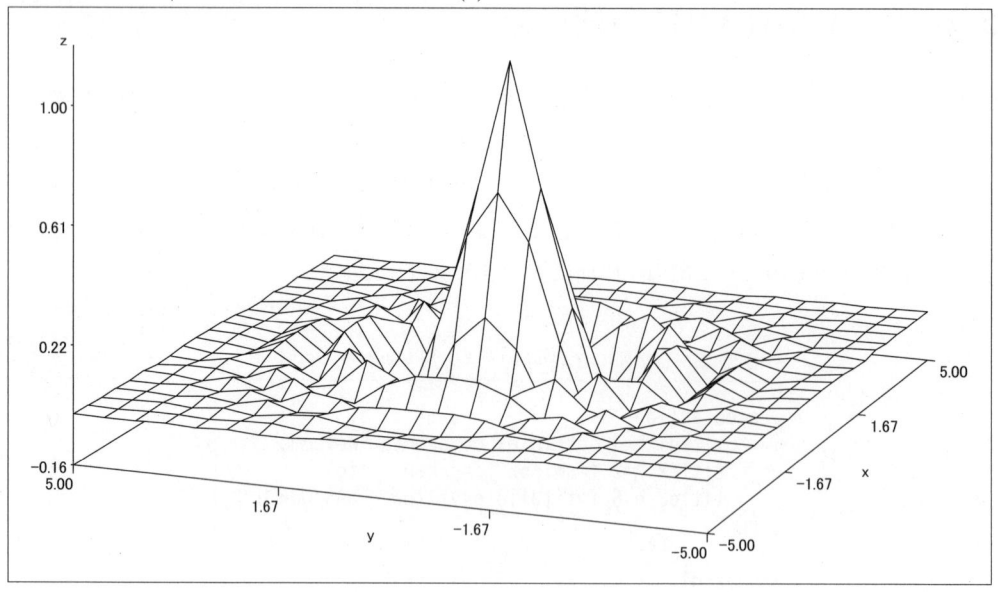

図表 **2.8** SAS/GRAPH による 3 次元グラフ (2)

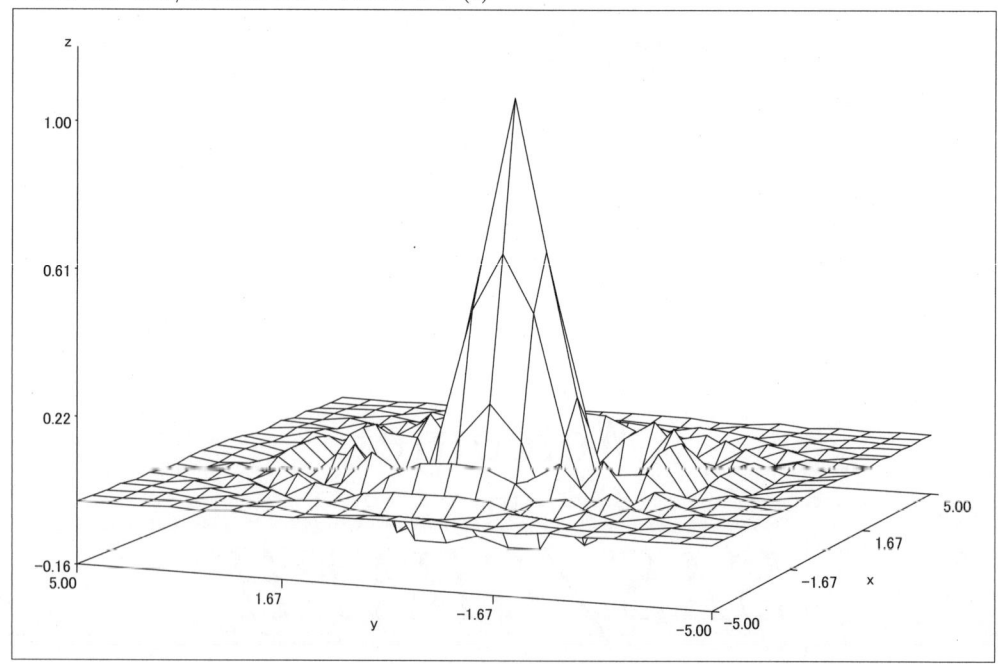

2-3 まとめと補足：今後の学習の指針

この章の目的は，とにかく SAS を実行してみるということであったが，用語等についてまとめと補足をしておこう．今後，どのようなことを学習すればよいかという指針にしてほしい．

2-3-1 ディスプレイマネージャの操作
ウィンドウ

SAS のディスプレイマネージャは非常に多くの機能を備えている．ウィンドウとして，ここでは，[拡張エディタ] ウィンドウ，[ログ] ウィンドウ，[アウトプット] ウィンドウという 3 つの"基本ウィンドウ"を紹介したが，Windows/SAS の Ver9.2 ではかなり多くのウィンドウが備えられている．もっとも，これらのウィンドウの機能は，SAS のプログラムの中で指示するのと同じものが多いので，ウィンドウを知らないと SAS での処理が十分行えないということではない．プログラム中で指示するか，ウィンドウを使って指示するかはユーザー次第である．初学者がまず知っておいたほうがよいのは，3 つの基本ウィンドウ，[KEYS] ウィンドウ（ファンクション・キーの割り当て），[ヘルプ] ウィンドウ（SAS の使い方に関する説明の表示）くらいであろう．

コマンド

メイン SAS ウィンドウの上部には，コマンドラインがある．コマンドの種類は非常に多いが，どのウィンドウでも共通に使えるグローバルコマンドと，各ウィンドウに特有のコマンドとがある．これらの詳細は，SAS マニュアル等を参照されたい．

行コマンド

プログラム等，任意の文字列を編集できるウィンドウは，[拡張エディタ] ウィンドウ，[プログラムエディタ] ウィンドウ，および [NOTEPAD] ウィンドウであるが，[プログラムエディタ] ウィンドウの場合には，各行に行番号がついており，そこに書き込む行コマンドがある．詳細は，SAS マニュアル等を参照されたい．なお，[拡張エディタ] ウィンドウにもオプションで各行に行番号をつけることができる（メニューバーから [ツール] → [オプション] → [拡張エディタオプション] → [全般] の「行番号を表示する」にチェック）が，そこに書き込みはできない．

2-3-2 OS とファイル管理

第 1 章で述べたように，SAS はさまざまな OS のもとで稼働している．オペレーティング・システム（Operating System, OS）は，コンピュータ全体を管理している最も基本となるプログラムである．たとえば，この章で使われた Windows が現在のところ広く使われている．

SAS を使うにあたって，OS についての詳しい知識は必要ない．ただし，ユーザーがファイル（データやプログラムの集合）を利用するためには，基礎的な知識が不可欠である．本書ではファイルについての解説は省略するので，ぜひ講義や入門書で補っておいていただきたい．これらは，初学者にとってはわかりにくいところではあるが，本書を読み進める際に必要なことである．

2-3-3　SASプログラム

　初学者にとっては，SASプログラムを理解し，行いたい処理を自分で自由に表現できるようになることが，学習の一つの目標となる．本書の第3章では，SASのプログラミングについての基礎的な解説をし，さらに，第4章ではデータの取り扱いについてより詳しく説明する．第3章は初級編，第4章は中級編と思っていただきたい．

　SASというプログラム言語は，全体としてはきわめて複雑で，細かい処理が行えるようになっている．ただし，初学者にとっては，それらをすべてマスターしてからプログラムを書こうなどと思わないことが大切である．当面，自分が行いたいことをするのに必要な方法をまず覚え，必要に応じて，あるいは，ときどき時間のあるときに，SASマニュアル等をひもといて，知識を増やしていくという学習方法をすすめたい．なお，SASのマニュアルは付録3にまとめた．本書の第Ⅰ部では，多くの初学者にとって，まず知っておいたほうがよいと思われることから解説を始め，一通りの処理ができるようになってから，特殊な方法や知っておくと便利な方法を述べるような章の構成になっている．

2-3-4　統計的手法の理解

　SASを使おうとする人にとって最も重要でかつ困難なのは，統計手法の理解である．SASではさまざまな手法が選択できるが，それらの意味するところを知り，さらにどのような場合にどのような手法が適切なのかを判断することは容易ではない．しかし，むしろ，教科書に基づいて統計的理論だけを学ぶよりは，SASを使って実際のデータを処理しながら学ぶことができるような環境になったことによって，学習上のメリットは大きくなったと考えてほしい．

　統計手法に対して数学的な理論から入るほうがよいという学習者と，実際のデータを処理することから入るほうがよいという学習者がいるであろうが，最終的にはそのどちらも必要である．つまり，ある手法を適用すると，どのような結果が出力され，それらをどのように解釈，利用していくべきかという一連の過程が，実践と理論の両側面から理解されなくてはならない．

　したがって，初学者にすすめたいのは，「理論的に習ったことは，SASでデータを処理してみる」ということと，「SASでデータを処理してみたことは，理論的な背景を学習してみる」ということである．本シリーズでは，できるだけこうした理論と実際の適用が融合するような記述を試みたつもりであるが，けっして十分とはいえない．より詳しくは，理論的な教科書を参考にしながら，各自学習をすすめてほしいと思う．

第3章 SASによるプログラミングの基礎

　この章からいよいよディスプレイマネージャシステムを用いたSASのプログラミングについての解説に入る．SASは非常に多様な機能をもった一種の"言語"であるので，その文法のすべてを本書に収めることはとてもできない．文法の詳細はむしろSASマニュアル（付録4）を参照していただきたい．本書ではマニュアルをひもとく前に理解しておきたい基礎的なことがらを2つの章に分けて解説する．第3章は"初級編"ともいうべきもので，SASジョブを実行する際に必須となることだけを述べてある．ひとまずこれだけの知識があれば，何とかSASで仕事ができるであろう．第4章は"中級編"であり，いくぶん複雑な操作について触れている．

3-1　SASのプログラム構成

　第2章で用いたプログラム（図表2.2）をもう一度図表3.1として掲げたので見ていただきたい．SASを理解する上で，基本的な4つの用語がある．それは，

- SAS ステートメント
- SAS データセット
- DATA ステップ
- PROC ステップ

である．
　DATAステップはデータをSASデータセットに変換させ，PROCステップはSASデータセットを対象として解析をさせ，SASステートメントはSASに対してある処理をさせるための命令文である．

```
options ls=72 ps=20;
data taikaku;
input name $ sex $ height weight;
proc print data=taikaku;
```

などは，いずれもSASステートメントである．SASのステートメントは，小文字で書いても大文字で書いても，自動的に大文字に変換して処理される（ただし，文字データは大文字と小文字が区別される）．本書では，見やすさのため，本文中のプログラム例は小文字に統一して書いた．

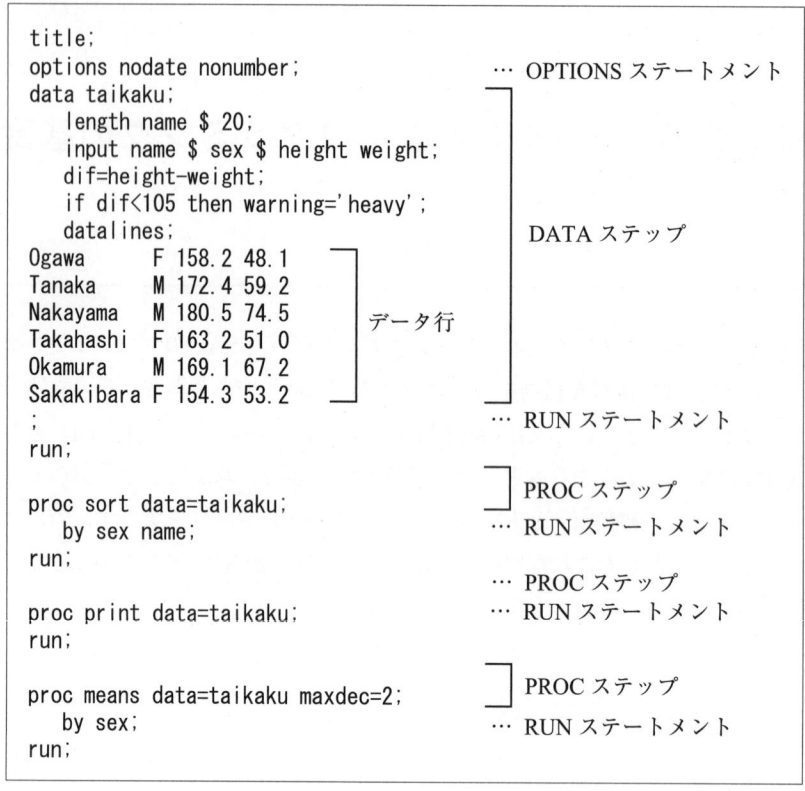

図表 3.1 入力するプログラムの例（再掲）

おのおのの SAS ステートメントはセミコロン（;）で終わることになっている．これは FORTRAN や BASIC 等のプログラミング言語に慣れた人にとってはめんどうに思われるかもしれないが，そのかわりに SAS では，

・1 つの行に 2 つ以上のステートメントをまとめて書いてもかまわない．

  例 `infile 'c:¥class1.txt'; input kokugo shakai;`

・1 つのステートメントを 2 つ以上の行に分けて書いてもかまわない．

  例 `input kokugo shakai eigo`
     `suugaku rika;`

という長所がある．

さて，SAS が起動されると，SAS は SAS データセットという作業用ファイルを次々に作成していく．図表 3.2 には SAS データセットの構成が示されている．

```
WORK.SPORTS1
WORK.SPORTS2
SAVE.SEISEKI
```

figure 3.2 SAS データセットの構成

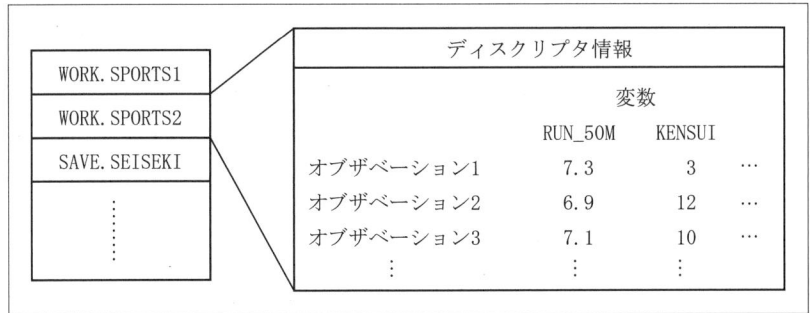

等はいずれも SAS データセットにつけられた名前（SAS データセット名）である．これは外部ファイルの名前（"CLASS1.TXT" など）と似ているが，両者はまったく異なるものである．SAS データセット名の本体はピリオドの後（"SPORTS1" 等）であり，"WORK." は一時的な作業用のデータセット（SAS の処理を終了すると消去されてしまう）であることを示すために，SAS が自動的につけてくれる．"WORK." 以外にユーザーが何かの名前を用いるのは，処理終了後もその SAS データセットを保存する場合であるが，その内容のリストやコピーはすべて，OS からではなく SAS を通して行う．

それぞれの SAS データセットには，各個体に対するいくつかの**変数**（**variable**）のデータ値が表の形で入っている．この個体のことを SAS では**オブザベーション**（**observation**）と呼ぶ．変数名は，英字で始まり 32 文字以内の英数字である．

★ SAS データセットにはいくつかの型があるが，第 3 章・第 4 章で説明するのは最も頻繁に使われる DATA 型と呼ばれるものである．そのほかにも，CORR 型，FACTOR 型等という特殊 SAS データセットがあるが，それらについてはおのおののプロシジャの説明のところで必要に応じて触れていく．
★ 下線（_）も英字の一種として変数名の一部に使うことができる（NAME_FM 等）．しかし，前後に下線をつけた _A_ 等の形は，SAS が特殊な目的のために定義して使うことがあるので，避けたほうがよい．また，SAS ステートメントのキーワード（DATA, IF, PROC など）と同じ名前は，紛らわしいので避けたほうがよい．

SAS のプログラムは原則として，**DATA** ステップという部分と **PROC** ステップという部分から構成されている．DATA ステップでは SAS データセットを編集・作成する．PROC ステップでは，指定された SAS データセットに対し，統計処理等を行うサブプログラム（SAS ではプロシジャ（procedure）という）を呼び出して実行する．実行するデータの指定は DATA= というオプション（付随する指定項目）で行うが，これを省略した場合には，プログラム中で最も新しく作られた SAS データセットが処理の対象となる．

このようすは図表 3.3 に示されている．SAS プログラムは，基本的に DATA ステップと PROC ステップのくり返しである．DATA ステップは DATA ステートメントで始まり，PROC ステップは PROC ステートメントで始まる．

DATA ステートメント（その1——単純形）
　　書式　　DATA　[SAS データセット名];
　　文例　　data ex1;
　　機能　　DATA ステップの始まりを表す．SAS データセット名を省略すると，そのジョブの中で順に DATA1, DATA2, …という名前がつけられる．

図表 3.3　SAS プログラムの構成と機能

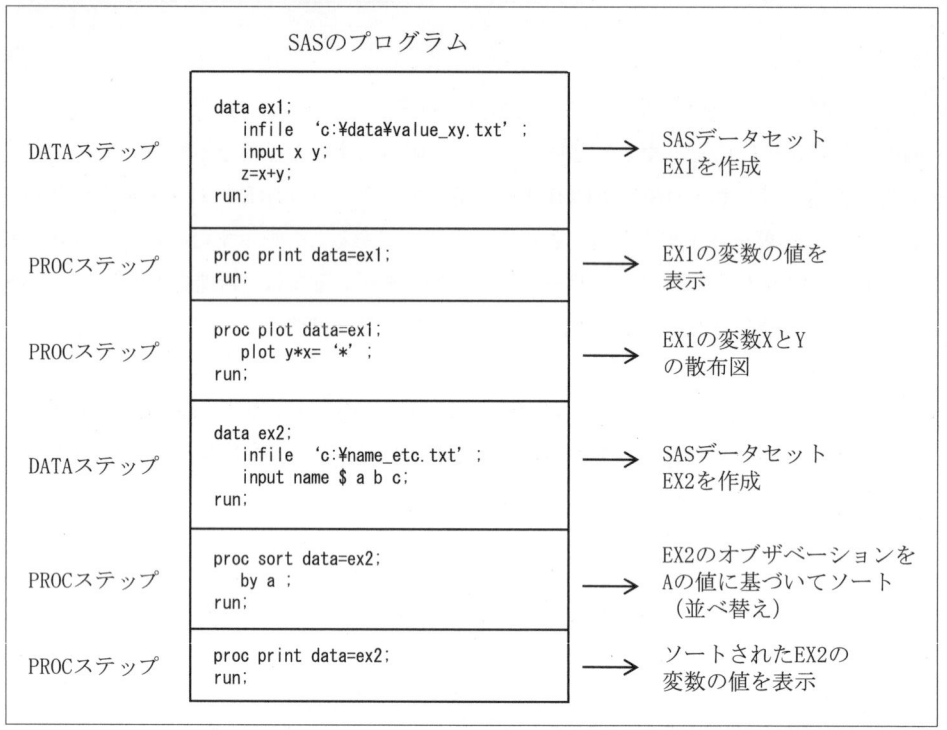

PROC ステートメント
　　書式　　PROC　プロシジャ名　[オプション];
　　文例　　proc means data=ex1 maxdec=3;
　　機能　　プロシジャ（統計用サブプログラム）を呼びだす．

　各ステップは，次の DATA ステートメントまたは PROC ステートメントが現れたときに初めて実行される．これは，次の DATA ステートメントまたは PROC ステートメントが現れるまでは，まだそのステップが継続中であるとみなされるからである．ただし，**RUN** ステートメントによって，そのステップの終了を示し，ただちに実行に移ることができる．

> RUN ステートメント
>   書式　RUN;
>   文例　run;
>   機能　DATA ステップまたは PROC ステップをそこで終了し，実行に移る．

RUN ステートメントは，

```
proc print; run;
```

と1行で入力してももちろんかまわない．一般に，ディスプレイマネージャで実行しているときは，ステップごとに RUN をつけて実行したほうが，ログ情報が見やすい．また，あるステップの中でエラーを起こすと，そのステップ全体が無効になることに注意しよう．

このように DATA ステップと PROC ステップとを切り離してしまった点に SAS の良さがある．つまり，しばしば非定形的な処理を必要とするデータ加工部分を，解析の部分から独立させることによって柔軟性が増し，さらに解析の中間結果の再加工も容易になったのである．また，すでにそのジョブの中で作ってある SAS データセットはすべて PROC ステップでの解析対象とすることができる点も，SAS の大きな特徴である．

3-2　DATA ステップの基本的処理

3-2-1　DATA ステップでの処理の流れ

DATA ステップで行われる基本的処理は，

- データを入力すること
- 新しい変数を作ること
- データ値を変換すること
- 外部ファイルにデータ値を出力すること
- SAS データセットにデータ値を格納すること
- 書式に基づいてデータを印刷すること

等である．そのために，DATA ステップには図表3.4-3.7のような多くのステートメントが用意されている．

はじめに知っておきたいのは，DATA ステップにおける制御の流れである．図表3.8を見てみよう．DATA ステップではまず1つのオブザベーションのデータ値を読み込み，必要な処理がもしあれば行った上で，そのオブザベーションを SAS データセットに加えるということを繰り返す．オブザベーションの数は SAS が自動的にカウントしてくれるので，ユーザーが指示する必要はない．DATA ステップが，オブザベーションの数だけまわるループになっていることは知っておいたほうがよい．

図表 3.4 ファイルの操作ステートメント

ステートメント	機能	参照ページ
DATALINES	データ行の位置指定	26
DATA	DATA ステップの開始	20
FILE	出力用外部ファイル名の指定	—
INFILE	入力用外部ファイル名の指定	26
INPUT	入力する変数の指定	25
MERGE	SAS データセットを横に結合	34
PUT	SAS ログや OS データセットに出力する変数の指定	35
SET	SAS データセットの再利用の縦の結合	33
UPDATE	既存の SAS データセットのデータ値の更新	—
WHERE	読み込むオブザベーションの選択	45

図表 3.5 アクション・ステートメント

ステートメント	機能	参照ページ
[割り当て]	変数の作成，変数値の変更	27
[サブセット化 IF]	オブザベーションの選択	39
SUM	和の算出	—
ABORT	ジョブの中止	—
CALL	ルーチンの呼び出し	—
DELETE	オブザベーションの削除	39
DISPLAY	作成したウィンドウの表示	—
ERROR	SAS ログ上へのメッセージの出力	—
LIST	入力したオブザベーションのリスト出力	—
LOSTCARD	欠落したデータ行の訂正	—
MISSING	特定の記号を欠損値として処理	—
OUTPUT	オブザベーションを SAS データセットに出力	41
STOP	DATA ステップの中断	—

図表 3.6 コントロール・ステートメント

ステートメント	機能	参照ページ
DO	DO グループの開始	70
反復 DO	ある値を変化させながら反復	72
DO UNTIL	条件が真になるまでの反復	74
DO WHILE	条件が真である間の反復	73
END	DO グループの終了の指示	37
GO TO	ラベルのついたステートメントへの分岐	—
IF-THEN/ELSE	条件に応じてステートメントを実行	36
LINK	ラベルのついたステートメントに分岐し，RETURN ステートメントにより復帰	—
RETURN	DATA ステップの始めか，または LINK ステートメントの次に復帰	—
SELECT-WHEN	条件に応じてステートメントを実行	38

図表 3.7　インフォメーション・ステートメント

ステートメント	機　　能	参照ページ
ARRAY	配列の定義	80
ATTRIB	変数の属性を指定	—
DROP	削除する変数の指定	28
FORMAT	出力する変数値の書式指定	63
INFORMAT	入力する変数値の書式指定	—
KEEP	保存する変数の指定	28
LABEL	変数名に見出し用ラベルを付加	—
LENGTH	変数の長さ（バイト数）の定義	49
RENAME	変数名の変更	—
RETAIN	変数に与える初期値の設定	—
WINDOW	ウィンドウを作成	—

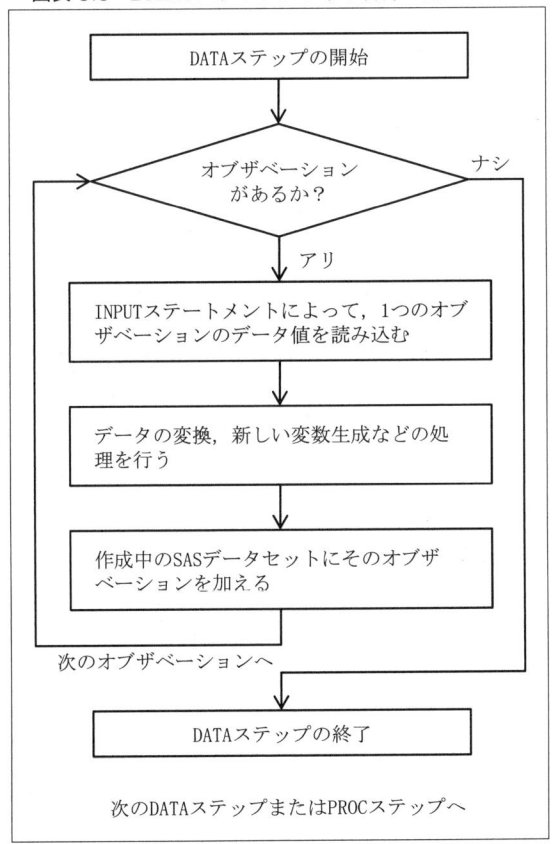

図表 3.8　DATA ステップにおける制御の流れ

3-2-2　データの入力

DATA ステップで SAS データセットを作るためにデータを入力するには，3つの方法がある．すなわち，

- DATALINES ステートメントの後に置いたデータ行から INPUT ステートメントによってデータ値を読みとってくる.
- INFILE ステートメントで指定したファイル（txt, csv, xlsx など）から INPUT ステートメントによってデータ値を読みとってくる.
- すでに作成された SAS データセットを SET ステートメントや MERGE ステートメントで再利用する.

ここではまず第1, 第2の方法について解説し, 第3の方法は 3-2-4 にゆずることにする.

データ値を読み込むためのステートメントは INPUT ステートメントである.

```
input x y;
input name $ a b;
```

のように, 空白を置いて変数名を並べればそれに対応するデータ値が入力される. "$" という記号は直前の変数（上の例では NAME）が文字型の変数なので, 文字列データとして入力すべきことを指示している. ただし, リスト入力と呼ばれるこの方法で入力するときは次の条件が満たされていなければならない（図表 3.9, 図表 3.11 を参照するとよい）.

- 各データ値は少なくとも1個以上の空白で分離されていること.
- 必要な小数点はデータ中に含まれていること.
- データの欠損値はピリオド（.）としておくこと.

これらの条件を満たしていないデータは, カラムやフォーマットを指定する方法（4-1 参照）で入力する. なお, SAS では整数型と実数型の区別はなく, 数値型の変数はすべて自動的に倍精度（8バイト）で扱われる.

> ★ ここで述べた入力方法で行うと, 文字型の変数には, 32 文字（8 バイト）分以下しか入力されない. データ値として 32 文字以上ある場合は後部が切り捨てられてしまう. カラムやフォーマットを指定する方法では, 32 文字より長い文字列の入力が可能になる. また, 図表 2.2（図表 3.1）のように, LENGTH ステートメントで文字型変数の長さを指定することもできる（3-4-5 参照）.

入力するデータは, 図表 3.9 のように DATALINES ステートメントの後ろに置くのが一つのやり方である. もう一つの方法は, 図表 3.10 のように, プログラム中の INFILE ステートメントでファイルを指定し, そこからデータを読み込む方法である. 後者は, データ行だけを別に作成して外部ファイルに保存しておく必要がある（図表 3.11 参照）.

図表 **3.9**　プログラム中のデータ行中からデータ値を読み込む場合の例

```
data d1;
   input name $ height weight;
   ……
   ……
   datalines;
yamada  180 76.3    ┐
akiyama  .   70.2   │
……                  │ データ行
……                  │
suzuki  176 68.0    ┘
;
run;

proc means data=d1;
run;
```

図表 **3.10**　外部ファイルからデータ値を入力する場合のプログラム例

```
data d1;
   infile 'c:¥data¥d.txt';
   input name $ height weight;
   ……
   ……
run;

proc means data=d1;
run;
```

図表 **3.11**　外部ファイル（d.txt）に用意された入力データ

```
    データ値
┌───────────────┐
yamada  180 76.3
akiyama  .  70.2
……
……
suzuki  176 68.0
```

INPUTステートメント（リスト入力）

書式　INPUT　変数名の並び;

文例　`input x y name $;`

機能　変数に対応するデータ値を読みとる.

> **DATALINES ステートメント**
> 　　書式　　DATALINES;
> 　　文例　　datalines;
> 　　機能　　データ行の始まりを示す．

> **INFILE ステートメント**
> 　　書式　　INFILE '外部ファイル名';
> 　　文例　　infile 'c:¥class1.txt';
> 　　機能　　入力元の外部ファイル名を指定する．

　なお，外部ファイルの1行目が変数名の場合には，

　　　infile 'c:¥class1.txt' firstobs=2;

とすればよい．これは，2行目からデータ値を読みとってくることを指示している．「.csv」，「.xlsx」ファイルも読み込む方法は同じである．

　データ入力でしばしば生じるケースについて，INPUT ステートメントでどう対処するとよいか述べておこう．

(1)　番号のついた変数名の省略記法

A1, A2, ⋯, A5 という変数の値を入力するとき，

　　　input a1 a2 a3 a4 a5;

と書くかわりに，

　　　input a1-a5;

と簡略に書くことができる．ハイフン（−）による省略記法は，変数の数が多くなったときにきわめて便利であり，INPUT ステートメント以外でも使うことができる．また，変数についている数字が断続的になっているときは，

　　　input a1-a5 a7-a10 a21-a30;

のように分けて書く．

(2)　2行以上にわたるデータの入力

1つのオブザベーションに対するデータが2行以上にわたっているときは，行の区切りを表すのに，INPUT ステートメント中にスラッシュ（/）を使うことができる．たとえば，

　　　input id name $ / var1-var20;

によって1行目から ID と NAME の値が入力され，2行目から VAR1, VAR2, ⋯, VAR20 の値が入力される．また，

```
input id name $ #2 var1-var20;
```

のように，シャープ記号（#）の後に番号をつけて，何行目かを指示する方法もある（詳しくは4-1 参照）．また，

```
input id name $;
input var1-var20;
```

と INPUT ステートメントをくり返し使っても，もちろんかまわない．

(3) 変数が多くて1行のINPUTステートメントに書けない場合

すでに述べたように，SASステートメントは2つ以上の行にまたがってもさしつかえないから，

```
input id name $
      var1-var20 x1-x10 y1-y20;
```

のように分けて書けばよい．

3-2-3 変数の生成と除去

他の言語（FORTRAN や BASIC など）で"代入文"と呼ばれているものと同じはたらきをするのが，SASの割り当てステートメント（assignment statement）である．

```
a=5;
sex='Male';
x=2*a+b;
z=(x-5)**2+(y-3)**2;
sd=sqrt(var);
total=total+x;
```

等がその例であり，いずれも，右辺の式の値が左辺の変数に代入される．算術演算子は，加算（＋），減算（−），乗算（＊），除算（/），ベキ乗（＊＊）がある．括弧がない場合には，実行の優先順位は，まずベキ乗，それに次いで乗算・除算，最も低いのは加算・減算となる．同順位の演算子が続いている場合は左から順に実行される．

関数については，SASでは非常に多くの関数が用意されているので，頻繁に使われそうなものだけを図表3.12に掲げた．

割り当てステートメント
　　書式　変数名=式;
　　文例　y=2*sqrt(x)+5;
　　機能　左辺の変数に右辺の式の値を割り当てる（代入する）．

割り当てステートメントによって新しく生成された変数は，INPUTステートメントで読み込んできた変数と同様に，SASデータセットに格納される．しかし，格納する必要のない変数がある場合は，**DROP**ステートメントによってその変数を落とすことができる．たとえば，

```
    data d1;
        infile 'c:\in_data.txt';
        input a b c;
        x=(a+b)/2;
        y=(a+c)/2;
        drop a b c;
    run;
```

というDATAステップが実行されると，D1というSASデータセットに保存される変数はXとYだけになる．

KEEP ステートメントはDROPステートメントとは逆に，残したい変数名を指定する．上の例のDROPステートメントのかわりに，

```
    keep x y;
```

としても同じ結果になる．ただし，1つのDATAステップの中にDROPステートメントとKEEPステートメントを両方指定してはならない．

DROP ステートメント
　　書式　　DROP　変数名の並び;
　　文例　　`drop a b x1-x5 name;`
　　機能　　SASデータセットに格納しない変数を指定する．

KEEP ステートメント
　　書式　　KEEP　変数名の並び;
　　文例　　`keep total1-total5 x y;`
　　機能　　SASデータセットに格納する変数を指定する．

★　関数に2つ以上の引数がある場合は，引数をコンマ（,）で区切る．ただし，連続的な変数（X, Y, Z；X1-X10のような）が引数の場合には，
　　　　関数名（OF　変数1　変数2　…）
　　　　関数名（OF　変数1-変数n）
のような形も許される．

図表 3.12　SAS の関数

算術関数
- ABS(x)　　　　　　　　x の絶対値
- COMB(n, x)　　　　　組み合わせ
- DIM($array$)　　　　　　配列の要素数
- FACT(x)　　　　　　　階乗
- MAX(x, y, ...)　　　　　$x, y, ...$ の中の最大値
- MIN(x, y, ...)　　　　　$x, y, ...$ の中の最小値
- MOD(x, y)　　　　　　x を y で割ったときの剰余
- MODZ(x, y)　　　　　x を y で割ったときの剰余（浮動小数点誤差修正をしない）
- PERM(n, x)　　　　　順列数
- SIGN(x)　　　　　　　x の符号により $-1, 0, +1$ を返す
- SQRT(x)　　　　　　　x の平方根
- GCD(x, y, ...)　　　　　最大公約数
- LCM(x, y, ...)　　　　　最小公倍数

数学関数
- AIRY(x)　　　　　　　エアリー関数
- DAIRY(x)　　　　　　エアリー関数の導関数
- BETA(x, y)　　　　　ベータ関数
- LOGBETA(x, y)　　　対数ベータ関数
- CNONCT(x, df, $prob$)　非心カイ二乗分布の非心度
- EXP(x)　　　　　　　　e の x 乗
- DIGAMMA(x)　　　　　ガンマ関数の対数導関数
- ERF(x)　　　　　　　　誤差関数
- ERFC(x)　　　　　　　相補誤差関数
- GAMMA(x)　　　　　　完全ガンマ関数
- LGAMMA(x)　　　　　ガンマ関数の自然対数
- FNONCT(x, ndf, ddf, $prob$)　非心 F 分布の非心度
- JBESSEL(nu, x)　　　　ベッセル関数
- IBESSEL(nu, x, $kode$)　変形ベッセル関数
- LOG(x)　　　　　　　　e を底とする x の対数（自然対数）
- LOG2(x)　　　　　　　2 を底とする x の対数
- LOG10(x)　　　　　　10 を底とする x の対数（常用対数）
- LOG1PX(x)　　　　　　LOG(1+x) を計算（x が 0 に近いときには標準の LOG(1+x) より精度が高い）
- TNONCT(x, df, $prob$)　非心 t 分布の非心度
- TRIGAMMA(x)　　　　トリガンマ関数（対数ガンマ関数の 2 階微分関数）

統計関数
- CSS(x, y, ...)　　　　　修正済み平方和
- CV(x, y, ...)　　　　　　変動係数
- GEOMEA(x, y, ...)　　　幾何平均
- GEOMEANZ(x, y, ...)　　幾何平均（浮動小数点誤差修正をしない）

HARMEAN($x, y, ...$)	調和平均
HARMEANZ($x, y, ...$)	調和平均（浮動小数点誤差修正をしない）
IQR($x, y, ...$)	四分位範囲
KURTOSIS($x, y, ...$)	尖度
LARGEST($k, x, y, ...$)	$x, y, ...$ の中で k 番目の最大値
MAD($x, y, ...$)	中央絶対偏差（中央値からの偏差の絶対値の中央値）
MAX($x, y, ...$)	最大値
MEAN($x, y, ...$)	平均値
MEDIAN($x, y, ...$)	中央値
MIN($x, y, ...$)	最小値
MISSING($x, y, ...$)	欠損値を含む (1) か否 (0) を返す
N($x, y, ...$)	有効引数の数
NMISS($x, y, ...$)	欠損値引数の数
PCTL($p, x, y, ...$)	百分率：第 1 引数で指定
RANGE($x, y, ...$)	範囲
RMS($x, y, ...$)	二乗平均平方根
SKEWNESS($x, y, ...$)	歪度
SMALLEST($k, x, y, ...$)	$x, y, ...$ の中で k 番目の最小値
STD($x, y, ...$)	標準偏差
STDERR($x, y, ...$)	標準誤差
SUM($x, y, ...$)	総和
USS($x, y, ...$)	平方和
VAR($x, y, ...$)	標本分散

丸め関数

CEIL(x)	x を整数に切り上げる
CEILZ(x)	x を切り上げる（浮動小数点誤差修正をしない）
FLOOR(x)	x を切り下げる
FLOORZ(x)	x を切り下げる（浮動小数点誤差修正をしない）
FUZZ(x)	x の小数部の絶対値が 1E-12 以内の場合の整数化
INT(x)	x を切り捨てる（負値は切り上げ）
INTZ(x)	x を切り捨てる（浮動小数点誤差修正をしない）
ROUND(x, y)	x を四捨五入する，y は処理後の単位
ROUNDE(x, y)	x を四捨五入する（最近接偶数への丸め），y は処理後の単位
ROUNDZ(x, y)	x を四捨五入する（浮動小数点誤差修正をしない），y は処理後の単位
TRUNC($x, length$)	x を切り落とす（指定バイト長に詰める）

三角関数，双曲線関数

COS(x)	x（ラジアン）のコサイン（余弦）
SIN(x)	x（ラジアン）のサイン（正弦）
ARCOS(x)	アークコサインを算出
ARSIN(x)	アークサインを算出
ATAN(x)	アークタンジェントを算出

	COSH(x)	ハイパボリック・コサインの値を算出
	SINH(x)	ハイパボリック・サインの値を算出
	TANH(x)	ハイパボリック・タンジェントの値を算出
	CONSTANT('PI')	円周率の近似値

文字関数

	INDEX(a, b)	文字列 a の中の文字列 b の位置
	LEFT(a)	文字列を左に寄せる
	LENGTH(a)	文字列の長さを返す
	RIGHT(a)	文字列を右に寄せる
	TRIM(a)	文字列の後ろの空白を取り除く
	COLLATE(n, m, l)	コード表と対応する文字列を生成
	COMPRESS(x[, y])	文字を取り除く
	INDEXC(x, y, ...)	文字列のいずれかの文字が現れる位置を求める
	REPEAT(x, n)	文字列をくり返す
	REVERSE(x)	文字列を逆にする
	SCAN(x, n[, dlm])	"語"をスキャンする
	SUBSTR(x, p, n)	文字抽出と文字変換
	TRANSLATE(x, to, $from$...)	文字変数中の文字を変換する
	UPCASE(x)	文字列を大文字に変換する
	VERIFY(x, y, ...)	文字列の値を確認する
	DATE( )	現在の SAS 日付値を与える
	DAT($date$)	SAS 日付値から日付を求める
	MDY(m, d, y)	月 (m) 日 (d) 年 (y) のデータを別々に与えて SAS 日付値を取り出す
	MONTH($date$)	SAS 日付値から月を求める
	YEAR($date$)	SAS 日付値から年を求める
	DATEJUL($date$)	ユリウス暦を SAS 日付値に変換する
	DATEPART($datetime$)	SAS 日時値または日時定数の日付
	DATETIME( )	現在の日付と時間から SAS 日時値を求める
	DHMS($date$, hh, mm, ss)	日付,時間,分,秒から SAS 日時を求める
	HMS(hh, mm, ss)	時間,分,秒から SAS 時間値を求める
	HOUR($datetime$)	SAS 日時値,時間値,または日時(定数)から時間部分を戻す
	INTCK(int, $begin$, end)	タイムインターバルの回数を求める
	INTNX(int, $begin$, n)	インターバルの分だけ日付,時間を進める
	JULDATE($date$)	SAS 日付値,または日付定数をユリウス暦に変換する
	MINUTE($datetime$)	SAS 時間値,日時値または日時(時間)定数から分を取り出す
	QTR($date$)	SAS 日付値,または日付定数から四半期 (1/4年) を取り出す
	SECOND($datetime$)	SAS 時間値,日時値または日時(時間)定数から秒を取り出す
	TIME( )	現在の時刻を取り出す
	TIMEPART($datetime$)	SAS 日時値または日時定数から時間部分を取り出す
	TODAY( )	現在の日付を SAS 日付値として取り出す
	WEEKDAY($date$)	SAS 日付値または日付値より曜日を取り出す
	YYQ($year$, n)	年と四半期より SAS 日付値を求める

3-2-4 SAS データセットの再利用と結合

1つの SAS ジョブの中で，すでに作成してある SAS データセットを利用して，さらに加工し直したいという場合がある．このようなとき使われるのが **SET** ステートメントである．たとえば，

```
data data_a;
    input a1-a30;
    datalines;
----------
    データ行
----------
    ;
run;
data data_b;
    set data_a;
    b1=(a1+a11+a21)/3;
    b3=(a3+a13+a23)/3;
    keep b1 b3;
run;
```

というプログラムがあるとしよう．SAS データセット "DATA_A" の中には A1，A2，…，A30 という変数の値が含まれている．次の DATA ステップで，

```
    set data_a;
```

が実行されると，DATA_A の中のすべての変数の値が転送されてくることになる．つまり，SET ステートメントを使えば，INPUT ステートメント（およびそれに伴う INFILE ステートメントや DATALINES ステートメントなど）を使ってデータを再び読み込む必要はない．SET ステートメントは 2 つ以上の SAS データセットを縦に結合する機能ももっている．"縦に結合する" とは，たとえば，CLASS_A に 60 個のオブザベーションがあり，CLASS_B に 40 個のオブザベーションがあるときに，両者を合わせて CLASS_AB という 100 個のオブザベーションを含む新しい SAS データセットを作ることである（図表 3.13）．そのためには，

```
data class_ab;
    set class_a class_b;
run;
```

と書けばよい．

もし，CLASS_A と CLASS_B の中の変数名や変数の数が異なる場合には，結合によって欠損値が生じる．つまり，MUSIC という変数が CLASS_A にあって CLASS_B にないときに，それらを結合して CLASS_AB を作ると，もとの CLASS_B に含まれていたオブザベーションについては MUSIC の値が存在しないので欠損値となる．

図表 3.13　2 つの SAS データセットを SET ステートメントで縦に結合する

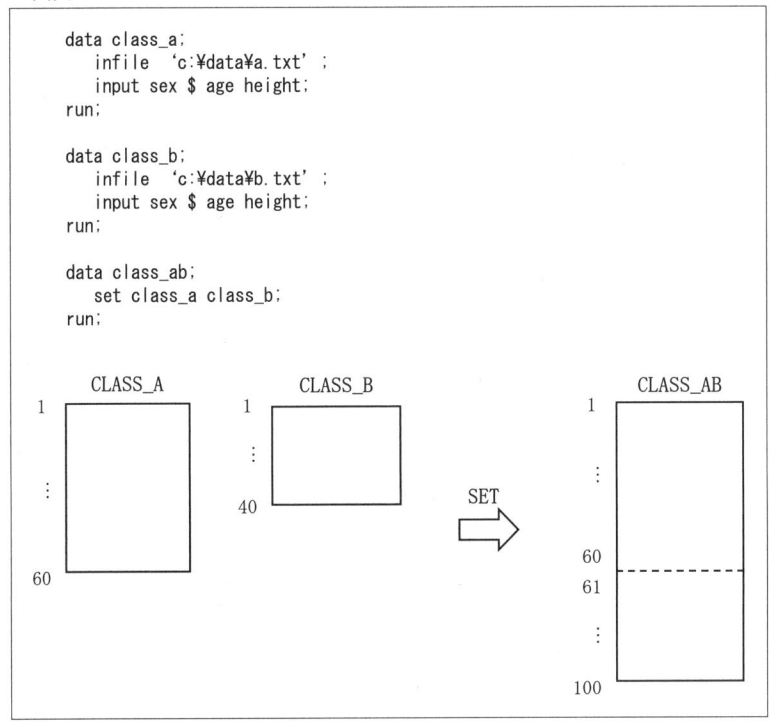

```
data class_a;
   infile 'c:\data\a.txt';
   input sex $ age height;
run;
data class_b;
   infile 'c:\data\b.txt';
   input sex $ age height;
run;
data class_ab;
   set class_a class_b;
run;
```

> **SET ステートメント**
> 　書式　　SET　SAS データセット名の並び;
> 　文例　　`set data1 data3;`
> 　機能　　SAS データセットを縦に結合する．SAS データセット名が 1 個の場合は単に転送する．

　一方，SAS データセットを横に結合するという場合も出てくるだろう．たとえば，TEST_A が 5 個の変数を含む SAS データセット，TEST_B が同じオブザベーションに対する別の 10 個の変数を含む SAS データセットであるときに，両者の変数を合わせた新しい SAS データセット TEST_AB を作るという場合である（図表 3.14）．ここで使われるのが **MERGE** ステートメントで，

```
data test_ab;
   merge test_a test_b;
run;
```

のように書く．
　SAS データセットをマージする場合は，原則として，対応するオブザベーションが，それぞれの SAS データセット内で同じ順番で並んでいなければならないことに注意しよう．DATA ステップの中では順に 1 つずつオブザベーションを読みとって結合していくからである．

図表 3.14 2 つの SAS データセットを MERGE ステートメントで横に結合する

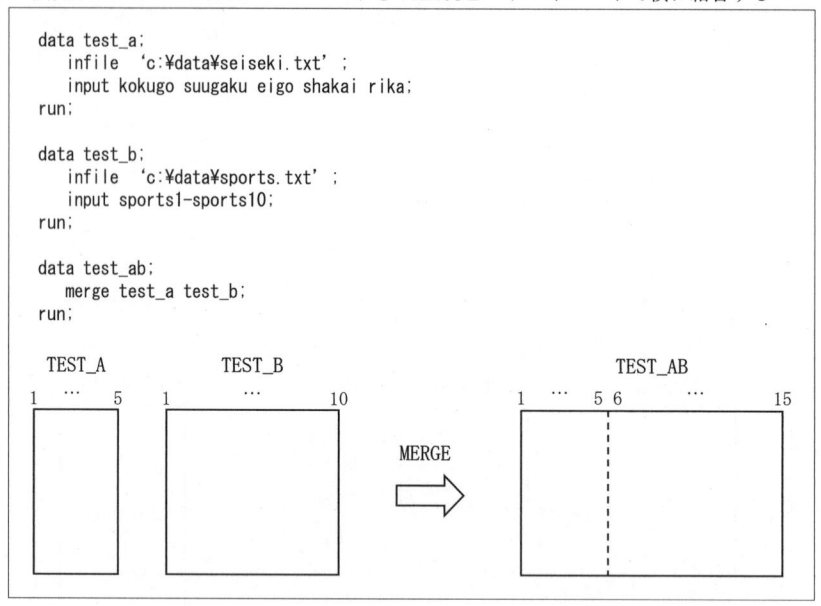

```
data test_a;
    infile 'c:\data\seiseki.txt';
    input kokugo suugaku eigo shakai rika;
run;

data test_b;
    infile 'c:\data\sports.txt';
    input sports1-sports10;
run;

data test_ab;
    merge test_a test_b;
run;
```

```
   TEST_A           TEST_B                        TEST_AB
  1  …  5          1   …    10                 1  …  5 6  …     15
```

MERGE

MERGE ステートメント

　　書式　　MERGE　SAS データセット名の並び;

　　文例　　`merge chukan kimatsu;`

　　機能　　SAS データセットを横に結合する.

★　もし，一方の SAS データセットにだけ存在するオブザベーションがある場合は，2 つの SAS データセットに共通の変数（たとえば名前や個体識別番号など）を作っておいて，その変数の値に基づいてマッチさせることができる．この方法（マッチマージ）については，4-2-4 で触れる．

3-2-5　ファイルへのデータ出力

ファイルからデータを入力するためには INFILE ステートメントと INPUT ステートメントが使われた．これとは逆にファイルにデータを出力するはたらきをするのが **FILE** ステートメントと **PUT** ステートメントである．たとえば，

```
data d1;
    infile 'c:\test.txt';
    input a b c;
    x=sqrt(a**2+b**2);
    y=sqrt(b**2+c**2);
    file 'c:\xy_data.txt';
    put x y;
run;
```

というプログラムでは，XY_DATA.TXT というファイルに X と Y の値が出力される．出力のフォーマットは，この例のように何も指定しない場合，データ値とデータ値の間に空白を1個挿入するだけになる．小数点以下の桁数や出力位置を明示的に指定する方法は，4-1 で詳述する．

なお，FILE ステートメントを伴わずに，PUT ステートメントが単独で使われた場合は標準出力先（通常は [ログ] ウィンドウ）に変数の値が出力される．

FILE ステートメント
　　書式　　FILE　'外部ファイル名';
　　文例　　file 'c:\seiseki.txt';
　　機能　　出力先のファイルを指定する．

PUT ステートメント
　　書式　　PUT　変数名の並び;
　　文例　　put a b x1-x5;
　　機能　　変数の値をファイルまたは標準出力先に出力する．

3-2-6　条件別の処理

SAS には **IF-THEN/ELSE** ステートメントがあり，条件別の処理が行える．IF-THEN ステートメントが単独に使われるときは，

```
if sex='MALE' then r=r-3;
```

のようにすればよい．この例では，SEX の値が MALE のときに R の値が3だけ引かれる．THEN のあとにはステートメントを1つだけ書くことができる．

ELSE ステートメントを伴う場合は，

```
if sex='MALE' then r=r-3;
          else r=r-2;
```

のようになり，SEX が MALE 以外のときには R が2だけ引かれることになる．

また，ELSE ステートメントの中にもまた IF-THEN ステートメントを入れて次のようなプログラムにすることもできる．

```
if sex='MALE' then r=r-3;
  else if sex='FEMALE' then r=r-2;
  else r=.;
```

ここでは，SEX の値が MALE でも FEMALE でもない場合（つまり欠損値のとき）は R の値も欠損値にすることを指示している．

> IF-THEN/ELSE ステートメント
>   書式　IF　条件式　THEN　ステートメント；
>   [ELSE　ステートメント；]
>   文例　if x >= 12.5 then result='success';
>   else result='fail';
>   機能　条件式が真の場合に THEN 以下のステートメントを実行し，偽の場合に ELSE 以下のステートメントを実行する．

条件式の中で用いられる演算子は図表 3.15 にまとめてある．また，式が真であるとは "0 以外の確定値" のことであり，式が偽であるとは "欠損値か 0" のこととされている．SEX = 'MALE' や X >= 12.5 等の論理式は，実は，満たされたときには 1 となり，満たされなかったときには 0 となると決められているのである．そこで，

```
if response then score1=score1+1;
    else score0=score0+1;
```

のようなステートメントによって RESPONSE の値に応じて SCORE1 と SCORE0 の値に 1 ずつ加えていくことができる．ただし，条件式として変数や式のみしか書かないと誤解を生じやすいので，できるだけ，

```
if response=0 then score0=score0+1;
    else score1=score1+1;
```

のような論理式の形で表したほうがよいだろう．

図表 3.15　比較演算子，論理演算子，IN 演算子

比較演算子			
=	または	EQ	等しい
^=	または	NE	等しくない
>	または	GT	より大きい
>=	または	GE	以上
<	または	LT	より小さい
論理演算子			
&	または	AND	かつ
!	または	OR	または，あるいは
^	または	NOT	否定
IN 演算子			
x IN (a, b, c, …)			x と a, b, c, … の比較
文例　if class in ('A', 'C', 'E') then k=2;			
これは			
if class='A' or class='C' or class='E' then k=2;			
と等しい			

さて，条件式が真のとき（あるいは偽のとき）に実行できるステートメントが1つだけというのでは非常に不便である．そこで，SAS ではいくつかのステートメントをまとめてブロック化し，それを1つのステートメントであるかのように扱うことができるようになっている．そのためのステートメントが DO ステートメントと END ステートメントである．次の例を見てみよう．

```
if sex='MALE' then do;
    r=r-3;
    s=s-100;
    end;
else do;
    r=r-2;
    s=s-110;
    end;
```

DO ステートメントと END ステートメントで囲まれた部分を **DO グループ**という．この例では SEX という変数の値が MALE の場合は R = R−3 と S = S−100 というステートメントが実行され，SEX の値がその他の場合は R = R−2 と S = S−110 が実行される．DO ステートメントには，反復処理を行うための DO WHILE ステートメントや DO UNTIL ステートメント，その他のバリエーションがあるが，それらの説明は 4-2 にゆずる．

DO-END ステートメント
　　書式　　DO; ステートメント群　END;
　　文例　　if t>=80 then do;
　　　　　　　t1=t+10; t2=t+30; t3=t+40;
　　　　　　　end;
　　機能　　DO; と END; にはさまれたステートメント群をブロック化し，1つのステートメントのように扱う．

条件別の処理を行うために，IF-THEN/ELSE ステートメントのほかに **SELECT/WHEN** ステートメントが用意されている．これらを使うと，変数 SEX の値が MALE のときは R = R−3，FEMALE のときは R = R−2，それ以外（欠損値）のときは R = . を実行するという先ほどの例は，次のように書ける．

```
select(sex);
    when('MALE')   r=r-3;
    when('FEMALE') r=r-2;
    otherwise r=.;
    end;
```

SELECT ステートメントのカッコの中の式を **SELECT 式**という．また，WHEN ステートメン

トではカッコの中に**WHEN**式と呼ばれる式（定数も含まれる）を書き，その後に任意のステートメントを置く．SELECT式の値とWHEN式の値が等しくなったときに，そこのステートメントが実行されるわけである．どのWHEN式の値とも一致しなかった場合，OTHERWISEの後にあるステートメントが実行される．**OTHERWISE**ステートメントは省略してもよいが，万一SELECT式がどのWHEN式とも一致しなかった場合にエラーとなるので，行う処理がなくても，

```
otherwise;
```

というステートメントを置くのがよい．SELECTステートメントからENDステートメントまでを**SELECT**グループと呼んでいる．

SELECTステートメントにおいてSELECT式が省略された場合は，WHEN式を評価して真になったときにそこのステートメントを実行する．次はその例である．

```
select;
    when(score>=80) seiseki='A';
    when(70<=score<80) seiseki='B';
    when(60<=score<70) seiseki='C';
    otherwise seiseki='D';
end;
```

なお，WHENステートメントやOTHERWISEステートメントの中には，DOグループやSELECTグループを含めてもさしつかえないので，かなり複雑な処理でも見やすい形で表現できる．

SELECT/WHEN ステートメント

書式　　SELECT[(SELECT 式)];
　　　　　　WHEN（WHEN 式）ステートメント;
　　　　　　……
　　　　　　[OTHERWISE ステートメント;]
　　　　　　END;

文例　　select (check);
　　　　　　when (1) w=20;
　　　　　　when (2) w=25;
　　　　　　when (3) w=40;
　　　　　　otherwize w=.;
　　　　　　end;

機能　　SELECT 式と WHEN 式の値が一致したとき（SELECT 式がないときは WHEN 式が真だったとき），そのステートメントを実行する．

3-2-7 オブザベーションの格納と削除

DATA ステップはオブザベーションの数だけ自動的に反復されるループになっていることはすでに述べた．1 回のループごとに，そのオブザベーションのすべての変数の値が，DATA ステートメントで指定した SAS データセットに自動的に格納される．あるオブザベーションを SAS データセットに加えたくない場合には DELETE ステートメントを用いる．たとえば SEX の値が MALE であるオブザベーションを削除したいときには，

```
if sex='MALE' then delete;
```

とすればよい．また，入力するオブザベーションのうち，11 番目から 20 番目までのオブザベーションを削除したいときは，

```
if 11<=_n_<=20 then delete;
```

とする．ここで _N_ は何番目のオブザベーションかをカウントするために SAS 処理系が自動的に作っている変数である．

DELETE ステートメント
　　書式　　DELETE;
　　文例　　delete;
　　機能　　オブザベーションを削除する．

なお，ある条件を満たすオブザベーションを格納する場合に，サブセット化 IF ステートメントを用いることができる．たとえば，先ほどの例とは逆に，SEX の値が MALE であるオブザベーションだけを格納したい（残したい）ときには，

```
if sex='MALE';
```

とすればよい．サブセット化 IF ステートメントにある条件式が偽のときには，そこで処理が中断され，SAS データセットにそのオブザベーションを格納せずに次のオブザベーションの処理に移る．このステートメントは，見たときに意味がわかりにくいので必ずしもすすめられないが，他人の作成したプログラムを読むときのために知っておくほうがよいだろう．

サブセット化 IF ステートメント
　　書式　　IF　条件式;
　　文例　　if suugaku='A';
　　機能　　条件式が真となるオブザベーションのみを SAS データセットに格納する．

DATA ステップで処理したオブザベーションを SAS データセットに出力する（格納する）ために，**OUTPUT** ステートメントというステートメントが用意されている．これまでの例で一度もこのステートメントを使わなかったのは，"もし DATA ステップの中に OUTPUT ステートメントが 1 つもない場合には，(DELETE ステートメントやサブセット化 IF ステートメントで削除しな

い限り）そのオブザベーションを自動的に SAS データセットに格納する"というルールがあるからである．つまり，

```
data ex1;
    ……
    ……
run;
proc print data=ex1;
run;
```

というプログラムは，実は，

```
data ex1;
    ……
    ……
    output;
run;
proc print data=ex1;
run;
```

と書くべきところを，OUTPUT ステートメントを省略していたことになるのである．

　OUTPUT ステートメントが必要となる場合の 1 つは，1 つの DATA ステップで 2 つ以上の SAS データセットを生成するときである．たとえば，SCHOOL_A という SAS データセットに，男子，女子，性別不明のオブザベーションが入っており，それを 3 つの SAS データセットに分けて格納したいとしよう．

```
data male female unknown;
    infile 'c:\school_a.txt';
    input name $ sex $ t1-t10;
    if sex='M' then output male;
    else if sex='F' then output female;
    else output unknown;
run;
```

というプログラムによって，MALE, FEMALE, UNKNOWN という 3 つの SAS データセットに出力されることになる．DATA ステートメントには，このように 2 つ以上の SAS データセット名を書くことができるのである．

> DATAステートメント（その2 一般形）
>   書式　DATA　[SASデータセット名の並び];
>   文例　`data male female;`
>   機能　DATAステップの開始を表し，そのDATAステップで生成するSASデータセット名を指示する．

> OUTPUTステートメント
>   書式　OUTPUT　[SASデータセット名];
>   文例　`output female;`
>   機能　SASデータセットにオブザベーションを出力する．（DATAステートメントで1個のSASデータセットしか指定していないときは，OUTPUTステートメントでのSASデータセット名を省略できる．）

OUTPUTステートメントが使われる場合はほかにもあるが，それらは4-2で詳述することにしよう．

3-3　PROCステップの処理

3-3-1　PROCステップの構成とプロシジャ

PROCステップでは，DATAステップや他のPROCステップですでに作られたSASデータセットについて，統計処理等を行う．PROCステップで呼び出されるサブプログラム（プロシジャ（procedure））には，その機能を表すような名前がつけられている．たとえば，

- データ値を印刷するPRINTプロシジャ
- 平均などの要約統計量を計算するMEANSプロシジャ
- 棒グラフ，円グラフなどを描くCHARTプロシジャ
- 回帰分析を行うREGプロシジャ
- 因子分析を行うFACTORプロシジャ

といったぐあいである．プロシジャの一覧は付録2を参照されたい．

プログラミングという点から見れば，PROCステップはDATAステップよりはるかに簡単である．プロシジャを呼び出して，必要な指定をするだけでよい．PROCステップは一般に次のような形をしている．

　　　　PROC　プロシジャ名　オプション;
　　　　　　付随するステートメント1;
　　　　　　付随するステートメント2;
　　　　　　……

MEANSプロシジャを使ったプログラムを例としてあげよう．

```
proc means data=ex1 maxdec=3;
    var x1-x3 y1-y4;
    by class;
run;
```

ここで，"DATA = EX1"は，入力するSASデータセットがEX1であることを示すオプションである．もし"DATA = SASデータセット"というオプションを省略すると，最も新しく作られたSASデータセットが処理の対象となる．"MAXDEC = 3"は小数第3位まで統計量を出力するよう指定するオプションである．

どのようなオプションやステートメントが使えるかはプロシジャによって異なっている．今ここでは最も頻繁に使われる，VARステートメント，WHEREステートメント，BYステートメントについてまとめておこう．

3-3-2 対象とする変数の指定

SASデータセットの中のどの変数について処理を行うのかを指定するのが**VAR**ステートメントである．もしVARステートメントを指定しないと，原則的にはすべての変数を対象として処理が行われる（MEANSのように，数値変数しか計算しようがないものについては，数値変数だけが対象となる）．上記の例で，"VAR X1-X3 Y1-Y4；"は，変数X1，X2，X3およびY1，Y2，Y3，Y4についてのみ統計量を算出することを指示している．

VAR ステートメント
書式　VAR　変数名の並び；
文例　var v1-v20 x y;
機能　プロシジャの処理の対象となる変数を指定する．

3-3-3 グループ別の処理

あるSASデータセットのオブザベーションをいくつかのグループに分け，グループごとにグラフを書いたり統計処理等を行いたい場合がある．このような場合には，**BY**ステートメントを用いる．上記の例にあるステートメント"BY CLASS；"は，CLASSという変数の値（たとえば"A"，"B"，"C"）に応じてグループ化し，それらのグループごとに統計量を算出せよという指定である．

ステートメントによるグループ別処理を行うためには，SASデータセットの中でこのBY変数の値ごとにまとまって並んでいなくてはいけない．このためには，SORTプロシジャを使い，

```
proc sort; by class;
```

としてから，目的のプロシジャ（ここではMEANS）を呼び出せばよい．SORTプロシジャはBY変数（ここではCLASS）の値に基づいて，オブザベーションの並べ替えをする（詳しくは，4-3-1

図表 3.16　変数 NATION の値の降順に並んだ例

```
OBS    name      nation      height
 1     John      USA         182
 2     Adam      USA         174
 3     Jimmy     USA         187
 4     Albert    USA         188
 5     Suparat   Thailand    169
 6     Tanchai   Thailand    163
 7     Wathana   Thailand    174
 8     Taro      Japan       171
 9     Kiyoshi   Japan       167
10     Kazuo     Japan       178
11     Susumu    Japan       173
12     Jack      England     188
13     Philip    England     178
14     Thomas    England     190
```

参照)．通常，並べ替えの順序は昇順（数値なら小から大へ，アルファベットなら ASCII コード，日本語ならシフト JIS コード順）である．ただし，すでに BY 変数の値ごとにまとまって並んでいる SAS データセットなら，あえて SORT プロシジャにかけなくても目的プロシジャでいきなり BY 指定を行ってかまわない．その際，降順に並んでいる場合（図表 3.16）や，まとまってはいるが昇順でも降順でもない場合（図表 3.17）には，BY ステートメントの中で，"DESCENDING" ないし "NOTSORTED" という指定が必要である．

なお，SORT プロシジャで BY 変数が 2 つ以上ある場合は，まず第 1 変数の値に応じて並べ替えて，次に第 1 変数の値が同じものの中を第 2 変数の値に応じて並べ替えて，……というように多重のソートを行う．このようにしておけば，

```
proc sort data=school_A;
    by gakunen seibetsu;
run;
proc means data=school_A;
    by gakunen seibetsu;
run;
```

として，他のプロシジャの処理もさらに細かいグループごとに行うことができる．

BY ステートメント

書式　BY [DESCENDING] 変数名の並び [NOTSORTED];

文例　by class sex;
　　　by city notsorted;

機能　変数の値に基づいてグループ化し，グループ別の処理を行うことを指定する．

図表 3.17　変数 NATION の値ごとにまとまってはいるが昇順でも降順でもない例

```
OBS    name      nation      height
 1     John      USA         182
 2     Adam      USA         174
 3     Jimmy     USA         187
 4     Albert    USA         188
 5     Jack      England     188
 6     Philip    England     178
 7     Thomas    England     190
 8     Taro      Japan       171
 9     Kiyoshi   Japan       167
10     Kazuo     Japan       178
11     Susumu    Japan       173
12     Suparat   Thailand    169
13     Tanchai   Thailand    163
14     Wathana   Thailand    174
```

3-3-4　対象とするオブザベーションの選択

ある条件を満たすオブザベーションだけを選択して処理するのには，**WHERE** ステートメントが使われる．

```
proc print data=chosa;
    where city='TOKYO';
run;
```

とすれば，変数 CITY の値が TOKYO となるオブザベーションだけが PRINT プロシジャの処理の対象となり印刷される．WHERE ステートメントに書かれる条件式は **WHERE 演算式**といい，IF ステートメントなどに書かれる条件式（SAS 演算式）とやや異なる．詳しくは SAS マニュアルにゆずるが，

- DATA ステップに現れる変数だけを使う．関数は使えない．
- 四則演算子（*, /, +, -），比較演算子（=, ^=, >, <, >=, <=），論理演算子（AND, OR, NOT），IN 演算子は使える．
- ベキ乗（**），文字列連結（||），最大（><），最小（<>）の演算子は使えない．

ということを知っておけばよいだろう．次の例は，IN 演算子を使った例であり，CITY の値が TOKYO, KAWASAKI, または YOKOHAMA のオブザベーションだけが処理の対象となる．

```
proc print data=chosa;
    where city in ('TOKYO','KAWASAKI','YOKOHAMA');
run;
```

> WHERE ステートメント
> 　　書式　　WHERE　条件式;
> 　　文例　　where x>=60;
> 　　　　　　where sex ^=' ';
> 　　機能　　条件を満たすオブザベーションのみをプロシジャの処理の対象とする.

3-4　補足と注意

　ここまでの説明で，ごく基本的な SAS のプログラムを作ることができるだろう．簡単なデータ処理ならすぐにでも行えるだろうし，すでに統計的方法になじんだ読者なら，SAS マニュアルで各プロシジャのオプションとステートメントの使い方を参照すれば，SAS が利用できるはずである．ここでは，SAS の実行とプログラム作成に関し，ぜひ知っておきたいことを補足する．

3-4-1　プログラムの実行中断

　ディスプレイマネージャでサブミットしたプログラムを中断したいときには，「割り込み」◉ツールバーボタンをクリックする．するとタスクマネージャウィンドウが現れて，次のようなメッセージが表示される.

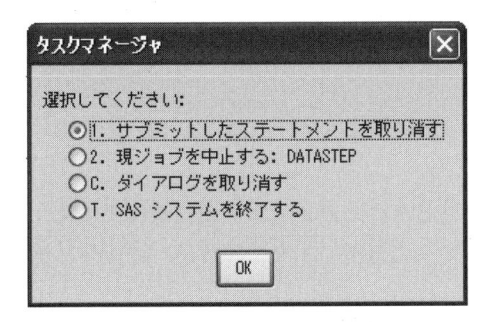

　非対話型プログラムを実行中に中断するには，「割り込み」ボタンをクリックするが，大型コンピュータの場合には，ブレークキー（割り込みキー，インタラプトキー等とも呼ばれる）が用意されていることもある．

3-4-2　SAS プログラムの保存と再利用

　ディスプレイマネージャで，[拡張エディタ] ウィンドウ中にあるプログラムをファイルとして保存するには，メニューバーから [ファイル] → [名前を付けて保存] を選択し，ファイル名を入力後，[保存] をクリックすればよい．
　逆に，ファイルとして保存されているプログラムを [拡張エディタ] ウィンドウに読み込むには，メニューバーから [ファイル] → [プログラムを開く] →該当ファイルを選択後，[開く] をクリックすればよい．

プログラム中で，他のファイルに存在するステートメントを呼び出して実行するには，**%INCLUDE**ステートメント（省略形は，%INC）を使う．すなわち，

```
data school_A;
   ……
run;
%include 'c:¥shuukei.sas';
```

というように，任意のファイル（ここでは，shuukei.sas）を読み込んで実行できるのである．ファイル shuukei.sas の内容が，

```
proc print data = school_A;
run;
proc univariate = school_A normal plot;
run;
```

だとすれば，これは，

```
data school_A;
   ……
run;
proc print data = school_A;
run;
proc univariate = school_A normal plot;
run;
```

としたのと同じことになる．同じステートメント群を頻繁に使うような場合，あらかじめファイルの中にそれらを保存しておいて，この例のように呼び出して使うと便利である．読み込み先のファイルにまた%INCLUDE ステートメントがあると，そこからさらに他のファイルを読みにいくが，このようなネストは，最大 50 レベルまでである．

　読み込んだファイルの内容を [ログ] ウィンドウに表示したい場合には，"SOURCE2" というオプションをつける．

%INCLUDE ステートメント
　　書式　%INCLUDE　'ファイル名'　[/SOURCE2];
　　　　　または
　　　　　%INC　'ファイル名'　[/SOURCE2];
　　文例　%include　'missing.sas'/source2;
　　機能　ファイルにある SAS プログラムを読み込んで実行する．

3-4-3　ファイルやプリンタへの結果の出力

ディスプレイマネージャの [ログ] ウィンドウや [アウトプット] ウィンドウにある内容をファイルに保存するには，プログラムと同様に行えばよい．プリンタに出力したい場合には，直接プリンタに出力することも可能であるが，一般には，実行結果はいきなりプリンタに出力するのではなく，ファイルに出力してその内容を確認してからプリンタで印刷することを，用紙の節約の意味からもすすめたい．

プロシジャ出力の出力ファイルを SAS のプログラム中で指定するには，**PRINTTO** プロシジャを使うことができる．これは，1 つのプログラムで何回も使えるので，途中から出力先を変えるのにも便利である．

PRINTTO プロシジャ
　　書式　　PROC　PRINTTO　PRINT='出力ファイル名';
　　文例　　proc printto print='means.out';
　　機能　　プロシジャの出力先を指定する．

3-4-4　出力幅の制御

SAS の特徴の 1 つとして，出力幅（1 行のカラム数や縦の行数）を指定すれば，それに合わせて実行結果（表やグラフをすべて含めて）を出力してくれることがあげられる．ディスプレイマネージャでは，**OPTIONS** ウィンドウによって現在のシステムオプションの値を表示し，変更することができる．

プログラム中で指定するときは，OPTIONS ステートメントを用いる．**OPTIONS** ステートメントは，プログラム中の任意の場所に置くことができ，主として入出力に関するシステムの標準設定値を変更するのに用いる．指定は，

　　　　options ls=76 ps=40;

のように，LS = オプションと PS = オプションを使う．"LS" は "Line Size" の略であり，64 から 256 までの任意の整数を与えてカラム数を指定する．"PS" は "Page Size" の略であり，縦の行数を 15 から 32767 の範囲で指定する．

OPTIONS ステートメント
　　書式　　OPTIONS　オプションの並び;
　　文例　　options ls=80 ps=42;
　　機能　　システム・オプションの標準値を変更する．

3-4-5　変数の長さ（バイト数）の指定

1 つの文字変数に含まれる文字列の長さは，SAS では 1–32767 バイト（英数字なら 1 文字 1 バイト，漢字は 1 文字 2 バイト）の間で指定できる．ただし，"INPUT ステートメントでリスト入力し

たときは，8バイトが自動的に割り当てられる"という規則がある．すると，たとえば，

  `input name $;`

によって"Okabayashi"というデータを読み込もうとすると，"Okabayas"になってしまう．また，"割り当てステートメントで文字変数に値を代入したときは，そのDATAステップではじめて使われたときの長さとする"と決められているため，

  `taste='bad';`
  `if answer=1 then taste='good';`

というプログラムでは，TASTE がはじめ3バイトで使われているので，その後4バイトにしようと思っても，'goo' までしか入らない．

 このような場合，あらかじめ **LENGTH** ステートメントによって，変数の長さを指定しておく．上記の例であれば，前もって次のように書いておけばよい．

  `length name $ 20 taste $ 4;`

文字変数の場合には，変数名の後に"$"が必要であり，バイト数は1–32767の範囲となる．なお，LENGTHステートメントで文字変数であることを指定しておいた変数は，INPUTステートメントで"$"を省略してもよいことになっている．

 数値変数は，通常8バイトで扱われるが，

  `length default=4;`

というステートメントを入れておけば，すべての数値変数が4バイトとなり，容量を節約できる．特定の変数だけ指定したいときは，

  `length m 2 n 2 x 4 y 4;`

のように変数名とそれに対応するバイト数を書けばよい．指定できるバイト数は3–8である．なお，"DEFAULT ="というオプションによって既定値が与えられるのは，数値変数だけである．

 すでに作成してあるSASデータセットの中の変数の長さを変更したいときには，新たなDATAステップによって別のSASデータセットを作成し，そこで変数の長さを指定し直す．

  `data d2;`
   `length name $ 12 x 4;`
   `set d1;`
   `……`
  `run;`

 この例ではD1の中の変数NAMEとXのバイト数が変更されてD2に格納される．長さを変更するのが文字変数ならば，LENGTHステートメントはSETステートメントより必ず前にないといけないが，数値変数ならば後ろでもかまわない．

> LENGTH ステートメント
>   書式　LENGTH　変数名 [$] バイト数 …… ;
>   　　　LENGTH　DEFAULT=バイト数;
>   文例　length name $ 20 sex $ 1 id 4;
>   　　　length default=4;
>   機能　変数の長さ（バイト数）を指定する.

3-4-6 エラーの修正

プログラムの作成に誤りはつきものである．問題は，誤った原因をすばやく突き止め，欠陥のないプログラムに修正することである．たとえば次の誤ったプログラムを見てみよう．

```
data miscode;
    input a s;
    datalines;
O 12.8
 ;
run;
proc print datum=miscoded;
run;
```

このプログラムを実行すると，出力は現れず，ログ上に次のようなメッセージが現れる．

```
NOTE: a に対して、無効なデータが行 4 カラム 1-1 にあります。
RULE:    ----+----1----+----2----+----3----+----4----+----5----+----6----+----7----+----8----
4        O 12.8
a=. s=12.8 _ERROR_=1 _N_=1
```

実は，この後にもメッセージは続くが，たくさんエラーを起こしたときには，まず最初のエラーから順に修正していくのが常道である．メッセージを読むと，変数 A に対応するデータが不適切であり，その場所は 4 行目の 1 カラム目から 1 カラム目まで（つまり 1 カラム目）であることがわかる．データ読み込み中にエラーがあると，ルーラー（何カラム目かを見るための目盛り）が表示され，次に誤りのあったデータ行が表示される．さらに次の行には，エラーが起きた時点でのすべての変数値が表示される．これらの情報により，第 4 行第 1 カラムの情報は数値でないといけないのに，アルファベットの O（オー）であることがエラーの原因であることがわかる．

プログラム中の，O を数字の 0（ゼロ）に訂正して実行すると，再びエラーが検出される．

```
17    proc print datum=miscoded;
                 ─────
                 22
                 76
ERROR 22-322: 構文エラーです。次の 1 つを指定してください : ;, BLANKLINE, DATA, DOUBLE,
              HEADING, LABEL, N, NOOBS, OBS, ROUND, ROWS, SPLIT, STYLE, SUMLABEL, UNIFORM,
              WIDTH.
ERROR 76-322: 構文エラーです。ステートメントを無視しました。
```

ここでは文法エラーが起きて，誤ったキーワードのところにアンダーラインがひかれている．つまり，datum というキーワードが不適切なのである．ここに来る可能性のあるキーワードのリストがさらに下に現れているので，data と修正すればよいことがわかる．

この修正を行って再実行すると，またまたエラーが現れる．

```
26    proc print data=miscoded;
ERROR: ファイル WORK.MISCODED.DATA は存在しません。
```

MISCODED というデータセットは存在しないという．先ほど作ったばかりではないかと思うと，実は先ほど作成したのは MISCODE というデータであって，1 字違いであった．

このように，プログラムの誤りの大半はログ上のメッセージを読むと理解できる．おかしいと思ったら，まずログを見るという習慣をつけたい．

3-4-7 ODS（アウトプット・デリバリ・システム）の機能

ODS の機能を使用すると [アウトプット] ウィンドウの出力結果をいろいろな種類のファイル（HTML 形式，RTF 形式，PDF 形式など）に保存することができる．

たとえば，PDF へ出力したい場合には，ODS ステートメントを SAS プログラムの先頭と最後の行に追加する．すなわち，

```
ods pdf;
    proc print data=ex1;
    run;
ods pdf close;
```

というように，ODS ステートメントで囲んで実行できる．

また，PDF 形式のファイルを特定の場所へ保存したい場合には，

```
ods pdf file='c:\ex1_out.pdf';
    proc print data=ex1;
    run;
ods pdf close;
```

というように，先頭の ODS ステートメントに FILE オプションを指定する．

> ODS ステートメント
>
> 書式　ODS　DESTINATION　[オプション];
> 　　　……
> 　　　ODS　DESTINATION　CLOSE;
>
> 文例　ods html;
> 　　　　proc means data=ex1;
> 　　　　run;
> 　　　ods html close;
>
> 機能　出力結果を HTML 形式，RTF 形式，PDF 形式などのさまざまな出力先に送る．

ODS ステートメントでは，デフォルトで ODS LISTING がオープンされており，出力先が以下の2カ所に設定されている．

- テキスト出力の場合は [アウトプット] ウィンドウ
- SAS/GRAPH 出力の場合は [GRAPH1] ウィンドウ

明示的にクローズするまで常に開いているので，オープン/クローズすることで制御する必要がある．

[アウトプット] ウィンドウへの出力を止めたい場合には，

```
ods listing close;
ods rtf;
   proc print data=taikaku;
   run;
ods rtf close;
ods listing;
```

というように，一度，"ODS LISTING CLOSE;" とすると，その SAS セッション中は ODS LISTING をクローズしたままとなる．再度，ODS LISTING をオープンするには明示的に "ODS LISTING;" とする必要がある．

ODS LISTING ステートメント
 書式 ODS　LISTING　CLOSE;
   ……
   ODS　LISTING;
 文例 ods listing close;
   ods pdf;
    proc print data=d1;
    run;
   ods pdf close;
   ods listing;
 機能 LISTING 出力先のオープンやクローズ，管理を行う．

このほか，プロシジャによる [アウトプット] ウィンドウの出力結果からデータセットを作成できたり，プロシジャで作成したレポートをカスタマイズできるなど，さまざまな機能がある．これらの詳細については，SAS マニュアル等を参照されたい．

第4章 データハンドリング

　この章では，知っておいたほうが便利であると思われる SAS の使い方を解説する．これまでにも述べたことであるが，SAS には非常に豊富な機能があるからといって，"あれもできる，これもできる"とはじめのうちから多くの機能を学習するのは，SAS に慣れていない読者にとって，けっして得策ではない．仮に，多少冗長なプログラムになっても，それまでに習得した文法的知識をフルに活用して実際にプログラムを実行するほうが，SAS に慣れるよい方法である．そして，必要に応じて（あるいは，気の向いたときに），文法的知識をしだいに広げていくのがよいだろう．本章はそのための"中級編"とでもいえる章である．

4-1　入出力の書式

　"書式"とは，文書の定められた記入法のことである．ここでは，データの記述方法の意味に使っている．たとえば，3桁ごとにカンマを打つとか，数字の先頭に金額を表す¥マークをつけるとかである．さらに意味を広げると，コンピュータの内部では2進数で表現されている数値を10進数に直して表示するのも書式の例となる．

4-1-1　データ入力の書式
　INPUT ステートメントによるデータの入力についてはすでに 3-2-2 で述べた．このときは，

```
input name $ x y;
```

というように，変数名のリストを並べただけであった．これは，リスト入力と呼ばれている方法であって，入力データは各データ値が空白で区切られてさえいればよい．しかし，次のような場合はどうしたらよいであろうか．

- アンケート調査などで，"はい"と"いいえ"との応答が，それぞれ1と2とにコード化されて空白をあけず並んでいる．
- 氏名を1つの情報として読みたいが，名字と名前との間に空白があいている．
- 欠損データを示すのに空白を使ってしまった．

カラム入力
　1つの方法は，各変数が読むべき部分をカラム位置で指定することである．たとえば，

```
input name $ 1-12 a 13-15 b 16;
```

によって，カラム 1–12 のデータ値が変数 NAME に，カラム 13–15 のデータ値が変数 A に，カラム 16 のデータが変数 B に読み込まれる．

> INPUT ステートメント（カラム入力）
>   書式　INPUT　変数名 [$] 開始カラム [-終了カラム]
>   文例　input name $ 1-12 weight 13-17 height 18-22;
>   機能　指定されたカラムからデータ値を読み込む．

カラム入力においては次のことを知っておくとよい．

(1)　フィールド内の空白の扱い

カラム入力でデータを読み込むとき，指定されたフィールド（開始カラムから終了カラムまでの間）の中にある前後の空白は無視される．たとえば，

```
input name $ 1-8 height 9-14;
```

という INPUT ステートメントに対し，データが次のいずれかであっても同じ結果（NAME = 'TARO'，HEIGHT = 172）となる（ここでは ˆ は空白を表すものとする）．

```
TAROˆˆˆˆ172ˆˆ
ˆˆTAROˆˆˆ172ˆ
ˆˆˆˆTAROˆˆ172
```

数値データで，空白をゼロとして読み込ませたいとき，あるいは文字データで空白をデータ値の一部として読み込ませたいときは，それぞれフォーマット入力で"BZ"，"$CHAR."という書式指定を行うことになっている（p.56,57 参照）．

(2)　変数の順序

カラム入力の場合，必ずしもカラムの順番どおりに変数名を並べる必要はない．

```
input height 9-14 name 1-8;
```

この例ではまずカラム 9–14 から HEIGHT の値を読み，次にカラム 1–8 から NAME の値を読む．

(3)　カラムの再読み込み

同じカラムを別の変数のデータ値として 2 回以上読み込むことができる．

```
input a 1-5 b 11-15 x 1-5;
```

とすれば，カラム 1–5 のデータを A と X の値として 2 回読むことになる．また，次のようなこともできる．

```
input name $ 1-10 initial $ 1;
```

これはカラム 1–10 が NAME の値として読まれ，さらにカラム 1 の値だけが INITIAL の値として読まれることを表している．

フォーマット入力

冒頭の問題を解決するもう 1 つの方法にフォーマット入力がある．フォーマット入力とは，入力データの書式を指定して読み込む方法で，最も融通性のある入力方法である．入力のための書式のことを SAS ではインフォーマットという．対応して，出力のための書式は単にフォーマットという．

```
input name $8. +3 a1-a5 5*6.;
```

これは非常に単純なフォーマット入力の例である．はじめから 8 カラム分を NAME という文字変数の値として読み込み，3 カラムとばして，A1–A5 の値を 6 カラムずつ読み込むことを示している．ここで "$8." や "6." がインフォーマットで "5*" というのはそのインフォーマットが 5 回反復されることを表す．"+3" は後述するポインタコントロールの一種である．

この例は，次のように書くこともできる．

```
input(name a1-a5)($8. +3 5*6.);
```

つまり，はじめに変数名だけを並べて括弧でくくり，次にインフォーマット（およびポインタコントロール）だけを並べて括弧でくくるのである．1 つの INPUT ステートメントにいくつでもこのようなリストを書くことができる．たとえば，

```
input(name a1-a5)($12. +3 5*6.)(x1-x8 y1-y8)(8*1. +1 8*1.);
```

もし，インフォーマットの個数が変数の個数より少ないと，すべての変数の値を読み込んでしまうまで，最後に使われたインフォーマットのリストがくり返し使われる．つまり，

```
input (a1-a3)(5.);
```

は，

```
input (a1-a3)(5. 5. 5.);
```

あるいは，

```
input (a1-a3)(3*5.);
```

と同じ意味になる．

INPUT ステートメント（フォーマット入力）
　書式　　INPUT　変数名　インフォーマット……；
　　　　または，
　　　　INPUT　（変数名の並び）（インフォーマットの並び）……；
　文例　　input id $3. +2 sex $1. x1-x10 10*5.;
　　　　input (id sex x1-x10)($3. +2 $1. 10*5.);
　機能　　指定された書式（インフォーマット）に基づいてデータ値を読み込む．

SASでは非常に多くのインフォーマットが用意されているが，それらの詳しい解説はSASマニュアルにゆずる．通常は次の4種類を知っていれば十分であろう．

（1）　**w.d インフォーマット**

　標準的な数値データの入力で "w" はフィールドの長さ（1–32の整数値），"d" は小数点以下の桁数を表す．たとえば，データ行のカラム11–14に "3865" というデータがあるとして，

　　　　input +10 a 5.2;

を実行すると，変数Aに38.65という値が読み込まれる．カラム入力と同様，フィールド内の前後にある空白は無視される．"d" を省略すると "w.0" とみなされ整数値となる．ただしデータ行の中に小数点がついている場合には，それが優先されてdは無視されるので，インフォーマットは "w." だけでさしつかえない．データ中の小数点を省略すると後で誤解のもとになるので，冗長を恐れず常にデータ中には小数点をつけ，"w." のインフォーマットで読むことをおすすめする．

　また，w.d インフォーマットは，

　　　　3.814E3

というような指数形式（浮動小数点表示）の数値データも読み込むことができる．これは "3.814×10^3" の意味である．

（2）　**BZw.d インフォーマット**

　"BZ" は "Blanks are Zeros" の略で，フィールド内の空白をゼロとみなして読み込む（これはFORTRANの入力方法と同じである）．たとえば，データ行の1–6カラムに，

　　　　^38^^^

というデータがあり，

　　　　input a bz6.;

で入力するとAの値は38000になる．また，

　　　　input a bz6.2;

とすればAの値は380.00すなわち380になる．ちなみに，インフォーマットが "6." ならAは38となり，"6.2" ならAは0.38となる．

　いずれにせよ，このようなデータ入力形式は誤解を招きやすいので使うべきではない．すでにBZの形式でデータが与えられている場合にしかたなく使う方法と解釈したほうがよい．

（3）　**$w. インフォーマット**

　標準的な文字データの入力に用いる．フィールドの長さを表す "w" には1–200の整数値が使える．

　　　　input +3 name $20.;

は，カラム入力の，

```
        input name $ 4-23;
```
と同じである．フィールドの前後にある空白は，やはり無視されてしまうことに注意しよう．

(4) $CHARw. インフォーマット

フィールド内の前後にある空白を切り捨てずに，空白のままデータ値として読み込む．

```
        ^^HIROSHI^SATO^
```

というデータを，

```
        input name $15.;
```

で読み込むと，NAMEの値は'HIROSHI ^ SATO'となるが，

```
        input name $char15.;
```

で読み込めば，NAMEの値は' ^ ^ HIROSHI ^ SATO ^ 'となる．

　これまでにリスト入力，カラム入力，フォーマット入力という3つの入力方法を述べてきたが，SASではこれらの入力方法を1つのINPUTステートメントの中に混在させることができる．たとえば，

```
        input name $ 1-20 age 3.;
```

では，NAMEがカラム入力で読まれ，AGEがフォーマット入力で読まれている．

　フォーマットの指定では各変数に対応するカラム位置があらかじめ決まっているのが普通である．しかし，次のようなデータに対して，

```
        123 1234            12345
```

それぞれ下2桁は小数点以下と考えて1.23　12.34　123.45と読みたいという場合を考えてみよう．ここで仮に，

```
        input a 6.2 b 6.2 c 6.2;
```

と指定してみると，うまくいかない．なぜなら，空白の数が不定なのでカラムの特定ができないし，また変数Aに対しては"123 12"という文字列を数値として解釈することになるためエラーとなってしまうからである．このような場合，

```
        input a :6.2 b :6.2 c :6.2;
```

というように，フォーマットの前にコロンをつける方法がある．すると，リスト入力のように空白で区切ったブロックをさらにインフォーマットの指定で読むように実行される．

ポインタコントロール

　データ行からデータを読み込むとき，SASではポインタという概念が使われる．ポインタはどこのカラム位置からデータ値を読み込もうとしているかを指し示すものである．たとえば，

```
        input a 5. b 8.;
```
というフォーマット入力を行う場合，ポインタははじめカラム 1 を指し，A の値を読み込んでからカラム 6 に移り，さらに B の値を読み込む．

ポインタを移動させる方法はこれまでにもいくつか出てきたが，それらも含めてここでまとめておこう．

(1) @n

現在のデータ行の第 n カラムにポインタを移動させる．

```
        input @11 name $ @28 weight;
```

この例ではカラム 11 以降，フリーフォーマットで NAME の値を読み，さらにカラム 28 に移って WEIGHT の値を読む．ポインタは前後に移動できるので，

```
        input @28 weight @11 name $;
```

と書いても同じである．

アットマーク（@）の後に続く値は，変数に代入しておくこともできる．

```
        pname=11;
        pweight=28;
        input @pname name $ @pweight weight;
```

この例の PNAME や PWEIGHT のようにポインタを移動させるための変数を**ポインタ変数**という．

(2) +n

ポインタを n カラムだけ先に進める．たとえば，

```
        input @11 a 4. +3 b 5.;
```

というステートメントでは，まずポインタをカラム 11 に進め，そこから 4 カラム分（すなわちカラム 11–14）を A の値として読む．ここでポインタはカラム 15 を示していることになるが，"+3" によってカラム 18 に移り，そこから B を 5 カラム分読む．

(3) /

ポインタを次のデータ行の先頭に移す．すでに説明したように，1 つのオブザベーションに対するデータが 2 行以上にわたっているときは，

```
        input id name $ / var1-var20;
```

のように行区切りの記号として用いる．行を読みとばすときにも，

```
        input a1-a20 // score1-score10 /;
```

のように使うことができる．この例では，第 1 行から A1–A20 の値を読み，第 2 行をとばして第 3 行から SCORE1–SCORE10 の値を読む．さらに，第 4 行をとばしてから，次のオブザベーション

へと移る．つまり，1つのオブザベーションに対して4行のデータがあり，第2行と第4行を読みとばしている．

(4) #n

これもすでに出てきたが，ポインタを n 行目の先頭に移動させる．

```
input @8 name $20. #2 score1-score5;
```

は，

```
input @8 name $20. / score1-score5;
```

と同じである．

```
input #3 v1-v8 #1 id name $20.;
```

というように，読み込む行を戻すこともできる．また，#の後にはポインタ変数を置いてもよい．

1つのオブザベーションが何行のデータから成っているかは，n の最大値によって決まる．そこで，読みとばしたい行が最後に何行かあるときは次のようにする．

```
input @8 name $20. #2 S1-S10 #4;
```

この例では，"#4"があるので各オブザベーションのデータは4行ということになり，第3行と第4行は読みとばされる．

(5) @

DATA ステップの中にいくつかの INPUT ステートメントがあると，通常はそれぞれの INPUT ステートメントが新しいデータ行を読み込む．すなわち，ポインタが自動的に次の行の先頭に移ることになる．しかし，INPUT ステートメントの最後に "@" があると，ポインタが同じ行に保留される．

```
input @5 a1-a4 @;
    ...............
    ...............
input @40 b1-b5;
```

この例では，カラム5に進んでA1–A4の値を読み，さらに同じ行のカラム40に進んでB1–B5の値を読む．

```
input name $20. sex $1. @;
if sex='M' then input gijutsu;
    else if sex='F' then input katei;
    else delete;
```

このように，読み込んだ変数（ここでは SEX）の値に応じて別の変数を同じ行から読みとってくるときなどに効果的である．"@" によるポインタの保留は，次のオブザベーションの処理に移ると，自動的に解除される．

(6) @@

1 行のデータから複数のオブザベーションのデータ値を読み込んでくるときに，INPUT ステートメントの最後に "@@" をつけておく．

```
data d1;
    input name $ sex $ age @@;
    datalines;
HIROKO F 31 AKANE F 25 JUNJI M 33
YASUO M 39 FUMI F 30
;
run;
```

ここでは NAME, SEX, AGE の順で次々にデータが読まれていく．"@@" を使って読み込んでいるときは，そのデータ行にデータがなくなると，自動的にポインタが解除されて次のデータ行に移る．意図的にポインタを解除したいときは，

```
input;
```

と何も指定しない INPUT ステートメントを使えばよい．

4-1-2 データ出力の書式

PUT ステートメント中のフォーマット

INPUT ステートメントは変数に値を読み込むものであったが，逆に外部ファイルなどに変数の値を書き出すためには PUT ステートメントが利用できることはすでに第 3 章で学んだ．たとえば，

```
data _null_;
    input a @@;
    put a;
    datalines;
1 12.34 123.456
;
```

というプログラムを実行すると，[ログ] ウィンドウ上に，

```
1
12.34
123.456
```

と出力される．コンピュータの内部表現を人間がわかりやすいよう 10 進数で表現している．これも書式の 1 つである．これでも値はわかるのだが，左詰めで出力されているのが見にくい．小数点の位置をそろえたほうがよいであろう．PUT ステートメントで書き出す値にも書式を指定することができる．フォーマットの指定の仕方はインフォーマットの方法と同じである．先ほど紹介した"w.d"の書式はそのままフォーマットとして利用できる．

```
put a 8.3;
```

この PUT ステートメントにより，全体の幅を 8 桁，小数点以下 3 桁という書式で変数 A の値が出力される．最後の桁は四捨五入される．

```
^^^1.000
^^12.340
^123.456
```

INPUT ステートメントで読み込むときにはデータのほうに小数点をつけるべきであり，インフォーマットのほうには小数点以下の桁数を指定しない（w.）ことを推奨したが，PUT ステートメントでフォーマットを指定するときには，小数点以下の桁数は必ず指定しなければならない．というのは，小数点の桁数を指定しないと整数に丸められて表示されるからである．

PUT ステートメントでのポインタコントロールも INPUT ステートメントとまったく同様である．たとえば，先のプログラムで，

```
put +2 a 8.3 @@;
```

と指定すると，+n の相対カラム指定，@@の改行をしない指定が効果を発揮して，

```
^^^^^1.000^^^^12.340^^^123.456
```

というように制御された出力が得られる．

フォーマットの中には，出力専用でインフォーマットに対応する書式がない例もある．たとえば，次のプログラム，

```
data _null_;
    input a @@;
    put a roman5. @@;
    datalines;
1 3 5 7 9
;
run;
```

では，"ROMANw."というフォーマットを使っている．覚える必要はないが，これは数値をローマ数字で表すというものである．

I III V VII IX

> **PUT ステートメント（フォーマット出力）**
> 書式　PUT　変数名　フォーマット……；
> 　　　または，
> 　　　PUT　（変数名の並び）（フォーマットの並び）……；
> 文例　put id $3.　+2 sex $1.　x1-x10 10*5.;
> 　　　put (id sex x1-x10)($3.　+2 $1.　10*5.);
> 機能　指定された書式（フォーマット）に基づいてデータ値を書き出す．

プロシジャ出力でのフォーマット

第3章で述べたように，SAS データセットの情報は PRINT プロシジャで出力できる．

```
data fmtest1;
    a=1734956;
run;
proc print data=fmtest1;
run;
```

このプログラムでは，1 オブザベーション 1 変数の SAS データセットを PRINT プロシジャで出力している．結果は次のようになる．

```
OBS           A
 1         1734956
```

PRINT プロシジャの出力は，[アウトプット] ウィンドウの幅や変数の数・精度の情報を利用して，最も適当と思われる書式を自動的に設定している．細かい書式をいちいち指定しなくてもよいというのも SAS の利点であるが，ときには書式を細かく制御したいときがある．たとえば全体のカラム数と小数点以下のカラム数を指定した "w.d" のフォーマットを使うときには，次のように **FORMAT** ステートメントを指定する．

```
proc print data=fmtest1;
    format a 12.2;
run;
```

これにより，フォーマットのついた出力が得られる．

```
OBS             A
 1         1734956.00
```

3桁ごとにカンマを打つというフォーマットもある．

```
proc print data=fmtest1;
   format a comma12.;
run;
```

```
OBS            A
 1         1,734,956
```

フォーマットは PRINT プロシジャ実行時に指定するだけでなく，DATA ステップでデータを作成する段階でデータの属性として設定することができる．

```
data fmtest2;
   a=173956;
   format a 12.2;
run;
proc print data=fmtest2;
run;
```

```
OBS            A
 1         1734956.00
```

データにフォーマット属性がついていても，PRINT プロシジャでフォーマットが指定されていればそちらを優先する．

```
proc print data=fmtest2;
   format a comma12.;
run;
```

```
OBS            A
 1         1,734,956
```

フォーマットによる書式の指定が有効になるプロシジャは PRINT だけではなく，さまざまなプロシジャで活用できる．

FORMAT ステートメント
　書式　　FORMAT　変数名 [変数名] フォーマット　……；
　文例　　format a b 12.2 c comma12.;
　機能　　プロシジャ中で出力フォーマットを指定する．
　　　　　DATA ステップ中でフォーマット属性をつける．

4-1-3 ユーザー作成フォーマット

PICTURE フォーマット

SASシステムには数多くのフォーマットやインフォーマットが用意されているが，ユーザー独自の形式を使いたいときもある．たとえば，日本では4桁ごとにカンマを打ったほうが読みやすいかもしれない．数値が金額なら，数値の先頭に"$"でなく"¥"と打ちたい．しかし，そのような書式は用意されていない．

ユーザー独自のフォーマット・インフォーマットはFORMATプロシジャで作ることができる．たとえば，次のようにする．

```
proc format;
    picture jpnyen other='0000,0000,0000'
            (fill='*' prefix='¥');
run;
```

ここではPICTUREステートメントを使ってフォーマットを定義している．OTHER=で指定している文字列の中で，0に対応する桁に数値が入り，カンマに対応する桁はそのまま表示される．OTHERというキーワードは，本来ここには数値の範囲を指定することができるのだが，すべての範囲に対応するという意味である．その他，数値の先頭に¥マークをつけ，左側の空いた場所は*マークで埋めるという指定をしている．プログラムを実行すると，

NOTE: Format JPNYEN has been output.

というメッセージがLOGウィンドウに現れる．これより後は"JPNYEN."というフォーマットが使えるようになる（PICTUREステートメント中ではピリオドはつけないが，フォーマットを指定するときはつける）．たとえば，

```
data _null_;
    a=125563000;
    put a jpnyen.;
run;
```

とすると，

```
**¥1,2556,3000
```

という出力が得られる．

FORMATプロシジャ（PICTUREフォーマット）
  書式　PROC FORMAT;
　　　　PICTURE フォーマット名　範囲=テンプレート　……;
  文例　picture day 01-31='00';
  機能　テンプレートで指定した形式でフォーマットを作る．

VALUE フォーマット

フォーマットとは，数値の情報をわかりやすく表現することであるといえる（数値でない情報の例は後で出てくる）．たとえば社会調査などで，男性は1，女性は2というようにカテゴリーを数値化して記録することがある．実際にレポートを見るときには"男"，"女"などと文字になっていたほうが見やすい．このようにコードから文字列に変換することもフォーマットの一種である．

コード変換を実行するときには，次のように条件判断（第3章参照）でプログラムする人が多いのではないだろうか．

```
data coded;
   set rawdata;
   if      sex=1 then text='男';
   else if sex=2 then text='女';
   else                text='？';
run;
```

これでもまちがいではないが，コードの種類が多くなると条件判断のプログラムは実行効率がきわめて悪くなることは知っておいたほうがよい．実は，コード変換の意味のフォーマットもFORMATプロシジャで作成できる．

```
proc format;
   value sexfmt 1='男' 2='女' other='？';
run;
```

VALUEステートメントで，コードとテキストとの対応を指定している．ここで作られた"sexfmt."フォーマットを用いて，

```
data _null_;
   input sex @@;
   put   sex sexfmt. @@;
   datalines;
1 2 1 2 2 3 0
;
run;
```

というように利用すると，

　　　　　男女男女女？？

という出力が得られる．

フォーマットのコードは，数値の範囲で指定することもできる．たとえば，

```
    proc format;
      value agefmt low-<13  ='児童'
                   13 -<20  ='小人'
                   20 - high ='大人';
    run;
```

といった指定が有効である．"-<"の記号は，区間の上端は含まないことを示す．

入力情報コードが文字型であるフォーマットも作成できる．

```
    proc format;
      value $ menu 'A'='優' 'B'='良';
    run;
```

フォーマット名の先頭に$がついていることに注意しよう．文字型変数に対するフォーマットは"$w.","$CHARw."のように先頭に$マークをつけることで統一されている．

FORMAT プロシジャ（VALUE フォーマット）

書式　　PROC　FORMAT;
　　　　　　VALUE　フォーマット名　範囲='文字列'　……;

文例　　value answer 1='YES' 2='NO' other='MISCODED';

機能　　変数の値を文字列に変換して書く書式を定義する．

FORMAT プロシジャの利用例については 5-2-1 を参照されたい．

インフォーマットの作成

INPUT ステートメントで読むための書式（インフォーマット）も FORMAT プロシジャで作成することができる．このときには INVALUE ステートメントを使う．

```
    proc format;
      invalue abc 'A'=1 'B'=2 'C'=3;
    run;
```

作成したインフォーマット ABC. を使うと，A というデータを 1 という数値で"読み込む"ことができる．これを使って，

```
    A
    B
    C
    D
```

というデータを読み込んでみよう．定義されていないデータを読み込んだときにはどうなるであろうか．

インフォーマットで読み込む文字列に大小比較で範囲を指定して対応する値を与えることもできる．

```
proc format;
   invalue surname 'A'-'L' =1
                   'M'-high=2
                    other  =3;
run;
```

この場合は，文字列先頭の文字コード（ASCII コードなど）の大小で比較されることになる．

FORMAT プロシジャ（INVALUE インフォーマット）
　書式　PROC　FORMAT;
　　　　　INVALUE　インフォーマット名　'範囲'=値　……；
　文例　invalue answer2 'Y'=1 'N'=2 other='MISCODED';
　機能　文字列のデータを読むときの変換を定義する．

4-1-4　フォーマットの管理
データセットからのフォーマット作成

フォーマットの機能は便利ではあるが，大規模なフォーマットでは管理が困難になることがある．というのは，いままでの指定方法ではキーのコードとテキストとの関係をプログラムで与えなければいけないからである．コードとテキストとの関係がファイル中に表形式で与えられていたら，それを拡張エディタに読み込んでシングルクォートをつけるとか等号をつけるといった処理をしなければならない．また，フォーマットの情報を更新/訂正するときも大仕事になる．

大規模なフォーマットの管理には，SAS データセットから情報を読み込む方式が有効である．たとえば，先ほどのフォーマット，

```
proc format;
   value sexfmt 1='男' 2='女' other='?';
run;
```

を作成する場合，別法として，あらかじめ，

```
data fmttest;
   input fmtname $ start $ label $;
   datalines;
sexfmt 1    男
sexfmt 2    女
sexfmt OTHER ?
;
run;
```

という SAS データセットを作成しておいて，

   `proc format ctrlin=fmttest;`

というように CTRLIN ＝ オプションでそのデータセットを指定した FORMAT プロシジャを走らせると，VALUE ステートメントと同様のフォーマットが作成される．次の事項に注意しよう．

1. 変数名は決められたものでなければならない．
2. 数値フォーマットのコードも文字型変数で指定する．
3. OTHER のキーワードは大文字で指定する．

インフォーマットなどの書式もデータセットから情報を読み込む方法で作成できる．入力コードに幅がある場合は END という変数もデータセットに含める．詳しくは，SAS マニュアルを参照されたい．

FORMAT プロシジャ（データセット入力）
 書式 PROC FORMAT CTRLIN＝フォーマット情報データセット；
 文例 `proc format ctrlin=fmttest;`
 機能 SAS データセットから情報を読み込んで書式を定義する．

フォーマットライブラリ一覧

ユーザー作成の書式をたくさん作成した場合，特定の書式が登録されたかどうか不確かになり悩むことがある．また，書式が意図の通り作成されたかどうか確認したいときがある．このような場合，

   `proc format fmtlib;`
   `run;`

というプログラムを実行すると，すでに登録された書式の一覧が次のような形式で [アウトプット] ウィンドウに表示される．

```
           FORMAT NAME: AGEFMT   LENGTH:    4   NUMBER OF VALUES:    3
   MIN LENGTH:   1  MAX LENGTH:  40  DEFAULT LENGTH   4  FUZZ: STD
  START         |END          |LABEL   (VER. V7|V8    11JUN2010:10:38:56)
  --------------+-------------+--------------------------------------
  LOW           |             |13＜児童
                |          13 |20＜小人
                |          20 |HIGH         |大人
```

FORMAT プロシジャ（書式ライブラリ一覧）
 書式 PROC FORMAT FMTLIB；
 文例 `proc format fmtlib;`
 機能 登録した書式の内容をリストする．

4-1-5 ユーザーフォーマットと PUT 関数

SAS には **PUT** 関数がある．これは次のように使う．

```
s=put(a, 5.2);
```

PUT 関数は引数を 2 つとる．1 つめの引数に指定した変数 A の値を 2 つめの引数で指定したフォーマット w.d で "書き"，その値を文字型変数 S に代入している．たとえば変数 A に 1.2 という値が入っていれば，変数 S には "1.20" という文字列が代入される．要するに，数値型→文字型の変換を行っている．逆に文字列をインフォーマットで読んだ値を変数に代入するには **INPUT** 関数がある．

ところで，PUT 関数で指定できるフォーマットは w.d だけでなく，何を使ってもよい．FORMAT プロシジャでユーザーが作成したものでもかまわない．たとえば，先ほど男なら 1，女なら 2 というフォーマットを作成した．

```
proc format;
    value sexfmt 1='男' 2='女' other='? ';
run;
```

このフォーマットを利用して，

```
s=put(a, sexfmt.);
```

というように利用すれば，変数 A の値が 1 のときは変数 S に "男" という文字が代入され，変数 A の値が 2 のときには変数 S に "女" という文字が代入されることになる．

変換表の情報を使ってコードを変換することを "テーブルルックアップ" という．ユーザーフォーマットと PUT 関数を使うテーブルルックアップはきわめて効率的である．ごく小量のデータの場合を除いて条件判断文を使わないほうがよい．

4-1-6 変数のラベルづけ

フォーマットは変数の値を整形するものであったが，変数名について整形したいときもある．SAS の変数名は英数字または下線からなる 32 文字以内と決まっていて，漢字の変数名，間にスペースをいれた変数名，33 文字以上の変数名は許されていないが，そのような表示のほうが見やすい場合もあるだろう．SAS には，変数名にラベルをつける機能が用意されている．

```
data test;
    input name $ math;
    label name='名前' math='数学';
    datalines;
鈴木 100
木下  95
;
```

```
run;
proc print data=test label;
run;
```

ラベルなしの通常の出力				変数ラベルをつけた出力		
OBS	name	math	→	OBS	名前	数学
1	鈴木	100		1	鈴木	100
2	木下	95		2	木下	95

変数名の表示を詳しいラベルに置き換えるには，LABEL ステートメントを用いる．変数名の後に等号をつけ，その後にラベル文字列を引用符（シングルクォートでもダブルクォートでも可）で囲って指定する．ラベル文字列の中に引用符を用いたいときは，その引用符を2つ続けて打つ．上のプログラムでは，DATA ステップ中で作成する SAS データセットに属性としてラベルをつけているが，ラベルを利用する PROC ステップの中で臨時に LABEL ステートメントの指定をすることもできる．ここでは PRINT プロシジャでラベルを利用している．ラベルを使って表示するには LABEL オプションを指定する．変数名のラベルは，PRINT プロシジャだけでなく，さまざまなデータ表示用プロシジャで同様に利用できる．

4-2 DATA ステップにおける制御

4-2-1 DO グループの反復

SAS には多くの関数があることは第3章で学んだ．とくに確率分布関数やその逆関数は統計解析のアプリケーションに有用である．たいていの統計の教科書では，本の最後に正規分布表や F 分布表などがつけられているものであるが，本書にそれがないのは SAS に用意されている関数を使っていつでも計算できるからである．

たとえば，標準正規分布の両側確率からパーセント点を求めることを考えよう．この問題には，PROBIT という関数が利用できる．

```
data _null_;
    p=0.05;
    z=probit(1-p/2);
    put p 4.2 z 8.4;
run;
```

ここでは，両側 5% ($1 - 0.05/2 = 0.975$) に対応するパーセント点を求めている．答は次のようになる．

```
0.05 1.9600
```

次に，両側確率を1%から10%まで1%刻みで変化させてパーセント点を求めた数表を作ってみよう．今までの知識のみを利用するのであれば，

第 4 章　データハンドリング

```
data _null_;
  p=0.01;
  z=probit(1-p/2);
  put p 4.2 z 8.4;
  p=0.02;
  z=probit(1-p/2);
  put p 4.2 z 8.4;
  .........
  .........
run;
```

というように，並べて書けばよい．しかし，これではあまりに冗長である．

SAS の DATA ステップにも，他のコンピュータ言語と同様に反復（ループ）の機能がある．これを使うと，上のプログラムは次のようになる．

```
data _null_;
  do p=0.01 to 0.1 by 0.01;
    z=probit(1-p/2);
    put p 4.2 z 8.4;
    end;
run;
```

ここで用いたように，DO ステートメントと END ステートメントで挟んだステートメント群を反復して実行するための書式がいくつか用意されている．

(1)　反復 DO ステートメント

まず，FORTRAN の DO ステートメントや BASIC の FOR ステートメントに似た次のような形のものがある．

```
do i=1 to 12
  ......
  ......
  end;
```

これは，変数 I の値を 1 から 12 まで変化させながら，DO グループを反復実行することを示している．

反復 DO ステートメントとして，たとえば次のような形が有効である．

```
do i=1 to k;
```

　　（I が 1 から K まで 1 ごと）

```
do i=10 to 1 by -1;
```

(I が 10, 9, 8, …, 1)

do i=1, 3, 5, 8;

(I が 1, 3, 5, 8)

do i=1 to 5, 11 to 15;

(I が 1–5 と 11–15)

do i=1 to 9 by 2, 10 to 50 by 5;

(I が 1 から 9 までは 2 ごと, 10 から 50 までは 5 ごと)

do i=1, 2, 3, 6 to 10;

(I が 1, 2, 3 と 6–10)

do day='MON', 'WED', 'FRI';

(文字変数が DAY が MON, WED, FRI)

反復 DO ステートメント

書式　DO　変数名=初期値　[TO　終値 [BY　増分値]]…;
　　　DO　変数名=値の並び;

文例　do x=0 to 100 by 0.5;
　　　do month='JAN','FEB','MAR','APR';

機能　初期値から終値まで増分値ごとに変化させながら, DO グループを反復実行する.

★　厳密にいうと, 初期値に増分値の整数倍を加えていって, それが終値を超えているとループから抜け出る. そこで, たとえば "DO　I=1　TO　10　BY　2;" のとき I の値は 9 の次に 11 となるので, I=10 としての実行は起きない. また, 小数値を扱うときには多少の誤差を伴う点に注意しよう.

(2)　DO WHILE ステートメントと DO UNTIL ステートメント

DO WHILE ステートメントは, ある条件が満たされている間だけ, DO グループ内のステートメントを反復実行することを指示する. (1) の反復 DO の形式に比べると使用頻度は少ない.

```
n=0; s=0;
do while(s<=100);
    s=s+2**n;
    put n s;
    n=n+1;
    end;
```

第4章　データハンドリング

DO WHILE ステートメントにおいては，図表4.1のように，まず条件式を判定してから DO グループの処理に入る．この例ではSの値が"1, 3, 7, 15, 31, 63, 127"となったところで条件が満たされなくなるのでループから脱出する．もし，はじめから条件式が偽であれば，DO グループは1回も実行されない．

一方，ある条件が満足されるようになるまでループを反復するのが DO UNTIL ステートメントである．上の例を **DO UNTIL** ステートメントを使って書き直すと次のようになる．

```
n=0; s=0;
do until(s>100);
    s=s+2**n;
    put n s;
    n=n+1;
end;
```

図表 4.1　DO WHILE ステートメントにおける処理の流れ

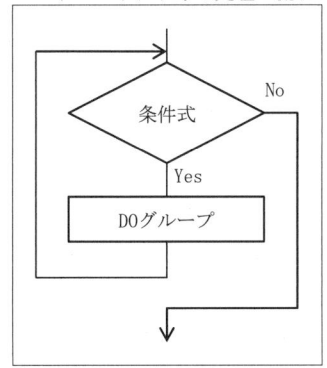

図表 4.2　DO UNTIL ステートメントにおける処理の流れ

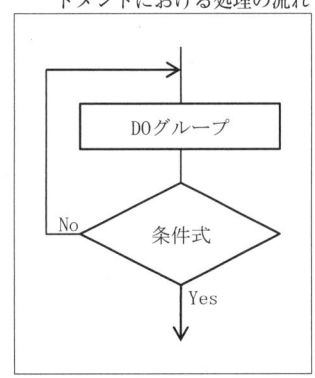

図表 4.2 に示されるように，DO UNTIL ステートメントの場合は DO グループの処理を行ってから条件式の判定を行う．そこで，少なくとも1回は DO グループが実行されることになる．また，

```
do while(s<=100);
```

に対応する DO UNTIL ステートメントの条件式が，

```
do until(s>100);
```

になっている点に注意しよう．もし，

```
do until(s>=100);
```

と書くと，Sの値がちょうど 100 になると次の反復は実行されないことになる．

DO WHILE ステートメント
　書式　　DO WHILE（条件式）；
　文例　　do while (s<=100);
　機能　　条件式が真である間，DO グループを反復実行する．

> DO UNTIL ステートメント
> 　書式　　DO UNTIL（条件式）；
> 　文例　　do until (s>100);
> 　機能　　条件式が真になるまで，DO グループを反復実行する．

4-2-2　データセット出力のタイミング

先ほどのループのプログラムで正規分布表を書くことはできた．次に，その表を SAS データセットに出力してみよう．

```
data ntable;
   do p=0.01 to 0.1 by 0.01;
      z=probit(1-p/2);
      end;
run;
proc print data=ntable;
run;
```

このプログラムで，0.01 から 0.1 までの各確率値とそれに対応するパーセント値が NTABLE という SAS データセットに出力されることが期待される．

OBS	P	Z
1	0.01	2.57583
2	0.02	2.32635
3	0.03	2.17009
4	0.04	2.05375
5	0.05	1.95996
6	0.06	1.88079
7	0.07	1.81191
8	0.08	1.75069
9	0.09	1.69540
10	0.10	1.64485

ところが，実際に出力される SAS データセットは次のようなものである．

OBS	P	Z
1	0.11	1.64485

10 回ループをまわしたはずなのに，1 オブザベーションしか出力されていない．これはなぜであろうか？

3-2-7で説明したように，OUTPUTステートメントを省略した場合，DATAステップの最後にSASデータセットに1オブザベーション分の情報が出力される．通常の生データを入力する場合はデータが尽きるまでDATAステップを反復するのだが，このプログラムでは入力する生データがないので，1回しかSASデータセットへの出力が実行されない．つまり，10回反復したループは空回りであって，最後に計算した標準正規分布のパーセント点1.64485のみが出力されているのである．ついでにいえば，反復DOループではカウンタ変数の加算を行ってから終値との比較を行っているので，変数Pはループの次の値0.11になっている．

意図通りのデータをSASデータセットへ出力させるためには，ループの内側にOUTPUTステートメントを明示的に挿入する．なお，OUTPUTステートメントを明示的に指定すると，DATAステップ最後で暗黙のSASデータセットへの出力は実行しなくなる．

```
do p=0.01 to 0.1 by 0.01;
    z=probit(1-p/2);
    output;
    end;
```

入力データのないDATAステップは，乱数によるシミュレーションに使うことが多い．SASには乱数のための関数も数多く用意されている．たとえば，正規乱数を発生させるにはrannor (seed)という関数を使う．この関数を参照するたびに，標準正規分布に従う乱数（正確には疑似乱数）が与えられる．引数は疑似乱数系列の種（シード）である．同一のDATAステップでくり返し乱数関数を使うと，疑似乱数系列の次の値が出てくる．別のDATAステップで使うと，乱数系列の最初の値にセットし直されるので，同じ乱数系列を再び発生させることができる．

練習問題として，正規乱数を10000個発生させてその分布を調べてみよう．

解答例

```
data nchart;
    do n=1 to 10000;
        z=rannor(99999);
        output;
        end;
run;
proc gchart data=nchart;
    vbar z/space=0;
run;
quit;
```

この出力は，図表4.3である．ここでは，rannor関数のシードに99999という値を使っている．また，ヒストグラムを得るためにGCHARTというプロシジャを使っており，DOループの中のOUTPUTステートメントがキーポイントである．

図表 4.3 正規乱数のヒストグラム

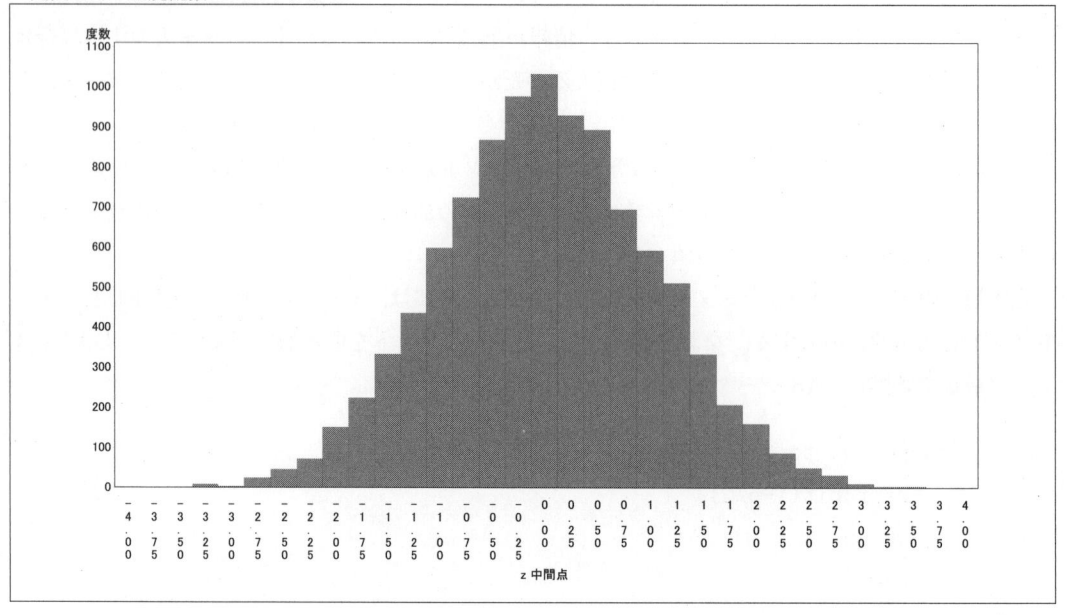

さて，数理統計学の教えるところによると，ある変数 X の分布がどのようなものであっても（平均と分散が存在する限り），そこから n 個とった標本の平均 $\overline{X}$ の分布を適当に基準化すると，n が大きくなるにつれて正規分布に近づくという（中心極限定理）．この事実を実験してみよう．たとえば，ranuni（seed）という関数は，0 から 1 までの範囲の一様乱数を発生する．この分布の平均は $1/2$ で，分散は $1/12$ である．そこで，ranuni の結果を 12 回足して 6 を引くと，平均 0，分散 1 の標準正規分布にほぼ従う乱数ができるはずである．この近似正規乱数を 10000 個発生させて分布をみてみよう．

この問題のポイントは DO ループを 2 重に使うことである．すなわち，内側のループは 12 回まわして一様乱数の足し算を実行し，外側のループは 10000 回まわして乱数を 10000 個発生させる．OUTPUT ステートメントの位置も問題となる．

解答例

```
data uninor;
   do n=1 to 10000;
      z=-6;
      do i=1 to 12;
         z=z+ranuni(99999);
         end;
      output;
      end;
run;
```

この出力は，図表 4.4 である．DO ループと OUTPUT ステートメントとの組み合わせは，デー

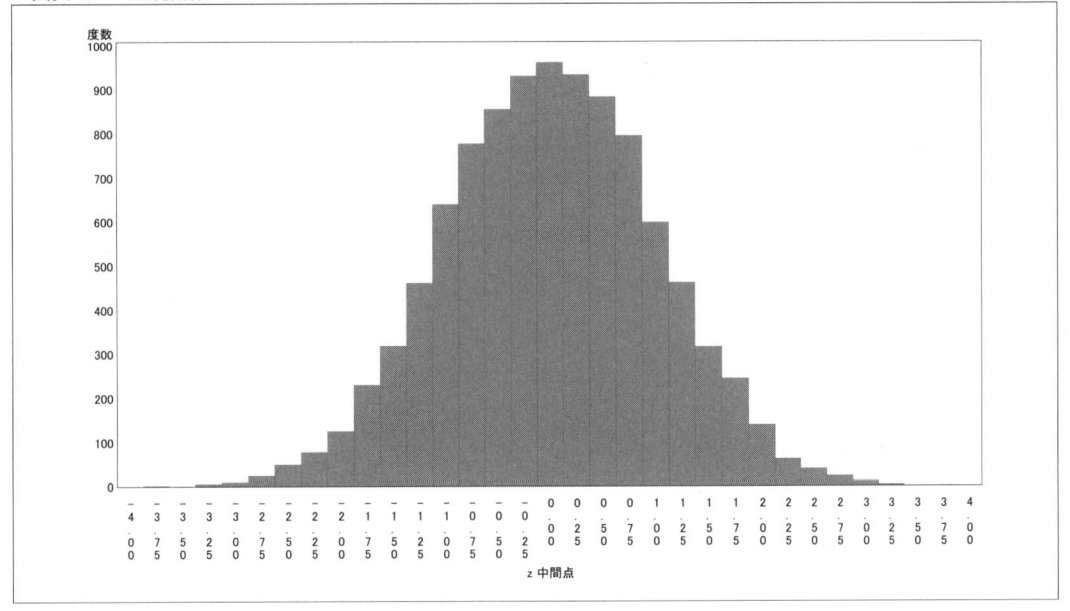

図表 4.4 正規乱数のヒストグラム

タを入力するときにも有用である．よくある例として，2要因反復無しの完全無作為化実験データの入力法を考えてみよう．たとえば，要因Aは3水準，要因Bは4水準あり，各水準の組み合わせについて1回だけ実験して，次のようなデータを得たとしよう．

		要	因	B	
		1	2	3	4
要	1	2	4	6	3
因	2	3	5	9	8
A	3	4	4	7	1

このデータを，SASの分散分析用プロシジャGLM（7-2参照）にかけるには，次のようなSASデータセットが必要である．

```
OBS    A    B    Y
 1     1    1    2
 2     1    2    4
 ⋮     ⋮    ⋮    ⋮
12     3    4    1
```

しかし，データファイルには，下のようにデータ入力されているとする．

```
2    4    6    3
3    5    9    8
4    4    7    1
```

このとき上に示したSASデータセットを作るには，どのようにコーディングしたらよいであろうか？

解答例1

```
data anova;
    do a=1 to 3;
        do b=1 to 4;
            input y @;
            output;
        end;
    end;
    datalines;
......
......
run;
```

解答例2

```
data anova;
    a=_n_;
    do b=1 to 4;
        input y @;
        output;
    end;
    datalines;
......
......
run;
```

★　GCHARTというプロシジャは対話型プロシジャで，いったんPROCステートメントで開始した後，再度PROCステートメントをサブミットしなくても，その他のステートメントだけを単独でサブミットできる．QUITステートメントをサブミットするか，または次のDATAステップ，PROCステップの開始により終了する．PLOT，GPLOTプロシジャなども対話型プロシジャである．

4-2-3　配列処理

SASデータセットの多くの変数に同一の処理を施したいときがある．たとえば，あるデータセットにはX1–X3，Y，Z1–Z4という8つの変数があったとする．そして，"もし100より大きい値があったら100を代入する"という作業をすべての変数について行いたいとしよう．この問題を素直にプログラム化すると，

```
if x1>100 then x1=100;
if x2>100 then x2=100;
……
……
if z4>100 then z4=100;
```

8行にわたってほとんど同じ IF ステートメントを記述することになる．もし変数が100もあったら大変である．

このようなとき便利なのが配列（array）である．同じ問題を配列処理すると，次のようなプログラムになる．

```
array item{8} x1-x3 y z1-z4;
do i=1 to 8;
   if item{i}>100 then item{i}=100;
   end;
```

SAS の配列は（他のコンピュータ言語と異なり），すでに定義された変数をまとめて処理するためのものである．配列を定義するには，**ARRAY** ステートメントを用いる．ARRAY ステートメントは実行する文ではなく宣言をするものであるから，実際に配列が使われる前ならどこにあってもよい．上で示したように，

```
array item{8} x1-x3 y z1-z4;
```

というステートメントを宣言すると，X1–X3，Y，Z1–Z4 の8つの変数を，ITEM という配列名でまとめて扱うことができる．X1 から Z4 までの8個の変数を配列要素という．{ } の中の"8"は配列要素の個数を示している．配列要素の個数は列記した変数によってわかるので，要素の個数指定を省略して，

```
array item{*} x1-x3 y z1-z4;
```

としてもよい．この宣言により，図表4.5のように配列対応が行われる．

たとえば，ITEM{2} = 5; というステートメントがあると，実際には変数 X2 に5という値が代入され，X = ITEM{5}; というステートメントがあると，変数 Z1 の値が変数 X に代入されることになる．SAS の配列は，たいていはインデックス変数をカウンタとした反復 DO ステートメントと共に用いられる．SAS は SAS データセットという行列型のデータ形式を扱うので，もともと配列処理をする必要性は低い．また，ある DATA ステップで定義した配列は，他の DATA ステップまたは PROC ステップでは使えない．

Version6 から，実際の配列要素の変数を意識しなくてもよい"テンポラリ形式"の配列も定義できるようになった．たとえば，

```
array x {10};
```

図表 4.5　ARRAY ステートメントによる配列の定義

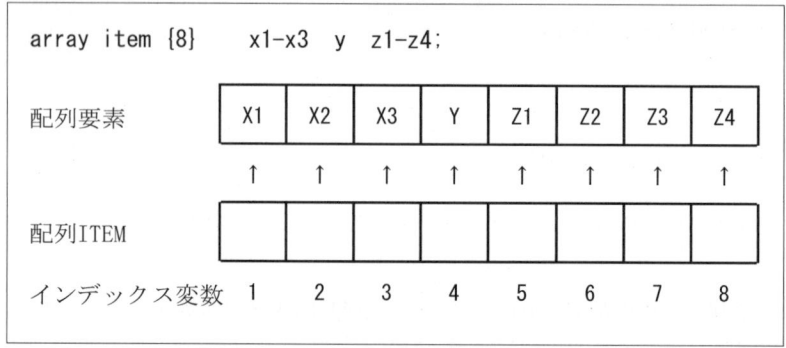

```
array item {8}   x1-x3  y  z1-z4;
```

| 配列要素 | X1 | X2 | X3 | Y | Z1 | Z2 | Z3 | Z4 |

配列ITEM

インデックス変数　1　2　3　4　5　6　7　8

と宣言することができる．宣言以降，配列要素は常に $x\{i\}$ の形式で引用する．たとえば，

```
put x{1} x{2};
```

というように，PUT ステートメント中でも配列名を使うことができる．ただし，テンポラリ形式の配列は出力データセット中には含まれない．

また，多次元の配列も定義できるようになった．たとえば下のように定義すると，

```
array s{2,3} s1-s6;
```

$s\{1, 1\} \to s1$, $s\{1, 2\} \to s2$, $s\{1, 3\} \to s3$, $s\{2, 1\} \to s4$, $s\{2, 2\} \to s5$, $s\{2, 3\} \to s6$ に対応する．

ARRAY ステートメント

書式　ARRAY　配列名 {配列要素数} [$] [長さ] [変数名の並び];

文例　array subj {*} math psysics biology econom psychol;
　　　array x{3, 5};

機能　配列の定義を行う．

4-2-4　マッチマージ

2つ（またはそれ以上）の SAS データセットを横に連結することをマージといい，MERGE ステートメントで実行できることは第 3 章で学んだ．そこでは，オブザベーションの並びに対応がとれているというのが前提であった．実際には，オブザベーションの並びに完全な対応をとることができない場合もある．

たとえば，次の 2 つの SAS データセットを横に連結することを考えよう．データセット A にはあるクラスの数学の成績が，データセット B には英語の成績が収まっている．

このデータを MERGE ステートメントを使ってそのまま横に連結すると，次のようになる．

```
data c;
   merge a b;
```

```
        データセットA                    データセットB
  OBS    NAME    MATH           OBS    NAME    ENGLISH
   1    阿部      75              1    阿部       85
   2    加藤     100              2    加藤       60
   3    佐々木    95              3    竹内       50
   4    樋口      80              4    内藤       65
                                  5    樋口       60


                    データセットC
          OBS    NAME    MATH    ENGLISH
           1    阿部      75       85
           2    加藤     100       60
           3    竹内      95       50
           4    内藤      80       65
           5    樋口       .       60
```

オブザベーションごとの対応が崩れているために，連結した結果は意味のないものになっている．両方の試験を受けた人だけに限れば対応をとることもできるが，片方の試験だけ受けた人の情報も生かしながらデータを連結するにはどうしたらよいであろうか？

正解は次の通りである．

```
proc sort data=a out=a2;
    by name;
proc sort data=b out=b2;
    by name;
data d;
    merge a2 b2;
    by name;
```

```
                    データセットD
          OBS    NAME    MATH    ENGLISH
           1    阿部      75       85
           2    加藤     100       60
           3    佐々木    95        .
           4    竹内       .       50
           5    内藤       .       65
           6    樋口      80       60
```

少なくとも一方の試験を受けた6人のデータが連結されている．受けていない試験の成績には欠損値が入っている．

大事なのは，キーとなる変数（この場合は名前）で対応をとりながら連結することである．そのためには，あらかじめ2つのデータセットをキーの変数でソートしておき，連結するときにその変数を BY ステートメントで指定する．このように対応をとりながら連結する方法をマッチマージと呼ぶ．

マッチマージのキー変数の値は通常それぞれ異なっている必要がある．上記の例でいえば，同姓の人がクラスにいてはいけない．もし同一の値のオブザベーションがキー変数に入っていたらどうなるであろうか．

```
         データセットE                データセットF
    OBS    CODE    TEXT        OBS    NAME    CODE
     1      A       優          1     阿部      A
     2      B       良          2     加藤      B
     3      C       可          3     竹内      C
                                4     内藤      A
                                5     樋口      B
```

このデータの場合，変数 CODE がキー変数である．データセット E のキー変数は重複はないが，データセット F のほうのキー変数には同じ値のオブザベーションが存在する．

```
proc sort data=e out=e2;
    by code;
proc sort data=f out=f2;
    by code;
data g;
    merge e2 f2;
    by code;
proc sort data=g out=g2;
    by name;
```

```
    OBS    CODE    TEXT    NAME
     1      A       優     阿部
     2      B       良     加藤
     3      C       可     竹内
     4      A       優     内藤
     5      B       良     樋口
```

マッチマージする片方のデータのキー変数に重複するオブザベーションがあった場合，もう一方のデータセットの内容はコピーされる．その後，個体識別の変数でソートし直せば，ユーザーフォーマットのところで紹介したテーブルルックアップをマッチマージで実行したことになる．コードの量が巨大すぎてユーザーフォーマットが作成できないときは，このマッチマージによるテーブルルックアップ法が役に立つ．なお，2つのデータセット双方のキー変数に重複するオブザベーションがあった場合は，マッチマージは実行できない．

> MERGE ステートメント（マッチマージ）
> 書式　MERGE　データセット1　データセット2……；
> 　　　　BY　キー変数；
> 文例　merge english math;
> 　　　　by id;
> 機能　キー変数で対応をとりながら複数のデータセットを横に連結する．

4-3　データ整形プロシジャの活用

　SASシステムでは，プログラムユニット間の情報の交換にSASデータセットを用いるという点に特徴がある．SASデータセットは，メモリ上ではなく，通常ハードディスク上にとられる．そのため，メモリの少ないコンピュータでも大量のデータを扱うことができる．一方，ディスク上のデータはランダムアクセスができない．したがって，基本的に上から順番にデータを処理していくDATAステップでは実行しにくいデータ操作法が存在する．SASでは，そのようなデータハンドリングに対応するプロシジャを用意している．

4-3-1　データの整列（SORTプロシジャ）

　マッチマージのところですでに利用したが，データのオブザベーションの並びをある変数の大きい順または小さい順に並べ替えるにはSORTプロシジャを使う．

```
proc sort data=a out=sorted;
   by math;
run;
```

```
         ソート前                    ソート後
   OBS   NAME   MATH          OBS   NAME   MATH
    1    阿部    75            1    阿部    75
    2    加藤   100     →      2    樋口    80
    3    佐々木  95            3    佐々木  95
    4    樋口    80            4    加藤   100
```

　SORTプロシジャでは，ソートしたいデータセットをDATA＝オプションで指定し，ソートした後出力するデータセットをOUT＝オプションで指定する．OUT＝オプションを省略してもソートは可能であるが元のデータ情報が失われてしまう．一度固定したデータは変更しないほうが望ましいので，ハードディスクの容量が十分な場合にはOUT＝オプションを指定することをおすすめする．ソートのキーとなる変数名はBYステートメントで指定する．上の例では，変数MATHの値が小さい順にオブザベーションを並べ替えている．大きいほうから順に並べ替えるには，

```
by descending math;
```

というように，キー変数の前に DESCENDING オプションをつける．キー変数は文字型でもよい．その場合は，文字列の文字コード（ASCII コードなど）によって並べ替えられる．また，

    by first second;

というように，ソートのキー変数を複数指定したい場合には，まず最初の変数でソートした後，次の変数でさらにソートするという手順で全体が並べ替えられる．

SORT プロシジャ
  書式   PROC　SORT　DATA=ソート前入力データ　OUT=ソート後出力データ;
           BY　キー変数　……;
  文例   proc sort data=raw out=sorted;
         by point;
  機能 オブザベーションの順をキー変数の順に並べ替える．

4-3-2　データの転置（TRANSPOSE プロシジャ）

あるクラスの身体測定データが次のような形で SAS データセット化されていたとしよう．

データセットQ

OBS	KENSA	ICHIKAWA	OHASHI	KISIMOTO	HAMADA
1	HEIGHT	169.2	172.4	174.5	180
2	WEIGHT	64.5	61.5	67.5	65

個人を変数とし，身体測定の結果をオブザベーションとして記録している．通常の多変量データの表現では，科目を変数と考え，個人をオブザベーションとするが，ここでは縦と横が逆に表現されているわけである．これはこれで意味があるのだが，普通の統計処理，たとえば身長と体重のそれぞれの平均を MEANS プロシジャで計算するには，

データセットP

OBS	NAME	HEIGHT	WEIGHT
1	ICHIKAWA	169.2	64.5
2	OHASHI	172.4	61.5
3	KISIMOTO	174.5	67.5
4	HAMADA	180.0	65.0

という普通の形式にしなければいけない．では，データセット Q がすでにあったとして，データセット P のデータに変換するにはどうしたらよいのだろうか．

この問題の解答は，次のように TRANSPOSE プロシジャを使うことである．

    proc transpose data=q out=p;
    run;

```
OBS    _NAME_     COL1    COL2
 1     ICHIKAWA   169.2   64.5
 2     OHASHI     172.4   61.5
 3     KISIMOTO   174.5   67.5
 4     HAMADA     180.0   65.0
```

　線形代数の用語で，行列の縦と横とをひっくり返す操作を**転置**（transpose）と呼ぶ．いま必要な作業はまさに転置であって，そのための専用プロシジャがTRANSPOSEである．転置前の入力データをDATA＝オプションで指定し，転置後の出力データをOUT＝オプションで指定する．これで数値のデータのみが転置され，望む形式が得られる．

　上のプログラムで作成したデータセットは，期待するデータセットに比べて変数名が異なる．転置後の変数名をコントロールするには，次のようにする．TRANSPOSEプロシジャで転置を行うと，転置前の変数名を示す新しい変数ができる．この新しい変数には自動的に_NAME_という変数名がつく．この変数名を任意指定するには，PROC TRANSPOSEステートメントにNAME＝新変数名というオプションを設定する．また，転置後の変数には自動的にCOL1，COL2，…という変数名がついているが，これを転置前のデータのある変数の値とするには，ID 変数名；というステートメントを追加する（この変数の値は，当然，変数名として適切なものでなければいけない）．結局，

```
proc transpose data=q out=p name=subj;
    id kensa;
run;
```

というプログラムを実行すると，まさにデータセットPが得られる．

　また，あるグループごとに転置することもできる．このときはBYステートメントで指定する．たとえば，KENSAという変数ごとに転置を行いたい場合，

```
proc transpose data=q out=p;
    by kensa;
run;
```

とすればよい．ただし，あらかじめSORTをしておく必要がある．

TRANSPOSE プロシジャ
　書式　　PROC　TRANSPOSE　DATA＝転置前入力データ　OUT＝転置後出力データ
　　　　　　オプション；
　文例　　proc transpose data=raw out=trans;
　機能　　SASデータセットの転置を行う．

4-3-3　順位付け（RANKプロシジャ）

　クラスの成績データについて，1番良かった人は誰か，2番目は，というように順位に変換した

いときがある．1つの方法として，テストの成績が入っている変数をキーとしてソートしてもよい．しかし，データの中に同じ点の人がいたなら，順位の定義に問題が生じる．たとえば，最高得点の人が2人いたなら，2人とも1位として扱うか，または順位の平均を使って1.5位という順位を与えることも考えられる．統計学では，後者の方法をとることが多い．場合によっては，下のほうの順位（2位）にそろえることもあるかもしれない．

得点	高順位	平均順位	低順位
100	1	1.5	2
100	1	1.5	2
95	3	3	3
80	4	5	6
80	4	5	6
80	4	5	6

順位への変換は，RANKプロシジャを使うと便利である．次のプログラムで，上の"高順位"の順位値が得られる．

```
data raw;
    input points @@;
    datalines;
80 95 100 80 100 80
;
proc rank data=raw out=rankdata ties=low descending;
    var points;
    ranks score;
run;
```

DATA＝オプションでは変換前の生データを，OUT＝オプションでは変換後の出力データセットを指定する．DESCENDINGオプションは，変換前の変数が大きい順に小さな順位値を与えるという指示である．TIES＝には，MEAN，HIGH，LOWの3種からオプションを選択することができ，それぞれ同順位があった場合，平均順位，大きい順位値にそろえる，小さい順位値にそろえる，という意味である．VARステートメントでは，これから変換する変数を指定し，RANKSステートメントでは変換後の順位を入れる変数を指定する．

RANKプロシジャには，順位からさらに計算する値であるパーセンタイル順位や正規スコアを求める機能もある．詳しくはSASマニュアル等を参照していただきたい．

> RANK プロシジャ
> 書式　PROC　RANK　DATA=入力データ　OUT=出力順位データ　オプション;
> 　　　　VAR　これから変換する変数;
> 　　　　RANKS　変換後の順位を収める変数;
> 文例　proc rank data=raw out=rank;
> 　　　　var math;
> 　　　　ranks wsocre;
> 機能　データから順位や正規スコアなどを計算してSASデータセットに出力する.

4-3-4　データの標準化（STANDARDプロシジャ）

データに統計的処理を施す際に，標準化という処理を行うことが多い．標準化とは，個々のデータから平均を引いて標準偏差で割るという作業のことで，変換後の変数は単位のない相対的なものとなる．ちなみに，これを10倍して50を足し，100点満点に近くして直観的に評価しやすくしたものが"偏差値"である．さて，標準化を行うためにはどのようなプログラムを作ったらよいのであろうか．

たとえば元のデータが次のようなものであったとする．

データセットRAW

OBS	NAME	ENGLISH
1	阿部	85
2	加藤	60
3	竹内	50
4	内藤	65
5	樋口	60

データを標準化するには，まず平均と標準偏差とを計算する必要がある．SASでは，MEANSプロシジャを使ってそれらを計算し，SASデータセットに出力することができる．

```
proc means data=raw noprint;
    var english;
    output out=temp mean=m std=s;
run;
```

データセットTEMP

OBS	_TYPE_	_FREQ_	M	S
1	0	5	64	12.9422

MEANSプロシジャにより作成されたデータセットTEMPの中で，変数Mに平均が，変数Sに標準偏差が入っている．ところで，標準化のためにはオブザベーションごとの計算が必要であるか

ら，データセット RAW とデータセット TEMP とから次のようなデータセットを合成して作る必要がある．

データセットTEMP2

OBS	NAME	ENGLISH	M	S
1	阿部	85	64	12.9422
2	加藤	60	64	12.9422
3	竹内	50	64	12.9422
4	内藤	65	64	12.9422
5	樋口	60	64	12.9422

そのためには，次のような DATA ステップを用いるとよい．

```
data temp2;
   set raw;
      if _n_=1 then set temp;
run;
```

if $\_n\_ = 1$ という条件で第1オブザベーションに SET された値は，後のオブザベーションにもそのままコピーされる．結局，変数 ENGLISH を標準化するには次のようにプログラムすることになる．

```
data std;
   set raw;
      if _n_=1 then set temp;
      english=(english-m)/s;
run;
```

データセットSTD

OBS	NAME	ENGLISH
1	阿部	1.62260
2	加藤	-0.30907
3	竹内	-1.08173
4	内藤	0.07727
5	樋口	-0.30907

データの標準化のようなよく使う操作に，このような複雑なプログラムをするのは面倒なので，実は STANDARD という標準化専用のプロシジャが用意してある．

```
proc standard data=raw out=stdscore mean=0 std=1;
   var english;
run;
```

MEAN＝のオプションで変換後の平均を，STD＝のオプションで変換後の標準偏差を指定する．上のプログラムで，データセット STDSCORE が直接得られる．

> STANDARD プロシジャ
> 書式　PROC　STANDARD　DATA=入力データ　OUT=出力データ
> 　　　　MEAN=変換後の平均　　STD=変換後の標準偏差;
> 文例　proc standard data=math out=stdmath mean=0 std=1;
> 機能　データの標準化を行う.

4-4　日付データの扱い

　統計的業務の中には，日付や時刻の情報を使うものが多い．株価や為替相場などの経済データ，ある地域の気温，あるいは患者の血圧などが毎日測定されてデータとして蓄積される．ところが日付（時刻）という情報には数学的に扱いにくい性質がある．7進法，12進法，60進法などが混在しているし，各月の日数は不規則に定められている．SASでは，統計データを扱う上での日付データの重要性に注目し，便利な機能を数多く用意している．

4-4-1　日付データの表現方法

　本書初版の第1刷の発行日は1987年1月30日である．第7刷の発行日は1990年12月15日である．この2つの日付の間は何日間であろうか．

```
data datdif;
    d='15DEC1990'd-'30JAN1987'd;
run;
```

　変数Dには1415が入る．これが答である．
　SASでは，日付データを，1960年1月1日からの積算日数という形で扱う．これをSAS日付値という．日付の定数は，上に示したように，日数，月名，年数を並べて引用記号で囲み，その後にdという記号をつける．これで，SAS日付という数値に変換される．変数は普通の数値変数なので，足し算や引き算なども可能である．
　では，1990年12月15日から1000日後は何年何月何日であろうか．同じように，

```
data ndate;
    t='15DEC1990'd+1000;
run;
```

とすると，変数Tには答の日付の1960年1月1日からの積算日数が入っている．これでは答にならない．つまり，SAS日付値を通常の日付表現に変換する方法が必要である．そのためには，4-1で解説したフォーマットを使う．

```
        data _null_;
            t='15DEC1990'd+1000;
            put t date9.;
        run;
```

とすると，[ログ]ウィンドウに通常の日付"10SEP1993"が表示される．

ここでは，date9.というフォーマットをかけて日付を表示している．このフォーマットは，9桁の幅をとって日付を表現するという意味である．つまり，答は1993年9月10日である．日本人には，次のようなフォーマットのほうが見やすいかもしれない．

```
        put t yymmdd10.;
        put t nengo10.;
        1993-09-10
        H.05/09/10
```

yymmdd10.とは，年・月・日の順に10桁幅をとって表示するというフォーマットである．nengo10.とは，年号（ただし明治以降）による表現を行うフォーマットである．時系列グラフの横軸にこのようなフォーマットを使うと見やすい．

SAS日付を定数として与えるのではなく，データから読み込みたいこともある．このときには日付のインフォーマットを使うことができる．たとえば，次のプログラムは，3人の生年と没年とが年号で与えられていて，誰が一番長生きしたかを知るためのものである．

```
        data life;
            input name $ birth:nengo10. death:nengo10.;
            life=death-birth;
            datalines;
        三浦    M.30/05/19   S.14/04/04
        谷山    T.02/11/20   S.35/05/03
        河野    S.23/09/12   H.02/01/01
        ;
        run;
```

```
            OBS    NAME    BIRTH    DEATH    LIFE
             1     三浦    -22871   -7577    15294
             2     谷山    -16843     123    16966
             3     河野     -4128   10958    15086
```

谷山さんが16966日生存していて，一番長生きしたことがわかる．

4-4-2　日付関数

自分の生まれた日を覚えていない人はいないが，その日は何曜日だったかは知らない人がほとん

どであろう．SAS では，このような日付に関する情報を得るための便利な関数を数多く用意している．そのいくつかを紹介しよう．

(1) **WEEKDAY** 関数

SAS 日付値を引数として，曜日を返す．返す値は 1（日曜），2（月曜），…，7（土曜）のいずれかである．たとえば，

```
w=weekday('19MAR1960'd);
```

とすると，w には 6 が代入され，1960 年 3 月 19 日は金曜日であったことがわかる．

(2) **TODAY** 関数

今日の SAS 日付値を返す関数である．SAS が動いているコンピュータには必ずカレンダー機能がついていて，今日は何日かわかるようになっている．たとえば，

```
d=today( );
```

とすると，変数 d に今日の SAS 日付値が入る．今日は何曜日か知りたければ，

```
w=weekday(today( ));
```

というように利用する．TODAY 関数には引数はないが，関数なので，括弧をつける必要がある．

(3) **MDY** 関数

年，月，日のデータを別々に与えて SAS 日付値を返す関数である．たとえば，

```
y=1993; m=1; d=20;
    date=mdy(m, d, y);
```

とすれば，変数 date には 1993 年 1 月 20 日の SAS 日付値が入る．引数の順は月，日，年の順であることに注意しよう．

データファイル上の日付情報に年が（自明であるため）省略されていたとしよう．このような場合，既存の日付入力インフォーマットでは対応できないので，必要な情報はプログラム中で補って MDY 関数を適用するとよい．

```
data md;
    input m d;
    date=mdy(m, d, 1993);
```

プログラム内で毎月 1 日の SAS 日付値を発生させる場合なども有効である．

```
do m=1 to 12;
    date=mdy(m, 1, 1992);
    output;
    end;
```

4-5 SASマクロ機能

　同じ形式の計算を，パラメータを少しずつ変えて実行したいことがある．たとえば，因子分析で因子数を2，3，4と変えて結果を比較するような場合である．個々の因子分析は，FACTOR というプロシジャを使うのだが，SAS の反復 DO ステートメントは同一 DATA ステップ内での反復をする機能であって，プロシジャの反復はできない．このようなときには，マクロという機能を使う．
　次のようなプログラムを実行してみよう．

```
%macro factex;
    proc factor nfact=&n;
    run;
%mend factex;
```

これだけでは，SAS はなにも実行しない．続いて次のプログラムを実行してみよう．

```
%let &n=2;
%factex
```

すると，実際には次のプログラムが実行される．

```
proc factor nfact=2;
run;
```

　最初のプログラムは%FACTEX という名前のマクロを定義している．&N というのは，マクロ用の変数である．次のプログラムでは，マクロ変数&N に2という値を代入して，%FACTEX というマクロを実行している．すると，実際には&N のところが2に置き換わって展開されたプログラムが実行されるというわけである．
　続いて，

```
%let n=3;
%factex
%let n=4;
%factex
```

というプログラムを実行すると，

```
proc factor nfact=3;
run;
proc factor nfact=4;
run;
```

と展開されてそれぞれ因子数3と4との因子分析が実行される．
　反復の過程もマクロ化するには，次のようにすればよい．

```
        %marco factex2;
            %do n=2 %to 4;
                proc factor nfact=&n;
            %end;
            run;
        %mend factex2;
```

このようにマクロを定義した後，

```
        %factex2
```

というプログラムを実行すると，

```
        proc factor nfact=2;
        proc factor nfact=3;
        proc factor nfact=4;
        run;
```

というプログラム群に展開されて，それぞれ因子数2，3，4の因子分析が実行される．

SAS のマクロ機能は，DATA ステップ，PROC ステップ，IML などを組み合わせた SAS のプログラム全体を1つの手続きとして登録するときにも使われる．マクロ機能の詳しいことについては，SAS マニュアル等を参照していただきたい．

4-6 補足と注意

可変長ファイルの読み方

Windows のディスクファイルは，1行の長さが決められていない可変長ファイルである．可変長ファイルの各行の終わりには，改行コードがあって，その後すぐに次の行が記録されている．テキストエディタで読み込むと，データ行の右側に空白があるように見えるが，実際にはファイル上には右側の空白は存在しない．この存在しない部分をカラム入力やポインタコントロールなどを使って読み込もうとすると，実際は次の行の情報を読み込むことになってしまう．こうなると変数とデータとの対応が崩れてしまうので，注意が必要である．

また，可変長ファイルでは，300–400桁にわたる長い行を作ることも容易である．ところが，SAS のデータ入力バッファはデフォルトでは256桁分しかとっていない．したがって，長い行の右側はそのままでは読むことができない．データ中に256桁を超えて長い行が存在する場合は，INFILE ステートメント中に LRECL = 400 などとオプション指定し，入力バッファを大きめにとっておかないといけない．

固定長ファイルなら，このような問題は生じない．メインフレームでは生データのディスクファイルは固定長で作ることが多いし，昔は紙のパンチカード（！）という固定長ファイルに生データを記録していた．SAS がメインフレーム出身であることを感じさせる．

漢字キャラクタの扱い方

普通の英数字キャラクタは1文字1バイトであるが，漢字キャラクタは1文字を2バイトで表す．漢字も含めて2バイトで表すキャラクタ一般をDBCS (Double Byte Character Set) という．DBCSの情報を読む場合は，2バイト分をまとめて読むようにしなければならない．たとえば（メインフレーム以外の場合），

   東京都千代田区

というレコードをINPUT K $ 5-10; またはINPUT @5 K $6.; という形式で読めば，変数Kには"都千代"という文字列が代入される．ところが，INPUT K $ 6-11; を実行すると，"都"という2バイト文字の2バイト目から読むことになり不都合がおこる．またINPUT @5 K $5.; を実行すると，"代"という2バイト文字の2バイト目が読まれないことになる．

 漢字を含むデータを扱う場合は2バイトキャラクタについての関数やフォーマットの知識が必要である．詳しくは，SASマニュアル等を参照していただきたい．

SASデータセットの外部保存法

 いままで，生データをSASデータセットに変換し，また次々に加工する作業を行ってきた．SASデータセットがディスク上のどこに物理的にとられるかは意識しなかったが，実際は次の方法でコントロールできる．

 SASデータセットの名前は，厳密には，

   ライブラリ名．データセット名

というように，ライブラリ名とデータセット名とをピリオドでつなぐ2レベルの命名法による．ライブラリ名は，実際にSASデータセットが存在する場所（ディレクトリ）と対応する．いままでのSASデータセット名は，前半のライブラリ名が省略されていたのである．ライブラリ名が省略された場合，"WORK"というライブラリ名が仮定される．SASの初期設定で，WORKライブラリが"C:¥Program Files¥SAS¥SASWORK"と指定されていたとすれば，デフォルトのSASデータセットはそのディレクトリの下に作成される．

 ライブラリ名は，任意に作成してよい．新しく作るライブラリ名と実際のディレクトリとの対応をとるためには，**LIBNAME**ステートメントを使う．たとえば，

```
LIBNAME TEMP "C:¥Program Files¥SAS";
```

というステートメントを実行すると，ライブラリTEMPはCドライブのProgram FilesのSASというディレクトリに設定される．この宣言実行以降は，

```
data temp.first;
proc print data=temp.first;
```

などと活用できる．このようにして作ったSASデータセットは（WORKデータセットと異なり）SASセッションを終了しても消去されない．すなわち，永久SASデータセットとして保存できる．変数名やフォーマット等もそのまま保持される．大規模なデータに対してさまざまな方法で解析す

る場合，データを SAS データセットの形で保存しておくと，生データから変換する手間がかからず便利である．

さて，新しいライブラリをたくさん設定すると，すでに定義されたライブラリ名と実際のディレクトリとの対応を確認したくなる．そのためには，コマンド行から，LIBNAME（省略して LIB でもよい）というコマンドを入力する．すると，**LIBNAME** ウィンドウが開いて，ライブラリ名とディレクトリとの対応の一覧表が出力される．さらにライブラリ名の左にある入力フィールドになにか文字を入れると，DIR ウィンドウが開いて，そのライブラリに保存されている SAS データセット（とカタログなど）の一覧表が出力される．これは，すでに作成したデータの確認に利用できる．コマンド行から"DIR"と入力すると，直接このウィンドウを開くことができる．ここで表示されている SAS データセットの左にも入力フィールドがあり，そこになにか（D 以外の）文字を入れると，そのデータセットに含まれている変数やフォーマットの一覧表ウィンドウがさらに現れる．すでに作成したデータセットの変数名の確認に便利である．

第II部　データ解析入門

第5章　記述統計と予備的解析

第6章　統計的検定入門

第7章　回帰分析と分散分析

第8章　主成分分析と因子分析

第5章　記述統計と予備的解析

　SASのプロシジャを用いると多変量解析などの高度な統計解析手法を，簡単な指定によって実行することができる．しかしながら実際のデータについて，高度な統計解析手法をすぐに適用してうまくいくことは稀である．SASのプロシジャが出力する数値の意味をつかむには，予備的解析を行ってデータに対する理解を深めておかなければならないからである．

　それぞれの統計解析手法には前提としている条件があり，これが満たされていないのに機械的に解析を行うと誤った結論を導くことになりかねない．また，コンピュータに打ち込まれたデータには他のデータとは飛び離れた**外れ値**（outlier）が含まれている可能性がある．この外れ値は，対象とするデータ固有の変動によって生じるのかもしれないし，あるいは測定や入力の「誤り」によるのかもしれない．外れ値はしばしば解析結果に大きな影響を及ぼす．また，外れ値あるいは異常値が多いということ自体，データ収集からコンピュータ化にいたるデータの品質管理に問題があるということである．いずれにせよ外れ値の素性は明らかにしておかねばならないが，時間がたち解析が進むにつれ，原データに戻って検討を行うのは困難になる．データの入力時点，あるいは解析の初期の予備的解析の段階で，外れ値の摘出を十分に行う必要がある．この作業を **data cleaning** あるいは **data screening** と呼ぶ．

　本章で行う予備的解析のための記述統計とは，とりたてて目新しいことではなく，むしろ地味な作業である．SASのプロシジャを用いなくても，時間さえかければデータリストを注意深く眺めることによって目的を達成できるかもしれないが，データ量が膨大になる場合には，コンピュータを利用したほうが効率的である．具体的には，GCHART, GPLOTプロシジャによるデータのグラフ表現，およびUNIVARIATE, MEANSプロシジャによる1変数ごとの解析，CORRプロシジャによる2変数間の関連の解析を行う方法を紹介する．簡単なことではあるが，高度なSASのプロシジャを使いこなすには予備的解析は必須のものである．

★ data cleaningを視覚的に行うことがSAS / INSIGHTで可能である．INSIGHTでは，ディスプレイ上の観測値の上にカーソルを移動させて，クリックすると，その観測値がどの個体のものであるか教えてくれる．INSIGHTを利用すれば効率的にデータの検証作業を行うことができる．また，SASの関連ソフトウェアであるJMPも視覚的な図表による作業に有用である．

5-1 グラフを書いてみよう（CHART, GCHART プロシジャ）

分布の形状の把握，外れ値の発見，結果のわかりやすい表示などのために，グラフは欠くことができないデータ解析の道具である．SAS では，GCHART，GPLOT プロシジャなどによってさまざまなグラフをグラフィック・ディスプレイやプロッターに描くことができる．ただし，これらのプロシジャを使うためにはオプションシステムの SAS / GRAPH を導入する必要がある．SAS / GRAPH を導入していない場合でも，BASE / SAS の CHART，PLOT プロシジャによって，少々見ばえが悪いが，キャラクター・ベースでほぼ同様のグラフ表現を行うことができる．ここでは CHART，GCHART プロシジャを使ったグラフの作成方法を中心に示す．

5-1-1 分類変数のバーチャート

図表 5.1 の親子身長データ（SAS データセット HEIGHT）について，CHART と GCHART プロシジャを適用してバーチャート（棒グラフ）を描いてみよう．プログラム例を次に示す．

```
proc chart data = height;
   hbar sex / type = freq;
run;
proc gchart data = height;
   hbar sex / type = freq;
run;
```

GCHART プロシジャでグラフを描く場合には，プログラム例で示したように CHART を，GCHART に置き換えるだけで多くの場合はすむ．

性別（変数 SEX）ごとの人数が水平バーチャートとして図表 5.2 のように出力される．

CHART プロシジャでは度数がアスタリスク（*）で示される．

HBAR の H は horizontal（水平）の頭文字である．バーチャートには水平バーチャートと垂直バーチャートがあり，垂直バーチャートを描きたい場合は，HBAR ステートメントを VBAR ステートメントに変更すればよい．VBAR の V は vertical（垂直）の頭文字である．オプションの指定方法などは，2 種類のバーチャートでまったく同じである．

TYPE = FREQ は変数 SEX の値ごとの度数をグラフにするという指定である．TYPE = オプションでは，次のものが指定できる．

FREQ	度数
CFREQ	累積度数
PERCENT（PCT）	度数の百分率
CPERCENT（CPCT）	累積度数の百分率
SUM	和
MEAN	平均

TYPE = オプションを省略するとTYPE = FREQが指定されたものとみなされる．すなわち，各群の度数（頻度）をグラフにする場合は，TYPE = オプションは省略してよい．頻度ではなく，たとえば男女ごとの平均身長をグラフにするには，

```
proc gchart data = height;
   vbar sex / type = mean sumvar = student;
run;
```

図表 5.1　データセット HEIGHT（親子身長データ）

```
data height;
   input name $ sex $ student father mother;
cards;
新井      F    160 170 162
榎本      F    158 165 152
羽田      F    156 163 156
原田      F    156 160 157
長谷川    F    158 167 159
神山      F    163 170 160
川田      F    160 172 156
小室      F    156 167 158
長瀬      F    159 163 153
中塚      F    156 167 155
落合      F    160 163 153
佐藤      F    157 164 150
清水      F    160 175 145
進藤      F    158 168 153
篠原      F    156 174 157
鈴木      F    164 175 158
高野      F    159 167 161
上宮      F    153 150 165
山口      F    163 170 153
東        M    164 155 145
土井      M    169 165 148
井口      M    176 165 156
池田      M    165 157 155
伊沢      M    176 163 155
川村      M    175 165 150
木村      M    174 168 148
小池      M    169 168 158
小山      M    168 161 155
工藤      M    167 167 157
楠味      M    172 158 155
松岡      M    162 156 158
三沢      M    170 166 152
中山      M    172 161 153
大沢      M    177 168 152
榊原      M    179 170 165
関口      M    181 162 160
染屋      M    169 160 150
田中      M    175 177 152
渡辺      M    170 150 162
山崎      M    173 167 156
;
```

図表 5.2　性別の水平バーチャート

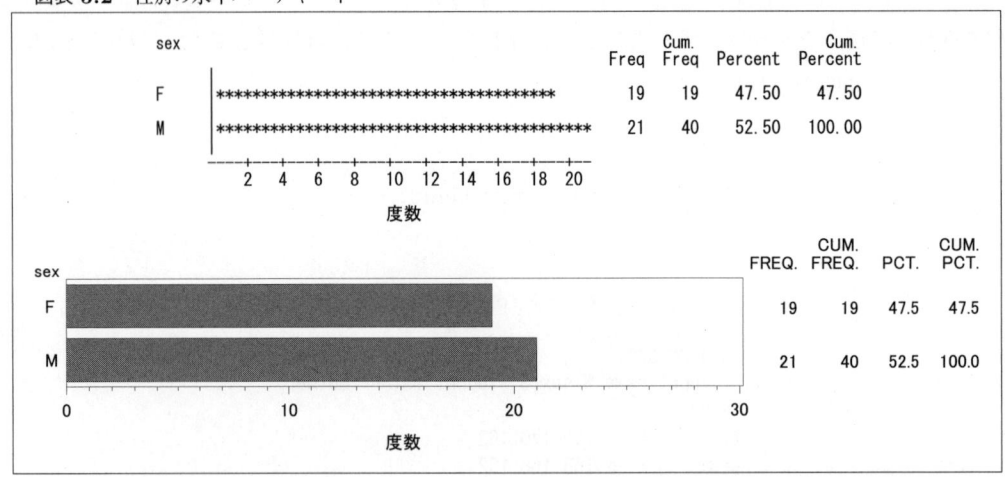

というように，TYPE = MEAN を指定し，さらにどの変数についての平均を計算するかを SUMVAR = オプションで指定する．TYPE = SUM オプションで和を表示する場合も，どの変数について和をとるかを SUMVAR = オプションによって指定する．TYPE = オプションを指定せずに SUMVAR = オプションのみを指定すると，TYPE = SUM が仮定され，和が表示される．

また，平均の信頼区間も同時にプロットすることが可能である．たとえば，

```
proc gchart data = height;
    vbar sex /  type = mean   sumvar = student
                clm  = 95     errorbar = top
                axis = 150 to 180 by 5;
run;
```

と指定すると，図表 5.3 のようなグラフが出力される．これは平均とその 95% の信頼区間を示したものである．CLM = オプションによって信頼区間の確率を指定できる．平均とその正規分布による標準誤差を示したいときは，CLM = 68.26 と指定すればよい（母集団の期待値が平均±標準誤差の範囲に入る確率は，正規分布の場合 68.26% である）．なお，標準偏差と標準誤差とは間違えやすい概念なので，後で説明する．

ただし，平均と標準誤差は少数の外れ値の影響を受けやすいので，データの図示の仕方としては，このような表記はあまりすすめられない．後述する箱ひげ図あるいは幹葉表示のほうが適切である．

5-1-2　連続変数のバーチャート

指定した変数が，身長のような数値変数の場合，

```
proc gchart data = height;
    vbar student;
run;
```

第 5 章 記述統計と予備的解析

図表 5.3 性別ごとの平均身長とその信頼区間のプロット

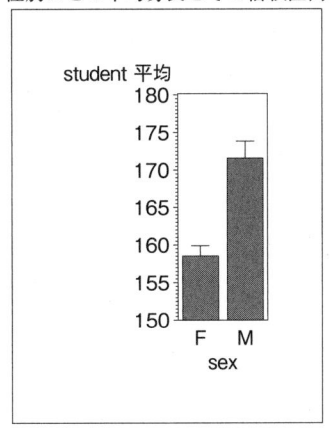

図表 5.4 身長の垂直バーチャート

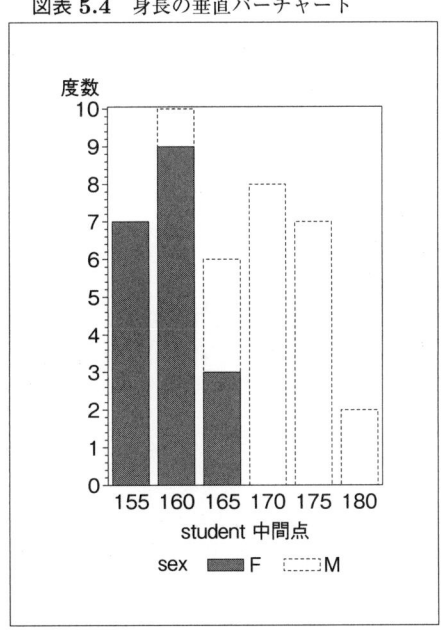

と指定するだけで，自動的に身長のクラス分けが行われ，ヒストグラムが図表 5.4 のように出力される．

通常のヒストグラムのようにグラフのバーとバーの間隔をなくしたいときには，

    vbar student / space = 0;

と指定すればよい（CHART プロシジャの場合は SPACE = 0 のかわりに NOSPACE オプションを指定する）．垂直バーチャートの横軸には，それぞれのクラスの中央値（MIDPOINTS）が表示される．

もし，クラスの中央値を自分で指定したいならば，

```
vbar student / midpoints = 150 160 170 180;
```

というように MIDPOINTS = オプションを使う（ちょうど 165 の人は，下のクラス，すなわち 155–165 のクラスに含まれる）．これは，次のように書いてもよい．

```
vbar student / midpoints = 150 to 180 by 10;
```

また，目盛りを等間隔ではなく，対数スケールでとりたい場合には，

```
vbar income / midpoints = 10, 100, 1000, 10000;
```

と指定することもできる．

一方，分けるクラスの数（すなわちバーの数）を指定したい場合には，LEVELS = オプションで，

```
vbar student / levels = 8;
```

とすることもできる．この例では，変数 STUDENT の値に基づき 8 等分されたクラスが作られる．

カテゴリカルな分類変数の表現に数値変数を使った場合，自動的なクラス分類は不都合である．次の例のように DISCRETE オプションを指定すれば，おのおのの値を離散的な量として扱ったバーチャートが描かれる．

```
vbar student / discrete;
```

5-1-3　並列ヒストグラムと分割ヒストグラム（GROUP = オプションと SUBGROUP = オプション）

前項では，男性と女性の学生を一緒にしてヒストグラムを描いたが，男女の身長の分布の違いをみるためにはどのようなグラフを描けばよいのだろうか．本項では 2 種類の方法を紹介する．

(1) 並列ヒストグラム

1 つの方法は，男女別のヒストグラムを併記する方法である．GCHART プロシジャでは，GROUP = オプションによって並列ヒストグラムを描くことができる．

```
proc gchart data = height;
    vbar student / group = sex;
run;
```

とすれば図表 5.5 のような出力が得られる．

男女の身長のヒストグラムが同じ目盛りで横に並べられて描かれる．

(2) 分割ヒストグラム

ヒストグラムの度数を構成成分の男女に分けたものが分割ヒストグラムである．GCHART プロシジャでは，SUBGROUP = オプションによって分割ヒストグラムを描くことができる．

図表 5.5 並列ヒストグラム

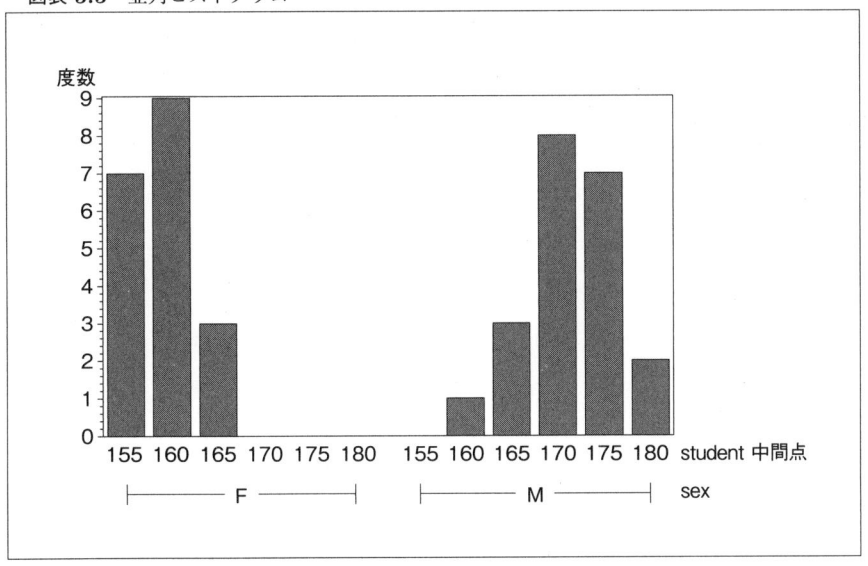

```
proc gchart data = height;
    vbar student / subgroup = sex;
    pattern1 value = solid  c = red;
    pattern2 value = empty  c = green;
run;
```

とすれば図表 5.6 のような出力が得られる.

図表 5.6 分割ヒストグラム

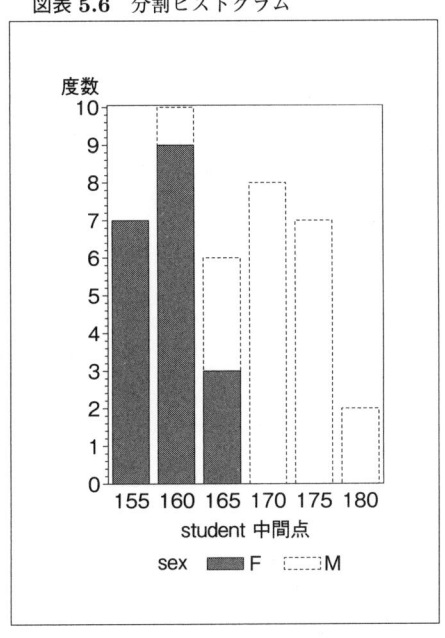

PATTERN ステートメントは，SUBGROUP＝オプションで指定した変数の各層の出力の仕方を指定するもので，PATTERN1 が女子学生，PATTERN2 が男子学生に対応している（データ中，先に現れたほうが若いパターンに対応する）．VALUE＝SOLID の指定によってバーが塗りつぶされる．ディスプレイ上ではもちろん色がついている．各身長の層におけるバーが男女の人数に応じて分割表示される．GROUP＝オプションと SUBGROUP＝オプションを同時に指定することも可能である．これについては各自で試してみよう．

5-1-4　GCHART プロシジャのまとめ

GCHART プロシジャで作成できる主なグラフの種類には次の 5 つがあり，次のステートメントによって指定する．

HBAR ステートメント	水平バーチャート（水平棒グラフ）
VBAR ステートメント	垂直バーチャート（垂直棒グラフ）
BLOCK ステートメント	ブロックチャート
PIE ステートメント	パイチャート（円グラフ）
STAR ステートメント	スターチャート（レーダーチャート）

GCHART プロシジャにおいては，次の文例にあるように，グラフの種類を表すステートメントをいくつ指定してもよい．また，一つ一つのステートメントに複数の変数名を書くこともできる．ここでは，とくに頻繁に使われるバーチャートについてだけ説明を行ったが，ブロックチャート，パイチャート，スターチャートでも共通に使えるオプションが多い．

また，グラフの形式については，HBAR，VBAR ステートメントにおける次のようなオプションを知っておくと便利である．

AXIS	＝値	度数軸，平均軸等の最大値を指定する
REF	＝値	度数軸，平均軸の値を指定して，基準線を引く
SPACE	＝値	バーとバーの間隔を指定する
MISSING		欠損値も 1 つのクラスとして扱う

第 5 章 記述統計と予備的解析

> CHART（GCHART）プロシジャの構文
> 書式　PROC CHART　オプション；
> 　　　　　[HBAR　変数名のリスト/オプション;]
> 　　　　　[VBAR　変数名のリスト/オプション;]
> 　　　　　[BLOCK　変数名のリスト/オプション;]
> 　　　　　[PIE　変数名のリスト/オプション;]
> 　　　　　[STAR　変数名のリスト/オプション;]
> 　　　　　[BY　変数名のリスト;]
> 文例　proc chart data = school;
> 　　　　hbar kokugo suugaku eigo;
> 　　run;
> 機能　各種のグラフを作成する.

5-2 集計表を作ってみよう

5-2-1 度数分布表（FREQ プロシジャ）

度数分布表（頻度表）は，あるクラス（階級，カテゴリー）に含まれる対象の数を表にしたものである．これまでにも使ってきた親子身長データセット HEIGHT に対して，男性と女性の人数を数え上げて度数分布表を作るには，FREQ プロシジャを用いて，

```
proc freq data = height;
    tables sex;
run;
```

と指定する．

図表 5.7　性別の度数分布表

FREQ プロシジャ

sex	度数	パーセント	累積度数	累積パーセント
F	19	47.50	19	47.50
M	21	52.50	40	100.00

図表 5.7 に示されるように，

　　（性別ごとの）度数
　　（全体に対する）パーセント
　　累積度数

累積パーセント

が出力される（変数 SEX が欠損値となったオブザベーションが存在する場合には，表には記されるが合計や累計からは除外される）．TABLES ステートメントは，FREQ プロシジャに必須なステートメントで，ここに示された変数の値に基づいて分類される．TABLES ステートメントには，複数の変数を，

```
tables sex blood;
```

というように並べることができる．この例の場合は，性別（変数 SEX）によって分類した度数分布表と，ABO 式血液型のタイプ（変数 BLOOD）によって分類した度数分布表がそれぞれ作成される．TABLES ステートメントにおける分類のための変数の並びをリクエストと呼んでいる．

リクエスト中の変数は，文字変数でも数値変数でもよいが，数値変数の場合，それぞれの値ごとにクラスの分類が作られるためクラスの数が多くなりすぎる．このため，あらかじめ FORMAT プロシジャでクラスの分け方を示すフォーマットを作成しておいたほうがよいだろう．親子身長データセット HEIGHT の学生の身長（変数 STUDENT）の度数分布表を作成してみよう．

```
proc format;
   value class low - < 160 = '150 - 159';
               160 - < 170 = '160 - 169';
               170 - < 180 = '170 - 179';
               180 - < high = '180 - ';
               other = 'missing';
run;
proc freq data = height;
   tables student;
   format student class.;
run;
```

FORMAT プロシジャで，160 未満，160 以上-170 未満，170 以上-180 未満，180 以上というクラス分けを示すフォーマット CLASS を作成している．出力を図表 5.8 に示した．なお，DATA ステップで IF - THEN / ELSE ステートメントを用いて，数値変数をクラス分けする新しい変数を定義して，度数表を作成することも可能であるが，FORMAT プロシジャを使ったほうがより効率的である．

FREQ プロシジャでは集計結果を SAS データセットに出力することも可能である．上記のプログラムで TABLES ステートメントを，

```
tables student / noprint out = table1;
```

と置き換えることによって，画面への出力のかわりに集計結果を含んだ SAS データセット TABLE1 が作成される．

第 5 章 記述統計と予備的解析

図表 5.8 身長クラスの度数分布表

FREQ プロシジャ

student	度数	パーセント	累積度数	累積パーセント
150 - 159	12	30.00	12	30.00
160 - 169	15	37.50	27	67.50
170 - 179	12	30.00	39	97.50
180 -	1	2.50	40	100.00

5-2-2 クロス集計表（FREQ プロシジャ）

上記の SAS データセット HEIGHT を使って，学生の身長のクラスと性別とのクロス集計表を作るには，

```
proc freq data = height;
   tables student*sex;
   format student class.;
run;
```

とすればよい．リクエストの中で，変数名をアスタリスク（*）で区切れば，第 1 変数を行（側部の上下）に，第 2 変数を列（上部の左右）にとった 2 元クロス集計表ができる．出力は，図表 5.9 のようになる．

図表 5.9 性別と身長のクラスの 2 元クロス集計表

FREQ プロシジャ

度数
パーセント
行のパーセント
列のパーセント

表 : student * sex

student	F	M	合計
150 - 159	12 30.00 100.00 63.16	0 0.00 0.00 0.00	12 30.00
160 - 169	7 17.50 46.67 36.84	8 20.00 53.33 38.10	15 37.50
170 - 179	0 0.00 0.00 0.00	12 30.00 100.00 57.14	12 30.00
180 -	0 0.00 0.00 0.00	1 2.50 100.00 4.76	1 2.50
合計	19 47.50	21 52.50	40 100.00

それぞれのセルの中の数値は

> 度数
> パーセント（全体を 100 としたときのパーセント）
> 行のパーセント（各行の合計を 100 としたときのパーセント）
> 列のパーセント（各列の合計を 100 としたときのパーセント）

である．SAS のアウトプットの表の左上のボックスに出力内容が示されている．

3 元以上のクロス集計も行うことができる．たとえば，

```
tables age*sex*student;
```

という TABLES ステートメントにより，各年齢（変数 AGE）ごとに SEX * STUDENT のクロス集計表を作成する．一般に，最後の変数の値が表の列となり，最後から 2 番目の変数の値が表の行となり，その他の変数の値（変数が 2 つ以上ある場合は，値の組み合わせ）ごとにクロス集計表が作成される．

いろいろな変数を組み合わせたクロス集計表を作るには，次のようなリクエストの書式を知っておくと便利である．

```
tables(a b)*c;      は   tables a*c b*c;
tables(a b c)*d;    は   tables a*d b*d c*d;
tables(a b)*(c d);  は   tables a*c a*d b*c b*d;
```

さらに，SAS データセットの中で，変数 a, b, c, d がこの順に作られたとすると，

```
tables (a-c)*d   は   tables a*d b*d c*d;
```

の意味になる．

クロス集計表をブロックチャートとして図示したいときは，GCHART プロシジャを用いて次のようにプログラムすればよい．出力は図表 5.10 のようになる．

```
goptions hpos = 70 vpos = 70;
proc gchart data = height;
   block student / group = sex midpoints = 155, 165, 175, 185;
run;
```

ブロックチャートを描くためには，デフォルトの設定では，縦軸と横軸のポジションの数が十分でない場合があるので，上のプログラムでは GOPTIONS ステートメントで縦軸と横軸のポジションの数を 70 に指定している．

5-2-3 複雑な帳表の作成（TABULATE プロシジャ）

SAS では複雑な帳表を作成するために TABULATE プロシジャが用意されている．ここでは，簡単な実行例を示そう．図表 5.9 に示した性別と学生の身長のクラスごとに，父親の身長の平均値と標準偏差を帳表にしてみよう．

図表 5.10　性別と身長のブロックチャート

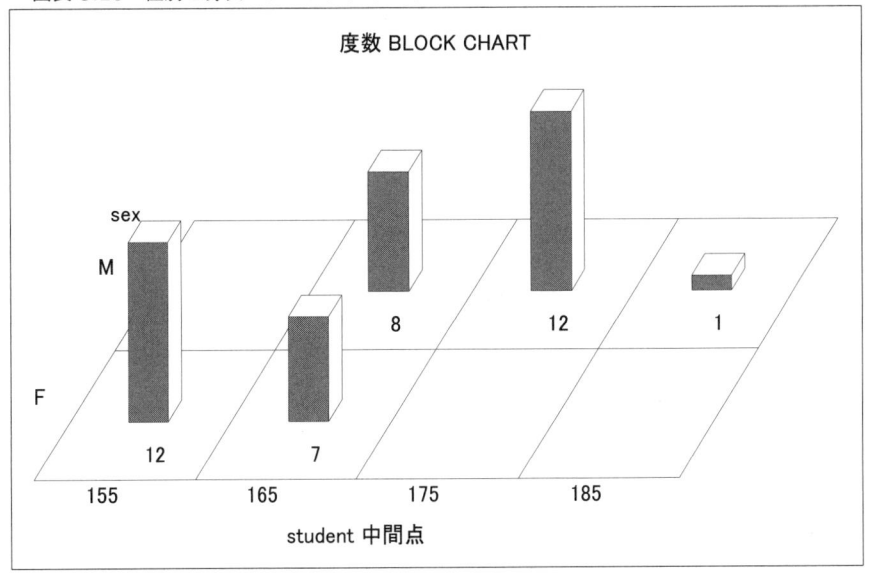

度数 BLOCK CHART

（M: 155→12, 165→8, 175→12, 185→1／F: 155→12, 165→7）

図表 5.11　父親の身長の帳表

		\multicolumn{5}{c}{sex}
		\multicolumn{2}{c}{F}	\multicolumn{3}{c}{M}
		\multicolumn{2}{c}{student}	\multicolumn{3}{c}{student}
		150 – 159	160 – 169	160 – 169	170 – 179	180 –
father	N	12	7	8	12	1
	Mean	164.58	170.71	161.13	164.83	162.00
	Std	5.74	4.07	5.06	6.64	.

```
proc tabulate data = height;
   class   student sex;
   var     father;
   tables father*( n mean std ), sex*student;
   format student class. ;
run;
```

　CLASS ステートメントで分類変数，VAR ステートメントで分析変数を指定する．TABLES ステートメントでは，最初に帳表の行方向の出力を指定し，カンマ（，）の後で列方向の出力を指定する．性別と学生の身長のクラスを横，父親の身長のサンプルサイズ（標本の大きさ），平均，標準偏差を縦にとった帳表が出力される．FORMAT ステートメントで学生の身長のクラス分けのフォーマットを指定しないと，学生の身長のそれぞれの値ごとに集計された帳表が出力される．

　社会調査などで，「どのような電化製品を持っていますか（テレビ・乾燥機・冷蔵庫）」というよ

うに，1個人が複数の応答に重複して答える可能性のある質問をすることがある．これをマルチレスポンスの質問という．TABULATE プロシジャでは，マルチレスポンスの集計を行うこともできる．詳しくは，例題集を参照されたい．

5-3 変数ごとの解析

5-3-1 要約統計量の計算（MEANS プロシジャ）

分布の特性を要約した数値のことを要約統計量（summary statistics）という．

平均（mean）あるいは標準偏差（standard deviation）のような要約統計量をコンパクトに出力する目的には MEANS プロシジャが便利である．親子身長のデータセット HEIGHT について，MEANS プロシジャで，

- 学生の身長に関する要約統計量（男女別）
- 父親の身長に関する要約統計量
- 母親の身長に関する要約統計量

を求めてみよう．プログラム例は，

```
proc means data = height;
    var student;
    by sex;
run;
proc means data = height;
    var father mother;
run;
```

である．

この出力は，図表 5.12 である．PROC MEANS ステートメントで統計量の指定のためのオプションを何もつけないと，VAR ステートメントに書かれた各変数（VAR ステートメントが省略された場合は，その SAS データセットのすべての数値変数）に対して，

　有効な（欠損でない）オブザベーションの数（N）
　平均
　標準偏差
　最小値
　最大値

が出力される．

図表 5.12　MEANS プロシジャによる要約統計量の出力

```
                    MEANS プロシジャ

                         sex=F

           ┌─────────────────────────────────────┐
           │         分析変数：student            │
           ├────┬──────────┬────────┬──────────┬──────────┤
           │ N  │   平均   │標準偏差│  最小値  │  最大値  │
           ├────┼──────────┼────────┼──────────┼──────────┤
           │ 19 │158.5263158│2.8356544│153.0000000│164.0000000│
           └────┴──────────┴────────┴──────────┴──────────┘

                         sex=M

           ┌─────────────────────────────────────┐
           │         分析変数：student            │
           ├────┬──────────┬────────┬──────────┬──────────┤
           │ N  │   平均   │標準偏差│  最小値  │  最大値  │
           ├────┼──────────┼────────┼──────────┼──────────┤
           │ 21 │171.5714286│4.9756550│162.0000000│181.0000000│
           └────┴──────────┴────────┴──────────┴──────────┘

                    MEANS プロシジャ

   ┌────────┬────┬──────────┬────────┬──────────┬──────────┐
   │  変数  │ N  │   平均   │標準偏差│  最小値  │  最大値  │
   ├────────┼────┼──────────┼────────┼──────────┼──────────┤
   │ father │ 40 │164.9750000│6.1747521│150.0000000│177.0000000│
   │ mother │ 40 │155.1250000│4.7511807│145.0000000│165.0000000│
   └────────┴────┴──────────┴────────┴──────────┴──────────┘
```

<補足>

(1) 出力する統計量の指定

MEANS プロシジャで出力できる統計量については SAS マニュアルを参照してほしい．デフォルトの出力が気にいらない場合は，PROC MEANS ステートメントのオプションで出力したい統計量を指定すればよい．たとえば上のプログラムで，

```
proc means data = height n mean std;
run;
```

と置き換えれば，オブザベーションの数（N），平均（Mean），標準偏差（Standard Deviation）の3 つの統計量が出力される．

(2) FW = 数値，MAXDEC = 数値オプション

MEANS プロシジャの出力のフォーマットを変更するためのオプションである．FW = で統計量を出力するフィールドの広さを，MAXDEC = で統計量の小数点以下の桁数を指定する．たとえば次のように指定すればよい．

```
proc means data = height fw = 6 maxdec = 3;
run;
```

(3) 要約統計量のデータセットへの出力

MEANS プロシジャで求めた統計量は OUTPUT ステートメントによって SAS データセットに出力できる．

```
    proc means data = height;
        var father mother;
        output out = summary  mean = meanf  meanm  std = stdf  stdm;
    run;
```

上のような指定によって，変数 FATHER と MOTHER の平均を MEANF と MEANM，標準偏差を STDF と STDM の変数名でデータセット SUMMARY に出力することができる．

> MEANS プロシジャ
>   書式　PROC　MEANS　オプション；
>   VAR　　変数名のリスト；
>   [CLASS　変数名のリスト；]
>   [BY　　変数名のリスト；]
>   文例　proc means data = example maxdec = 3 n mean std;
>   var a1-a10 b1-b5 x y;
>   run;
>   機能　変数ごとに各種の統計量を算出する．

5-3-2　詳細な要約統計量とグラフの出力（UNIVARIATE プロシジャ）

1 変量ごとに詳細な要約統計量を出力し，なおかつ幹葉表示，箱ひげ図，正規確率プロットなどを出力してくれるのが UNIVARIATE プロシジャである．非常に細かい情報まで出力するので，簡単な情報のみ必要な場合は MEANS プロシジャのほうがよい．親子身長データ HEIGHT を UNIVARIATE プロシジャで解析してみる．

```
    proc univariate data = height  normal plot;
        var student;
        id  name;
        by  sex;
    run;
```

PROC UNIVARIATE ステートメントの NORMAL は正規性の検定を行うため，PLOT はグラフを書かせるための指定である．

男女別に変数 STUDENT を解析した結果を図表 5.13.1〜5.13.5 に示した．

以下，UNIVARIATE プロシジャの出力について説明する．

（1）要約統計量

UNIVARIATE プロシジャでは非常に多くの要約統計量が出力される．このうちよく使われるものを，A，B，C，D に 4 分類して紹介する．

A．位置の指標

分布の中心的位置の指標．測定原点を a だけずらすと，それに応じて a だけ変化する．

第 5 章　記述統計と予備的解析

図表 5.13.1　UNIVARIATE プロシジャによる解析結果

UNIVARIATE プロシジャ
変数： student

sex=F

モーメント

N	19	重み変数の合計	19
平均	158.526316	合計	3012
標準偏差	2.83565436	分散	8.04093567
歪度	0.27966269	尖度	-0.1406307
無修正平方和	477626	修正済平方和	144.736842
変動係数	1.78875939	平均の標準誤差	0.65054373

基本統計量

位置		ばらつき	
平均	158.5263	標準偏差	2.83565
中央値	158.0000	分散	8.04094
最頻値	156.0000	範囲	11.00000
		四分位範囲	4.00000

位置の検定 H0: Mu0=0

検定	統計量		p 値	
Student の t 検定	t	243.6828	Pr > |t|	<.0001
符号検定	M	9.5	Pr >= |M|	<.0001
符号付順位検定	S	95	Pr >= |S|	<.0001

正規性の検定

検定	統計量		p 値	
Shapiro-Wilk	W	0.946127	Pr < W	0.3388
Kolmogorov-Smirnov	D	0.143742	Pr > D	>0.1500
Cramer-von Mises	W-Sq	0.068634	Pr > W-Sq	>0.2500
Anderson-Darling	A-Sq	0.468671	Pr > A-Sq	0.2279

分位点（定義 5）

分位点	推定値
100% 最大値	164
99%	164
95%	164
90%	163
75% Q3	160
50% 中央値	158
25% Q1	156
10%	156

図表 5.13.2 UNIVARIATE プロシジャによる解析結果

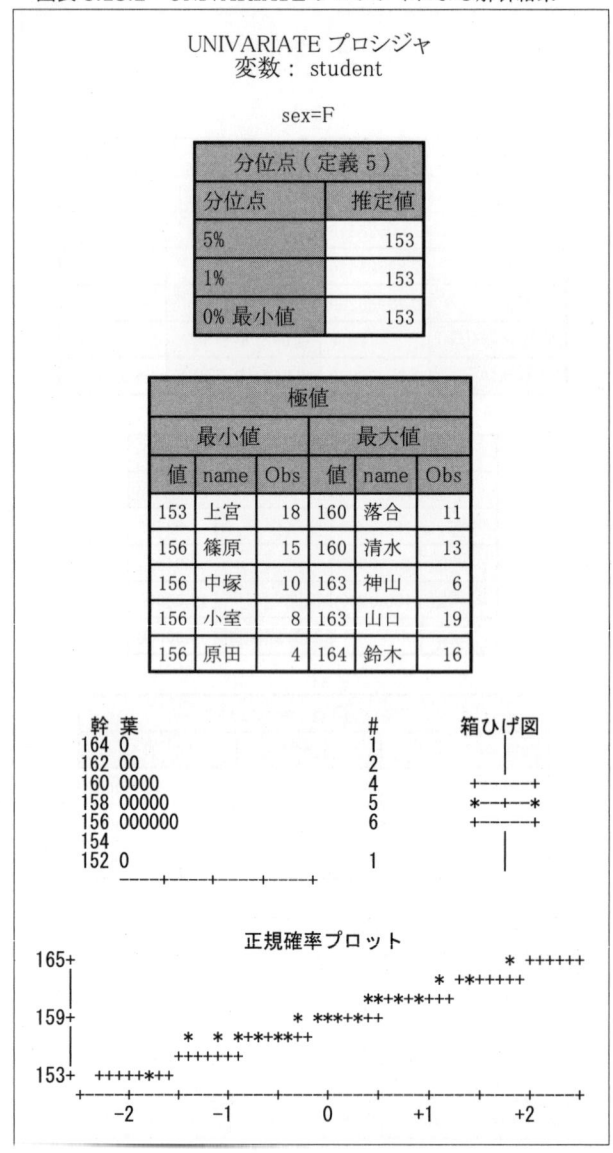

```
          UNIVARIATE プロシジャ
            変数: student

                 sex=F
```

分位点 (定義 5)	
分位点	推定値
5%	153
1%	153
0% 最小値	153

極値					
最小値			最大値		
値	name	Obs	値	name	Obs
153	上宮	18	160	落合	11
156	篠原	15	160	清水	13
156	中塚	10	163	神山	6
156	小室	8	163	山口	19
156	原田	4	164	鈴木	16

```
幹 葉                          #    箱ひげ図
164 0                          1
162 00                         2
160 0000                       4    +-----+
158 00000                      5    *--+--*
156 000000                     6    +-----+
154
152 0                          1
    ----+----+----+----+

         正規確率プロット
165+                              * ++++++
   |                           * +*++++
   |                         **+*+++
159+                     * ***+*++
   |              * * **+*+*+++
   |           ++++++
153+   +++++*++
    +----+----+----+----+----+
       -2   -1    0   +1   +2
```

(算術) 平均

メディアン (50%点：中央値)

モード (最頻値)

B. ばらつき指標

分布の広がりを示す指標. 測定原点によらず, また測定単位を a 倍すればそれに応じて $1/a$ になる.

(標本) 標準偏差 (分散の平方根をとったもの)

四分位範囲 (分布の 75%点と 25%点の差)

範囲 (最大値と最小値の差)

第5章 記述統計と予備的解析

図表 5.13.3　UNIVARIATE プロシジャによる解析結果

UNIVARIATE プロシジャ
変数：student

sex=M

モーメント

N	21	重み変数の合計	21
平均	171.571429	合計	3603
標準偏差	4.97565502	分散	24.7571429
歪度	-0.051473	尖度	-0.5126391
無修正平方和	618667	修正済平方和	495.142857
変動係数	2.90004872	平均の標準誤差	1.08577694

基本統計量

位置		ばらつき	
平均	171.5714	標準偏差	4.97566
中央値	172.0000	分散	24.75714
最頻値	169.0000	範囲	19.00000
		四分位範囲	6.00000

位置の検定 H0: Mu0=0

検定	統計量		p 値	
Student の t 検定	t	158.0172	Pr > |t|	<.0001
符号検定	M	10.5	Pr >= |M|	<.0001
符号付順位検定	S	115.5	Pr >= |S|	<.0001

正規性の検定

検定	統計量		p 値	
Shapiro-Wilk	W	0.985694	Pr < W	0.9830
Kolmogorov-Smirnov	D	0.100122	Pr > D	>0.1500
Cramer-von Mises	W-Sq	0.026243	Pr > W-Sq	>0.2500
Anderson-Darling	A-Sq	0.154585	Pr > A-Sq	>0.2500

分位点（定義 5）

分位点	推定値
100% 最大値	181
99%	181
95%	179
90%	177
75% Q3	175
50% 中央値	172
25% Q1	169
10%	165

図表 5.13.4　UNIVARIATE プロシジャによる解析結果

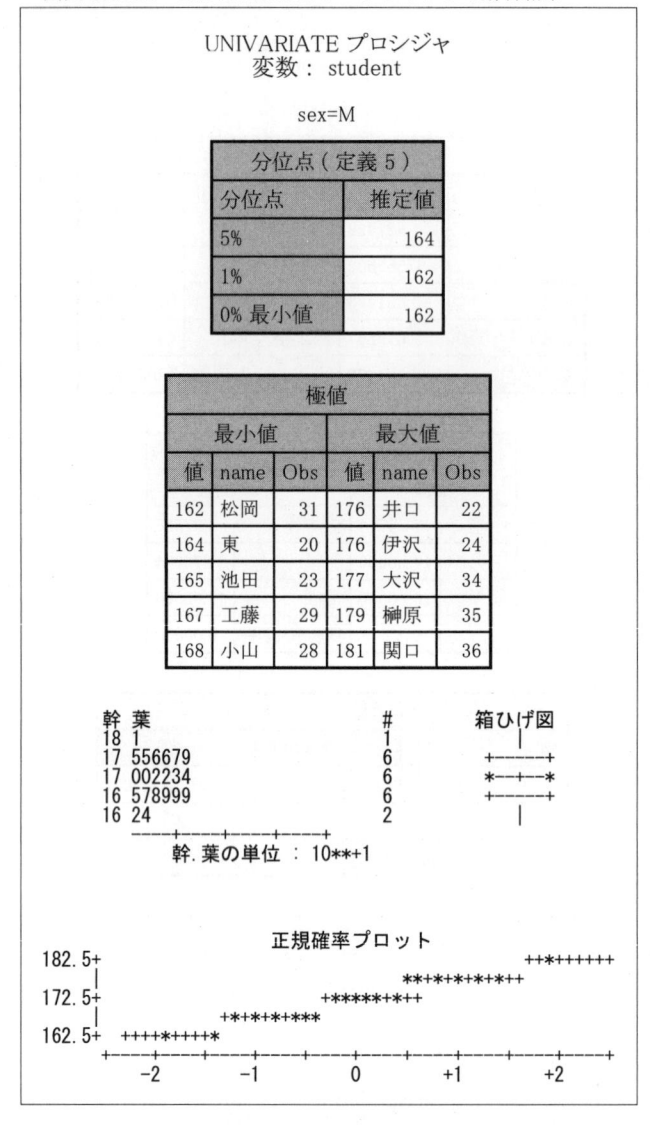

UNIVARIATE プロシジャ
変数：student

sex=M

分位点（定義 5）	
分位点	推定値
5%	164
1%	162
0% 最小値	162

極値					
最小値			最大値		
値	name	Obs	値	name	Obs
162	松岡	31	176	井口	22
164	東	20	176	伊沢	24
165	池田	23	177	大沢	34
167	工藤	29	179	榊原	35
168	小山	28	181	関口	36

```
幹 葉                  #  箱ひげ図
18 1                   1     |
17 556679              6   +-----+
17 002234              6   *--+--*
16 578999              6   +-----+
16 24                  2     |
  ----+----+----+----+
   幹.葉の単位 ：10**+1
```

正規確率プロット

```
182.5+                              ++*+++++
     |                       **+*+*+*+++
172.5+             +*****+*++
     |      +*****+***
162.5+ ++++*++++
     +----+----+----+----+----+
       -2   -1    0   +1   +2
```

C.　形の指標

分布の形状に関する指標．測定原点および単位によらない．

　　　歪度（歪み，skewness）
　　　尖度（尖り，kurtosis）

正規分布であれば歪度（ワイド）も尖度（センド）も共に 0 になる（ように SAS では定義されている）．このため正規性の検定に利用される場合がある．歪度は左右対称な分布では 0 になり，分布が右（値の大きいほう）に裾をひいていれば正，逆であれば負の値をとる．尖度は一様分布のような裾がきれた分布では負，どちらの側であっても長い裾をひく場合には正の値をとる．この意味で，尖度は"裾の重さ"の指標である．また歪度，尖度の絶対値は，外れ値や異常値が含まれている場合にも大きくなる．歪度，尖度 の定義は統計パッケージにより異なっている．SAS で用いて

第 5 章 記述統計と予備的解析

図表 **5.13.5** UNIVARIATE プロシジャによる解析結果

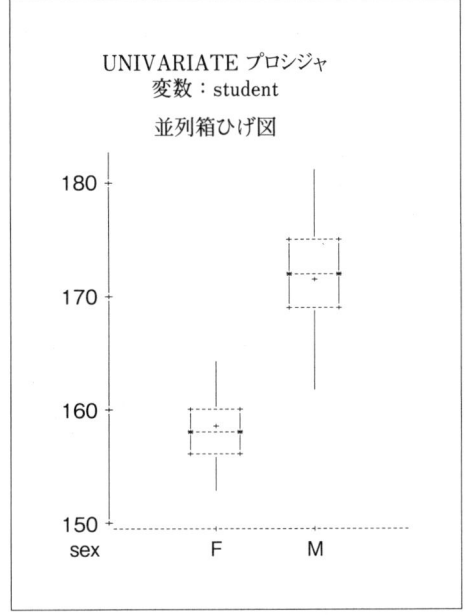

いる定義式については SAS マニュアルを参照してほしい．一見すると複雑な計算を行っているようにみえるが，サンプルサイズが大きいときには，次の式にほぼ等しくなる．

$$歪度 = \frac{1}{n} \sum \left[\frac{x_i - 平均}{標準偏差} \right]^3$$

$$尖度 = \frac{1}{n} \sum \left[\frac{x_i - 平均}{標準偏差} \right]^4 - 3$$

元データを平均が 0 で標準偏差が 1 になるように基準化しておいて，3 乗の平均をとったものが歪度で，4 乗の平均から 3 を引いたものが尖度である．3 を引くのは，正規分布のときに 4 乗の平均が 3 になるためである．

D. その他

　　（不偏）分散（平方和（CSS）を（サンプルサイズ − 1 で）割ったもの）
　　変動係数（標準偏差 × 100 / 平均）
　　標準誤差（標準偏差 / $\sqrt{n}$）

分散の計算をする際，平方和をサンプルサイズ − 1 で割るのではなく，サンプルサイズで割って求めたい場合には，VARDEF = n を指定する．

標準誤差（standard error）については標準偏差（standard deviance）と混同されて誤用されている場合があるので，注意をしておく．標準偏差は SD，標準誤差は SE と略記されることが多い．この 2 つの統計量の使い方は明確に区別する必要がある．標準偏差は，先に述べたようにデータのばらつきの大きさを表す指標であり，サンプルサイズが 10 のときでも 100 のときでも本質的に大きさは変わらない．正規分布であれば平均 ± 標準偏差の範囲にデータの約 68%，平均 ± 2 標準偏

差の範囲にデータの約 95% が入ることが知られている．これに対して標準誤差は標準偏差を n で割ったものであり，平均の推定精度を表すものである．サンプルサイズが 10 と 100 とでは，100 のほうが標準誤差は小さくなる．平均の推定精度はサンプルサイズが大きくなると上がるためである．標準誤差をデータのばらつきを表す指標と誤用している例がみられるが，標準誤差は平均の推定精度を表す指標であって，元のデータのばらつきを表すものではないことに注意してほしい．

> ★ 標準誤差とは，一般的には"統計量の標準偏差"という意味である．たとえば，回帰係数という統計量の標準偏差も標準誤差である．上で紹介したのは"平均"という統計量の標準誤差であり，普通はこの意味で通用している．平均の標準誤差であることを強調して S. E. M. (Standard Error of Mean) と書くこともある．

（2） 四分位点（**quantiles**）とパーセント点（**percentiles**）

変数の値の大きさの順にデータを並べ，Q1, Q2, Q3（Q1 < Q2 < Q3）となる点で区切りを作りデータをクラス分けすると度数が 4 等分されるとき，これらの値を順に第 1 四分位数，第 2 四分位数，第 3 四分位数という．第 2 四分位数はいわゆる中央値（メディアン）に等しい．同様に，度数を 100 等分するような変数値を小さいほうから順に，1 パーセント点，2 パーセント点，……という．UNIVARIATE プロシジャでは，0 パーセント点は最小値，100 パーセント点は最大値として扱われる．また，25 パーセント点は第 1 四分位数，50 パーセント点は中央値，75 パーセント点は第 3 四分位数と同じである．

パーセント点の算出にはいくつかの方法があり，PROC UNIVARIATE ステートメントの DEF = オプションで 5 つの方法のうちどれかを指定することができる．ここでは，デフォルトの方法である DEF = 5 の方法のみ説明しておこう．有効な（欠損値を除いた）変数値を小さい順に X_1, X_2, …, X_n とし，t パーセント点 y を求めるために，$p = t/100$ とおく．このとき y は，次の式のように計算される．

$$g = 0 のとき \quad y = (X_j + X_{j+1})/2$$
$$g > 0 のとき \quad y = X_{j+1}$$
$$np = j + g$$

ただしここで，j は np の整数部，g は小数部である．たとえば親子身長データで，男子学生のサンプルサイズは $n = 21$ であった．このとき 25 パーセント点は，

$$np = 21 \times 0.25 = 5 + 0.25$$

$j = 5$, $g = 0.25$ であるので，下から 6 番目の値である 169 になる．なお，パーセント点の右側には極値として，下から 5 番目までの値と上から 5 番目までの値が出力される．また，ID ステートメントで変数を指定することによって，極端な値をとるのがどの個体であるかがわかるので便利である．この親子身長データでは男子学生で一番背が高いのが関口君（181 cm）で 2 番目が榊原君（179 cm）であることがわかる．

(3) 幹葉表示 (stem-and-leaf plot)

PROC UNIVARIATE ステートメント中に PLOT オプションを指定すると出力される．まず，測定値を幹と葉という2つの部分に分ける．たとえば，179cm では，17を幹，9を葉と考える．そして，測定値が出現するたびに，幹の横に葉を書き足していく．結果的にヒストグラムのような形ができあがるが，ほぼ同じ面積の中に，元のデータの情報をより多く含んでいる点でヒストグラムより優れている．あまり聞き慣れないデータの表示法かもしれないが，列車の時刻表なども幹葉表示の一種である．時刻表では，列車の出発時刻の時間を幹にして，分を葉として示している．

幹葉表示を視察する場合の要点は，次のようになろう．

- 分布の範囲は？
- どこにデータが集中しているか？
- 櫛形，歯抜けになっていないか？
- 外れ値はないか？
- 山は1つか2つか？
- 対称か，裾をどちらかに引いているか？

また，UNIVARIATE プロシジャでは，オブザベーションの数が多い場合には幹葉表示にかわってヒストグラムが出力される．ヒストグラムの表示は HISTOGRAM ステートメントを実行することによって UNIVARIATE プロシジャ内でグラフの表示が可能である．たとえば，

```
histogram student
```

と指定すると，ヒストグラムのグラフ表示が出力される．ただし，BY ステートメントで層を指定している場合は，層ごとのヒストグラムが出力される．

(4) 箱ひげ図 (box-and-wisker plot)

UNIVARIATE プロシジャでは箱ひげ図と呼んでいる．やはり，PLOT オプションにより出力される．箱の下端，中央，上端の水平線は，それぞれ，第1四分位数，中央値，第3四分位数を表し，中央のプラス (+) のマークは平均を表す．第1四分位数と第3四分位数の距離を四分位範囲 (interquantile range) というが，箱から1.5四分偏差以内で最も中央値から離れた点までひげ (wisker) と呼ばれる垂直線を引く．さらに離れた測定値については，箱から3四分偏差までは一つ一つをゼロ (0) で表し，それ以上遠い測定値はアスタリスク (*) で表す．統計量と分布の関係や外れ値の存在などをみるのに適した表現である．親子身長データでは，男女ともに，0や * で出力されている個体は存在しないので，とくに目立った外れ値は存在しないことがわかる．

なお，データをいくつかの層に分け，クラスごとの箱ひげ図を平行に並べたグラフを並列箱ひげ図あるいは層別箱ひげ図と呼ぶ．UNIVARIATE プロシジャ中に BY ステートメントで層を表す変数を指定し，PROC UNIVARIATE ステートメントで PLOT オプションを指定することによって，並列箱ひげ図を作成することができる．層別後のデータの分布の比較を行ったり，時刻に対する分布の変化を視覚的に捉えたりするのに有用である．層別後の各層のデータ数が不揃いでしかも極端に小さいもの（たとえば10以下）があるときには，データ数の違いが視覚的にはっきり認識できるヒストグラムや幹葉表示を平行に並べたほうがよいが，そうでない場合は，箱ひげ図のほう

図表 5.14　BOXPLOT プロシジャによる箱ひげ図

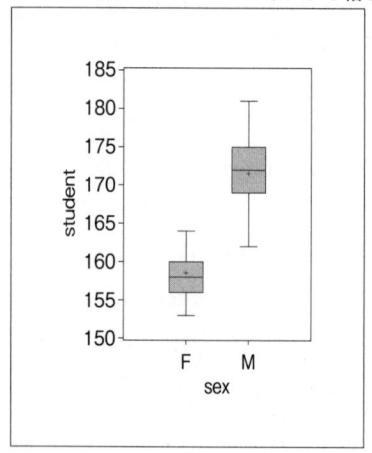

がコンパクトである．親子身長データでは，男女別箱ひげ図によって男子学生と女子学生とで身長の分布に明瞭な差があることがわかる．

なお，箱ひげ図を描くプロシジャとして，BOXPLOT プロシジャがある．次に，BOXPLOT プロシジャのプログラム例を示す．結果は，図表 5.14 に示した．

```
proc boxplot data = height;
    plot student*sex;
run;
```

(5)　正規確率プロット (normal probability plot)

分布の正規性からのずれを調べるには正規確率プロットが有用である．確率プロットとは，あるデータが仮定した確率分布に従うかどうかを視覚的に調べるための道具である．とくに正規分布に従っているかどうかを調べる場合を，正規確率プロットと呼ぶ．これも，PLOT オプションによって出力される．データを大きさの順に並べ替え，標準正規分布のパーセント点を横軸，実際のデータを縦軸にとってプロットしたグラフである．正規分布に従うときは，このプロットは直線になる．有効なデータ数を n，個々のデータ値の小さいほうからの順位を r_j とすると，横軸は，

$$\Phi^{-1}\big((r_j - 3/8)/(n + 1/4)\big)$$

として算出される．Φ^{-1} は正規分布の累積分布関数の逆関数である．Φ^{-1} の中で 3/8 を引いたり，1/4 を足したりしているのは確率が 0 と 1 になるのを避けるための工夫である．上式による近似はいくつかある正規分布のパーセント点の近似式のうち，ブロム (Blom) の近似と呼ばれるものである．アスタリスク (*) は実際のデータから描いたもので，プラス (+) はそのデータと同じ標本平均と標本標準偏差をもつ正規分布から描いた基準線である．データが正規分布から逸脱するほど，この基準線から離れることになる．PLOT ステートメントの正規確率プロットは，かなり見ばえが悪い．UNIVARIATE プロシジャには，QQPLOT ステートメントの指定によって，正規確率

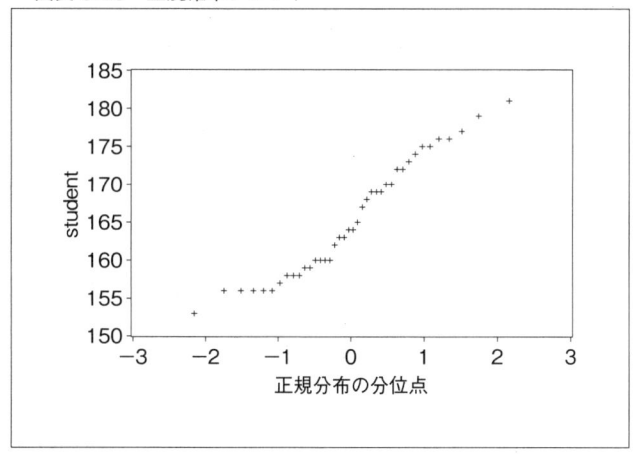

図表 5.15　正規確率プロット

プロット（QQ プロット）のグラフ表示がされる．以下にプログラム例を示す．結果は，図表 5.15 に示した．

```
qqplot student / normal
```

(6)　分布の正規性の検定

NORMAL オプションを指定すると，データが正規分布からのランダム標本であるという仮説の検定が行われる．正規性の検定にはさまざまな方法が提案されているが，UNIVARIATE プロシジャは，オブザベーション数が 2000 以下のときにはシャピロ・ウィルク（Shapiro-Wilk）の検定，2001 以上のときにはコルモゴロフ・スミルノフ（Kolmogorov-Smirnov）の検定と呼ばれる検定のための統計量を計算し，その近似的な p 値も出力する．

親子身長データでは，正規性の検定の p 値（Pr < W）は男子学生で 0.9830，女子学生で 0.3388 でいずれについても正規性の仮定は棄却されない．

シャピロ・ウィルクの検定統計量（W）は，順序統計量の線形結合によって求められる標準偏差の最良線形推定量を 2 乗したものと標本分散との比である．W の値は 0 と 1 の間の値をとる．0 に近いほど正規分布からのずれが大きいことを示している．p 値（Pr < W）が 0.05 以下であれば，5％の有意水準で正規性が棄却される．コルモゴロフ・スミルノフの検定統計量（D），データの累積分布関数（横軸に変数の値，縦軸にその値以下のオブザベーションの割合をとったグラフ）と，そのデータと等しい平均および標準偏差をもつ正規分布の累積分布関数の差を求め，差の絶対値の最大値を検定統計量とするものである．当然，値が大きいほど正規分布からのずれは大きいことになる．

> UNIVARIATE プロシジャ
>   書式　PROC UNIVARIATE　オプション;
>   [VAR　変数のリスト;]
>   [BY　変数のリスト;]
>   文例　proc univariate data = sample plot;
>   var var1 - var10　sum1;
>   by class;
>   run;
>   機能　変数ごとに詳しい統計量の算出と各種のプロットを行う.

UNIVARIATE プロシジャの出力はかなり冗長であり，実際のデータ解析で必要なのはそのうちの一部である．解析結果の一部を取り出したい場合には，MEANS プロシジャと同様に統計量を OUTPUT ステートメントによって SAS データセットに出力すればよい．また，PROC UNIVARIATE ステートメントで NOPRINT オプションを指定すれば，出力を省略することもできる．さらに，ODS システムの ODS SELECT や ODS EXCLUDE などによりアウトプットを制御することも便利である．

5-3-3　要約統計量の抵抗性（レジスタンシー）と頑健性（ロバストネス）

要約統計量を計算する主な目的は，次のようにまとめられる．

(1) データの誤りのチェック．たとえば，最大値，最小値，合計値によるチェックなどがこれにあたる．

(2) 分布の比較のための代表値の計算．たとえば，テストの成績をクラス間で比較するのに平均を計算することなどがこれにあたる．

(3) 母集団分布のパラメータの推定．たとえば，ある実験の測定値は，真の値に誤差（誤差の平均は 0）が加わったものと仮定し，測定値の平均をもって真の値の推定値と考える．

(4) 個々のデータ値の基準化．すなわち，平均と標準偏差を求めてから，標準得点（平均 0，標準偏差 1 の得点）や偏差値（平均 50，標準偏差 10 の得点）を計算することなどがこの例である．

制御された実験環境下で集めたデータならともかく，我々が扱う観察データの多くには外れ値が含まれ，また分布形も対称にならないことがしばしばある．このような場合，上記の (2)–(4) のための要約統計量として，平均や標準偏差を使うことは必ずしも適当ではない．これは次の 2 つの理由による．

1. 一般に，少数の外れ値に対して大きな影響を受ける統計量のことを「外れ値に対して**抵抗性 (registancy) がない**」という．よく要約統計量として用いられる平均と標準偏差はともに抵抗性がない統計量である．例として，日本の 47 都道府県の人口データを考えてみよう．図表 5.16 に都道府県の人口データの要約統計量を東京都を含めた場合と除いた場合の 2 通りについて示した．

東京都を除くことによって平均が 249 万人から 229 万人に，標準偏差が 227 万人から 184 万人に大きく変化している点に注意してほしい．その一方で，抵抗性がある指標である中央値や四分位

図表 5.16　47 都道府県の人口データ（単位：万人）

	47 都道府県	東京都を除いた 46 道府県
平均	249	229
標準偏差	227	184
中央値	169	164
四分位範囲	145	143

範囲はほとんど変化していない．平均には全体の真ん中の値というイメージがつきまとっているが，外れ値を含んだ歪みの大きいデータに対しては，中央値や最頻値と平均とは大きく異なるのが普通である．この都道府県の人口の例では平均は 249 万人であるが，実際に 249 万人以上の人口をもつのはわずかに 13 都道府県のみである．また，このようなデータについて平均と標準偏差から算出した偏差値を用いて，分布の中の相対的位置の指標とすれば，判断を誤ることにもなる．分布の歪みと平均，偏差値との関係については，吉村（1984）の 3-5 章に教訓的な解説がある．

2. 平均を例にとると，それは正規分布のもとでは母集団平均の最もよい推定値である．しかし，分布が正規分布から少しずれると，この推定値のよさは急速に失われる．たとえば，ヒストグラムをみた限りでは正規分布とほとんど区別できないがやや裾が重い（長い）分布に対してさえ，トリム平均（データの大きいほうと小さいほうからそれぞれ何パーセントかを除去して計算する平均）などの推定量のほうが効率がよいことが知られている．

このように，平均，分散，標準偏差，さらには，次章で述べる積率相関係数などの統計量は，分布の正規性からのずれに対して頑健性（robustness）がない（なお，通常のデータ解析において，外れ値に対する抵抗性と，正規分布からのずれに対する頑健性はほぼ同等と考えてよいといわれている）．

5-3-4　UNIVARIATE プロシジャをどう使うか

データの分布の要約あるいは比較に際しては，データのどの側面を要約したいのか，あるいはどの観点からの比較を行いたいのかをはっきりさせ，その上で適切な統計量を選ぶべきである．たとえば，2 つのクラスの成績を比較したい場合に，それぞれのクラスから 1 人ずつを選んで点数の比較を行い，その勝ち負けの総数によってクラス全体の成績の上下を判定したいのなら，中央値を比較すればよい．大部分の生徒が達成しているレベルで判定したいのなら 5 パーセント点で比較を行うことも考えられる．

歪みが大きいデータに対しては，上記のような抵抗性のある（頑健な）統計量を用いるという方法のほか，適当な変数変換によって分布を対称（できれば正規分布）に近づけることもしばしば行われる．たとえば，47 都道府県の人口データを対数変換すると，正規分布に近い分布となり，平均と中央値とはだいぶ近い値となる．

標準的な統計手法の多くのものが，データの正規性を前提としている．正規性からのずれはどの程度許されるのか，またそれをどうやって測るのか，というのはいちがいには答えられない問題である．正規性の検定は，人工的なデータでない限り，サンプルサイズが数百を超えればまず有意になると考えてよい．有意だからといってただちに，正規性を前提とした多くの統計手法を用いるのが間違いであるということにはならない．これらの手法にはある程度の頑健性があるからである．

必ずしも一般的ではないが，1つの目安として筆者らが用いている方法は，歪度と尖度を利用するものである．歪度や尖度は正規性のチェックをするための強力な統計量である．歪度や尖度は正規分布のときは0をとり，これらの絶対値が10を超えるようなときは，データ中に外れ値があるか，よほど歪んだ分布かのいずれかであり，データの吟味（グラフによる視察を含む）をやり直す．歪度や尖度の標準誤差は正規分布の下でそれぞれ $\sqrt{6/n}, \sqrt{24/n}$ となることが知られており，歪度や尖度の大きさとその標準誤差の大きさを比較するのが1つの目安になるだろう．筆者の経験からいえばとりたてて外れ値がなくても，1を超えるようなら，正規性を仮定しないノンパラメトリックな方法の採用を考える．少なくとも通常の方法と並行して，ノンパラメトリックな方法も実行し，それらの結果を比較するのがよいだろう．

抵抗性のある要約統計量と，幹葉表示，箱ひげ図，確率プロットなどのグラフ表示を道具として，形式的な理論にはあまりとらわれず，外れ値やデータの構造を探ろうとするのが探索的データ解析の精神である．探索的データ解析の道具としてどのようなものがあるかは，Hartwig & Dearing (1979)，渡部他 (1985) を参照するとよい．Tukey (1977) の原著は，一般的には非常に読みにくいように思われる．また，頑健性や外れ値に関する議論については，竹内・大橋 (1981) を参照されたい．

5-4　2変数間の関連の解析

個々の変数がどのような分布をもつか把握できたら，次に重要となるのは，ある変数とある変数とがいかに関連しているかということである．カテゴリー値からなる2つの質的変数の場合には，5-2節で示した FREQ プロシジャの2元クロス集計表によって，2つの変数の関連をみることができる．また，質的変数と連続変数の関連を視覚的に捉えるためには，5-3節で示した UNIVARIATE プロシジャの層別箱ひげ図を用いればよい．本節では，量的な変数どうしの関連を調べるために，散布図（scatter plot）を描く PLOT，GPLOT プロシジャと，相関係数（correlation coefficient）を算出する CORR プロシジャを紹介する．

5-4-1　(層別) 散布図の作成 (**PLOT** プロシジャ，**GPLOT** プロシジャ)
(1) 基本的な散布図の作成

親と子の身長はどれくらい関係があるものだろうか．あるいは，子の身長はどれくらい親の身長に影響されるものだろうか．このような問題を考えるとき，初めに行うべきことは，親と子の身長をそれぞれ横軸と縦軸にとった平面上に，親子の身長のオブザベーションをプロットした散布図を描いてみることである．

親子身長データ HEIGHT を PLOT プロシジャにかけて散布図を描いてみよう．ここでは，変数 STUDENT を縦軸，FATHER を横軸にとった散布図を作成してみる．プログラムは，

```
proc plot data = height;
    plot student*father = sex;
run;
```

となる．出力は，図表5.17である．学生の性別が識別できるように，学生が女子なら文字F，男子なら文字Mとしてプロットしている．

散布図を視察するときの要点は，次の点である．

- 外れ値はないか？
- クラスター（点の集合）はあるか？
- 2変数間の関連は？　直線的か曲線的か？　その強さは？
- 層ごとに2変数間の関係は異なるか？

これをみると，父親の身長（変数 FATHER）が高いほど，その子どもにあたる学生の身長（変数 STUDENT）が高くなる傾向がある．これは，女子学生にも男子学生にもあてはまる．

このように PLOT プロシジャは1つのオブザベーションに対する2つの変数の値をそれぞれ縦軸，横軸にとってプロットする．PLOT プロシジャの最も簡単な使い方は，

```
proc plot data = xyplot;
    plot y*x;
run;
```

である．この場合には，Yを縦軸，Xを横軸の変数としてプロットする．それぞれの軸は自動的にスケーリングされ，プロット文字は，その位置に測定値が1つなら文字A，2つ重なっているなら文字B，…というようになる．PLOT プロシジャでは，PROC PLOT ステートメントの他に，どの変数の散布図を描くのかを指定するための PLOT ステートメントが必要である．PLOT ステートメントで指定する変数のペアをリクエストという．1つの PLOT ステートメントには，

```
plot a*b c*d e*f;
```

というように，複数のリクエストを指定できる．また，

```
plot x*y = '*';
```

というように，イコール（=）の後に文字定数をつけると，その文字がプロット文字となる．

```
plot x*y = letter;
```

というように，第3の変数（この例では LETTER だが，文字変数でも数値変数でもよい）をつけると，その変数の値の最初の1文字が表示される．このような指定によって層別散布図を作成できる（これらの場合，オブザベーションの重なりはわからなくなるので，散布図の下に 'NOTE: n obs は表示されません' と，重なったオブザベーションの数が示される）．さらに，FREQ プロシジャのリクエストと同様に，

```
plot (x y)*a;
plot (x y)*(a b c);
```

のような省略記法が許される．これらはそれぞれ，

図表 5.17　PLOT プロシジャによる父親と子供の身長と層別散布図の作成

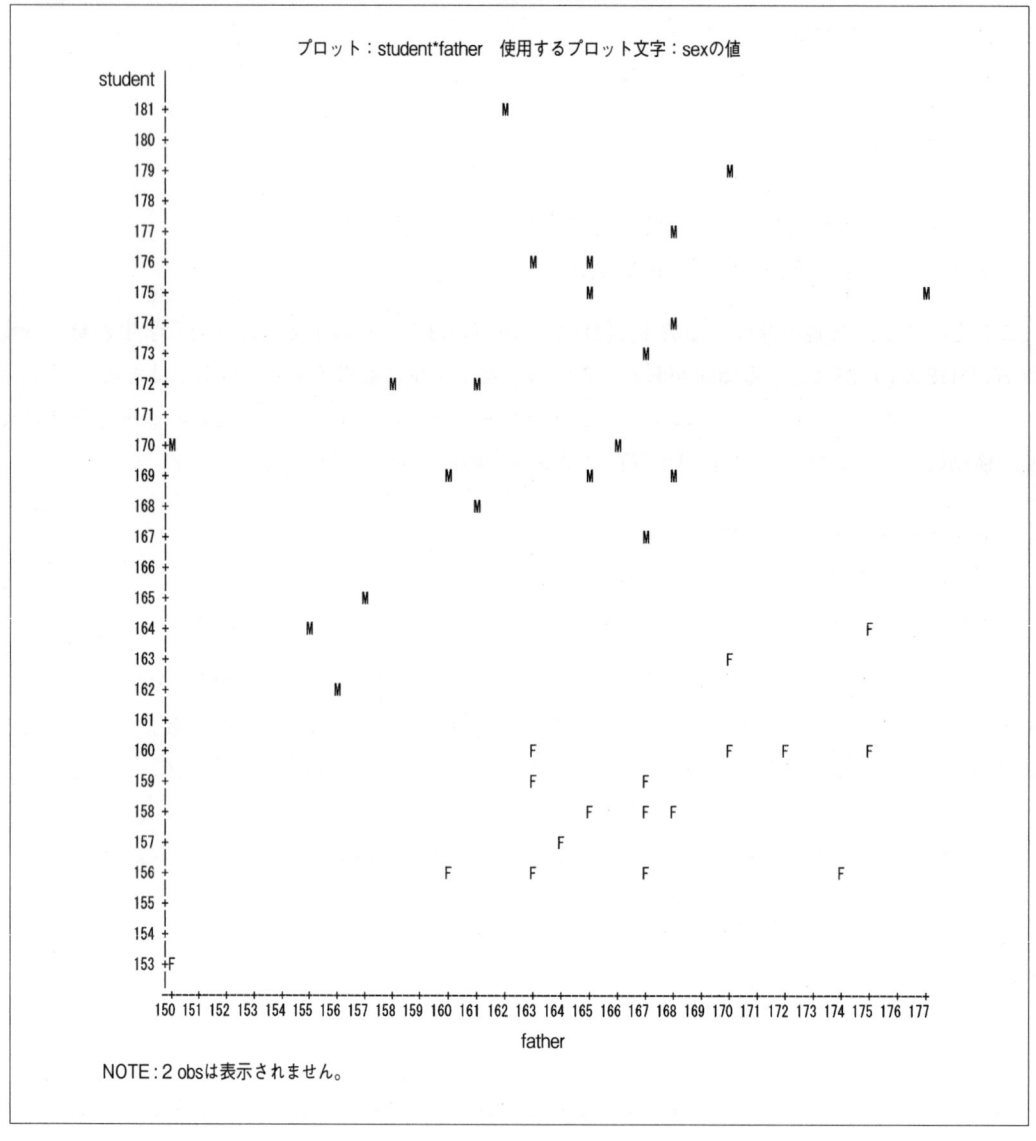

```
plot x*a y*a;
plot x*a x*b x*c y*a y*b y*c;
```

と指定したのと等価である．

　さて，このように PLOT プロシジャを用いて散布図を作成することができるが，キャラクターベースのグラフなので少々見ばえが悪い．SAS / GRAPH の GPLOT プロシジャを用いれば，高解像度デバイスにグラフを出力することができる．GPLOT プロシジャは PLOT プロシジャと基本的な構文は同じであり，より多様な機能（回帰直線を引いたり，スプライン補間を行うなど）をもっている．基本的には PROC PLOT ステートメントを PROC GPLOT に置き換えるだけで GPLOT プロシジャでグラフが作成できる．先の親子身長データで，GPLOT プロシジャを用いて

層別散布図を作成するプログラムは次のようになる．

```
proc gplot data = height;
   plot    student*father = sex;
   symbol1 c = red   v = * ;
   symbol2 c = blue  v = > ;
run;
```

　GPLOT プロシジャでは，プロットに用いるシンボルを SYMBOL ステートメントで指定しなければならない．SYMBOL1 で女子学生のプロットの色を赤（c = red），値を♀（v = *）でプロットすることを指定している．SYMBOL2 で男子学生のプロットの色を青（c = blue），値を♂（v = >）でプロットすることを指定している．* と > がそれぞれ♀と♂に対応する．出力は，図表 5.18 である．

(2) PLOT プロシジャの機能の紹介

　散布図の大きさや軸の目盛りの指定 PLOT プロシジャでは何も指定しなければ，散布図の大きさや軸の目盛りを自動的に設定するが，PLOT ステートメントに，散布図の大きさや形式を指定するためのオプションをつけることもできる．たとえば，

```
plot y*x / haxis = 0 to 10 by 2;
```

とすれば，横軸 X は 0 から 10 まで 2 ごとに目盛り（ティックマーク）がつけられる．こうしたオプションには多くの種類があるが，主なものだけ説明しておこう．

　PLOT プロシジャの出力する散布図全体の大きさは 1 ページに入るように自動的に調節されるので，OPTIONS ステートメントの LS =（1 行に出力する文字数の指定），PS =（1 ページに出力する行数の指定）などのオプションによってページの大きさを指定すればある程度調節することができる．GPLOT プロシジャの場合は，GOPTIONS ステートメントの VSIZE =（縦軸の長さ），HSIZE =（横軸の長さ）などによってグラフの大きさを調整することができる．やや細かい指定については，次のオプションを使うとよい．縦軸の指定は Vertical の頭文字の V をつけて，横軸の指定は horizontal の頭文字の H をつける．

VPOS (HPOS)	= 値	縦軸（横軸）の長さを指定する
VSPACE (HSPACE)	= 値	縦軸（横軸）の目盛り間の幅を行数で指定する
VAXIS (HAXIS)	= 値の並び	縦軸（横軸）の目盛りを指定する
VZERO (HZERO)		縦軸（横軸）の目盛りを 0 から始める
VREF (HREF)	= 値の並び	縦軸（横軸）上の値を指定して，基準線を引く

　2 つの変数が原点を通る回帰式によって表されるかどうかを調べるためには，VZERO, HZERO オプションを用いたほうがよいし，平均を表す軸をプロットしたい場合には，VREF =, HREF = オプションを用いればよい．

図表 5.18 GPLOT プロシジャによる父親と子供の身長と層別散布図の作成

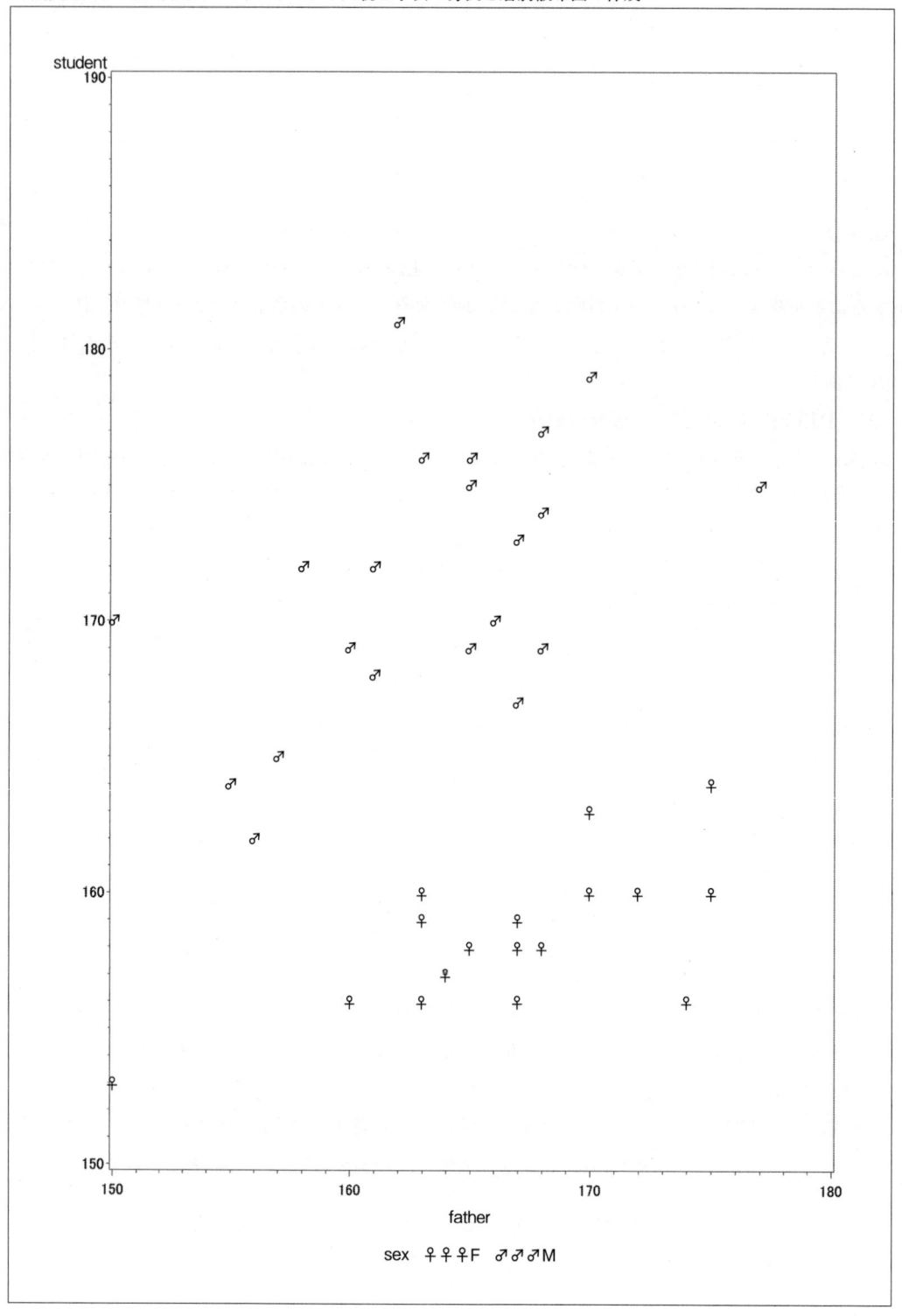

なお，BY ステートメントによっていくつかの散布図を出力するときに，PROC PLOT ステートメントの UNIFORM オプションを指定することによって，それらの軸のスケーリングを統一することができる．たとえば，

```
proc plot data = height uniform ;
   plot student*father;
   by   sex;
run;
```

とすると，STUDENT*FATHER の散布図が男女 1 枚ずつ描かれるが，それらは同じスケーリングがなされ，同じ目盛りで出力される．UNIFORM オプションを省略すると，男女別に異なった目盛りのグラフが出力され，男女間の比較が行いにくくなる．

また PLOT プロシジャでは，複数の PLOT ステートメントをおくことができる．そこで，たとえば，

```
proc plot data = height;
   plot student*father;
   plot student*father / vaxis = 145, 160, 175, 190
                        haxis = 145 to 190 by 15;
run;
```

のように，同じ変数のプロットを軸のスケーリングを変えて描いてみることも 1 つの PROC ステップの中で可能である．

複数の散布図の重ね合わせ

PLOT ステートメントでリクエストした複数のプロットを，1 つの散布図の中に重ねて出力することができる．このためのオプションが OVERLAY である．この場合，軸につけられる名前は最初のリクエストの変数名が使われるが，目盛りやスケーリングはすべてのプロット点が収まるように自動的に行われる．たとえば，

```
proc plot data = o_reg;
   plot y*x predict*x / overlay;
run;
```

のように指定する．回帰分析で実測値と予測値を一緒にプロットするときなどに便利なオプションである．

個体の識別文字のプロット

PLOT プロシジャの出力する散布図では，ある文字型変数の値をそのままプロットすることが可能である．

例として，父と子の身長のグラフをとりあげよう．プログラム例は，

```
    proc plot data = height;
        plot  student*father $ name;
        where sex = 'M';
    run;
```

となる．見やすくするため WHERE ステートメントを用いて，男性の個体のみをプロットさせている．結果を図表 5.19 に示す．重要な点は PLOT ステートメントで $name と指定することで，この指定を省略すると，プロット文字はすべて A, B, C, …等になる．また，

```
    plot student*father = name;
```

と指定するとプロット文字は変数 NAME の最初の 1 文字になる．

図表 5.19 をみると，一番背の高いのは関口君であるが，お父さんはそれほど背が高くない等のことが簡単に読み取れる．

PLOT プロシジャでは他にも CONTOUR オプションを用いて等高線プロットを作成するなどの機能がある．PLOT プロシジャおよび GPLOT プロシジャの使用例は本書の他の章にいくつか含まれているが，SAS マニュアルにも豊富に紹介されているので，ぜひ参照していただきたい．

PLOT プロシジャ（GPLOT プロシジャ）
　書式　PROC PLOT　オプション;
　　　　　　[BY　変数のリスト;]
　　　　　　[PLOT　リクエストの並び/オプション;]
　文例　proc plot data = class;
　　　　　　plot eigo*rika = sex / vzero hzero;
　　　　run;
　機能　2 つの変数を縦軸，横軸にとって散布図を描く．

5-4-2　相関係数の計算（CORR プロシジャ）
(1) CORR プロシジャによる相関係数の計算

一方の量的変数の値が大きくなるほど他方の量的変数の値が大きくなる（あるいは，小さくなる）というような直線的な関連のことを相関（correlation）という．相関の強さを測る尺度が相関係数（correlation coefficient）である．広い意味で相関という用語が用いられるときは，曲線的な関連（曲線相関）をも含めることがあるが，通常統計学で単に相関といえば直線相関のことをさす．

親子身長データセット HEIGHT を使って，父親と子，母親と子，父親と母親の身長の相関係数を求めてみよう．プログラムは次のようになる．

```
    proc corr data = height;
        var student father mother;
        by sex;
    run;
```

第 5 章　記述統計と予備的解析　　　　　　　　　　　　　　　　　133

図表 **5.19**　PLOT プロシジャによる散布図の作成（SEX=M）

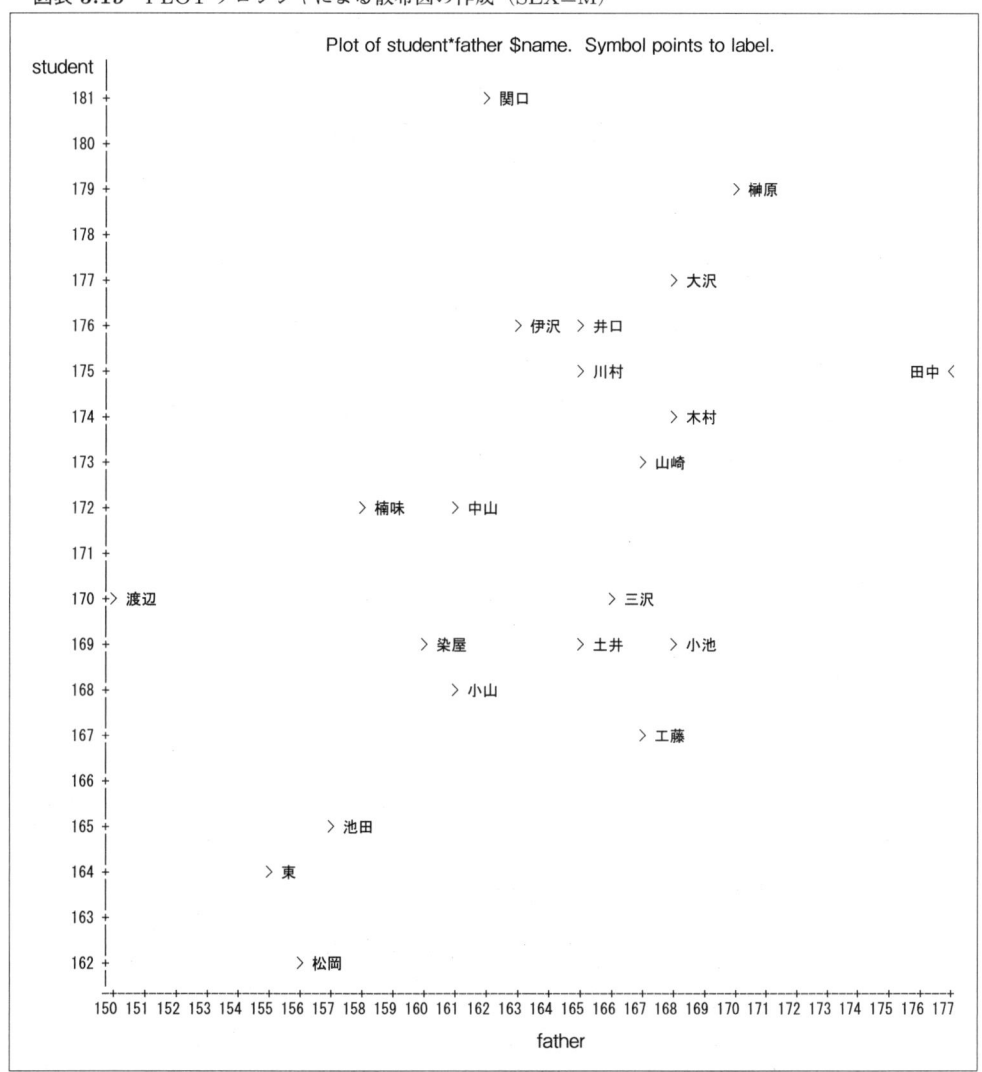

```
                  Plot of student*father $name.  Symbol points to label.
student
  181 +                         > 関口
  180 +
  179 +                                              > 榊原
  178 +
  177 +                                    > 大沢
  176 +                          > 伊沢  > 井口
  175 +                                   > 川村                        田中 <
  174 +                                    > 木村
  173 +                                > 山崎
  172 +              > 楠味    > 中山
  171 +
  170 +> 渡辺                           > 三沢
  169 +                  > 染屋    > 土井    > 小池
  168 +                         > 小山
  167 +                                    > 工藤
  166 +
  165 +         > 池田
  164 +    > 東
  163 +
  162 +      > 松岡
      +--+--+--+--+--+--+--+--+--+--+--+--+--+--+--+--+--+--+--+--+--+--+--+--+--+--+--+--+
      150 151 152 153 154 155 156 157 158 159 160 161 162 163 164 165 166 167 168 169 170 171 172 173 174 175 176 177
                                                father
```

　図表5.20がこの出力である．BY ステートメントで SEX を指定したので，学生の性別ごとに処理されている．初めにそれぞれの変数について，有効データ数 (N)，平均，標準偏差，合計，最小値，最大値といった統計量が出力される（オプション NOSIMPLE を指定すれば，これらの統計量の印刷は省略される）．そのあと，VAR ステートメントで指定した3つの変数，STUDENT, FATHER, MOTHER のすべてのペアの相関係数が相関行列（correlation matrix）の形で出力される．

　それぞれのセルの上段が相関係数で，下段が相関係数が 0 であるという仮説を検定したときの p 値である（ただし，2つの変数が2変量正規分布に従うことを前提としている）．父親と子の相関係数は高く，また p 値も 0.05 より小さいので，5%の有意水準で考えるならば相関係数が 0 であるという帰無仮説は棄却される．逆に母親と子の相関係数は 0 に近く，また p 値も 0.05 より大きいの

図表 5.20 CORR プロシジャによる相関係数の出力

CORR プロシジャ

sex=F

3 変数： student father mother

要約統計量

変数	N	平均	標準偏差	合計	最小値	最大値
student	19	158.52632	2.83565	3012	153.00000	164.00000
father	19	166.84211	5.90916	3170	150.00000	175.00000
mother	19	155.94737	4.63649	2963	145.00000	165.00000

Pearson の相関係数, N = 19
H0: Rho=0 に対する Prob > |r|

	student	father	mother
student	1.00000	0.64844 0.0027	-0.17525 0.4730
father	0.64844 0.0027	1.00000	-0.31868 0.1836
mother	-0.17525 0.4730	-0.31868 0.1836	1.00000

sex=M

3 変数： student father mother

要約統計量

変数	N	平均	標準偏差	合計	最小値	最大値
student	21	171.57143	4.97566	3603	162.00000	181.00000
father	21	163.28571	6.05097	3429	150.00000	177.00000
mother	21	154.38095	4.84227	3242	145.00000	165.00000

Pearson の相関係数, N = 21
H0: Rho=0 に対する Prob > |r|

	student	father	mother
student	1.00000	0.51411 0.0171	0.24992 0.2746
father	0.51411 0.0171	1.00000	-0.06875 0.7672
mother	0.24992 0.2746	-0.06875 0.7672	1.00000

で，相関係数が 0 であるという帰無仮説は棄却されない．したがって，相関係数は 0 であるとみなせる（このデータは現実のものであるが，こうした傾向が一般的にみられるのかどうかは明らかでない）．なお，父親と母親（すなわち夫婦）の身長の相関はほとんど 0 である．

CORR プロシジャは，通常 VAR ステートメントに含まれる変数の相関行列を作成するが（変数の数が多い場合には適当に分割して表示する），もし VAR ステートメントが省略されたときは，その SAS データセットのすべての数値変数が処理の対象となる．また，特定の変数と他の変数の相関についてのみ興味がある場合には，

```
proc corr data = data;
    var  x y z;
    with a b;
run;
```

というように VAR ステートメントと WITH ステートメントを指定することにより，上部に X, Y, Z, 側部に A, B をとって，

X と A, X と B
Y と A, Y と B
Z と A, Z と B

という組み合わせに対する相関係数のみを出力できる．重回帰分析を行う前段階の解析として目的変数を WITH ステートメントで，説明変数を VAR ステートメントで指定して目的変数と説明変数の単相関を調べるのに便利な機能である．

相関係数を計算するための変数ペアのどちらかに欠損値がある場合は，そのオブザベーションを除いて計算を行う．そこで，相関行列のセルごとに，計算に用いられたデータ数が異なってくる場合もあるので，セルごとに有効データ数（N）が表示される．ただし，

```
proc corr data = height nomiss;
run;
```

というように NOMISS オプションを指定すれば，欠損値が 1 つでもあるオブザベーションは使用されなくなる．後述するように，CORR プロシジャで作成した相関行列を REG プロシジャ，PRINCOMP プロシジャ，FACTOR プロシジャなどを使用して，さらに解析を進めるときには，通常は整合性をとるため NOMISS オプションを指定しておくべきであろう．

変数の数が多い場合に，相関係数の絶対値の大きい順に変数を並べ替えたり（RANK オプション），絶対値の大きい相関係数のみ出力する機能（BEST = オプション）もあるが，詳細は省略する．

> CORR プロシジャ
> 書式　PROC CORR オプション;
> 　　　　[VAR　変数名のリスト;]
> 　　　　[WITH　変数名のリスト;]
> 　　　　[BY　変数名のリスト;]
> 文例　proc corr data = school;
> 　　　　var bust waist hip;
> 　　　　with age height weight;
> 　　run;
> 機能　相関係数を算出し，相関係数が 0 であるかの検定を行う．

(2) 3 種類の相関係数

CORR プロシジャでは 3 種類の相関係数を計算できる．PROC CORR ステートメントのオプションとして，

　　PEARSON　　ピアソンの積率相関係数
　　SPEARMAN　スピアマンの順位相関係数
　　KENDALL　　ケンドールの順位相関係数

を指定することにより，それぞれの相関係数を計算し出力できる．とくに指定しない場合，出力されるのはピアソンの積率相関係数，

$$r_{XY} = \frac{\sum (X_i - \bar{X})(Y_i - \bar{Y})}{\sqrt{\sum (X_i - \bar{X})^2 \sum (Y_i - \bar{Y})^2}}$$

である．ここで，$\bar{X}, \bar{Y}$ は変数 X, Y の平均を表す．

スピアマンの順位相関係数は，X_i, Y_i の順位をそれぞれ R_i, S_i とし，それらの平均を $\bar{R}, \bar{S}$ としたとき，次の公式で求められる．

$$\rho_{XY} = \frac{\sum (R_i - \bar{R})(S_i - \bar{S})}{\sqrt{\sum (R_i - \bar{R})^2 \sum (S_i - \bar{S})^2}}$$

ただし，X_i, Y_i の中に同じ値（タイ）のものがある場合はそれらの平均順位が使われる．スピアマンの順位相関係数は，このようにデータを順位に変換してからピアソンの積率相関係数を求めたものである．

ケンドールの順位相関係数の公式は，

$$\tau_{XY} = \frac{\sum_{i<j} \mathrm{sign}(X_i - X_j)\mathrm{sign}(Y_i - Y_j)}{\sqrt{\{n(n-1)/2 - \sum t_k(t_k - 1)\}\{n(n-1)/2 - \sum u_l(u_l - 1)\}}}$$

である．ここで n はオブザベーションの数 $\mathrm{sign}(x)$ x の正，0，負に応じて 1，0，-1 となる関数，$t_k(u_l)$ は，X (Y) 値がタイになっているオブザベーションをまとめてグループにした場合，k 番目（l 番目）のグループが含むオブザベーション数である．簡単のためタイはないとすると，ケンドールの順位相関係数に対しては，オブザベーションを 2 つランダムに取り出したとき，2 つの変数の順序が一致する確率を p とすると，$\tau = 2p - 1$ であるというような解釈も可能である．

これら3種類の相関係数はいずれも-1から1の間の値をとる．値が正の場合には正の相関，値が負の場合には負の相関があるといわれ，0あるいは0に近い場合に無相関といわれる．積率相関係数が±1となるのは，オブザベーションが完全に直線の上に乗る場合であり，順位相関係数が±1となるのは，単調性が成り立つ場合である．すなわち，一方の変数の値でオブザベーションを並べ替えたとき，他方の変数についても完全に昇順あるいは降順に並んでいる場合である．順位相関係数は2つの変数の順序関係の情報のみから計算される尺度であり，（対数変換などの）単調な変換を変数に施しても値は変わらない．ピアソンの積率相関係数は厳密には2次元正規分布を前提としており，順序情報のみに意味があるような変数や，分布の歪みの大きな変数に対しては，変数間の独立性を調べる際にはこれらの順位相関係数を使うほうが好ましい．"ヘフディングのD統計量"と呼ばれる指標も計算されるようになったが，ここでは省略する．

CORRプロシジャでは，

```
proc corr data = height  pearson spearman;
run;
```

というように，複数の種類の相関係数を計算するよう指定することもできる．

(3) 相関係数に関する注意

相関係数を解釈する場合の主な注意を以下にまとめる．

1. 積率相関係数は2変数間の直線的な関係を表す指標である．$Y = X^2 (X \geq 0)$ のように単調な関数関係（X が大きくなるときは Y も必ず大きくなる，あるいは，必ず小さくなるという関係）が存在するときは，順位相関係数は1（あるいは-1）になるが，積率相関係数は1（あるいは-1）にならない．完全な関数関係が2つの変数間に存在しても，$Y = \sin X$ のように単調な関係でない場合には，相関係数は1（あるいは-1）とはならない．

2. 相関係数は測定の原点や単位によらない指標であるが，散布図をみたときの印象は，単位のとり方や目盛り幅によってかなり異なる．

3. 散布図をみての印象より，積率相関係数 r の絶対値は意外と大きいものである．逆にいうと，相関係数が0.8などといっても，散布図を描いてみるとそれほど強い相関にはみえない．人間の感覚は，むしろ r^2 に比例しているといわれている．

4. 積率相関係数 r は外れ値や分布の歪みに対して大きく影響を受け，抵抗性がない．図表5.21で，右上の外れ値を除くと積率相関はほとんど0であるが，外れ値を右上に離していくと，r はいくらでも1に近づく．順位相関係数は抵抗性があり，上の例では $\rho = 0.13$，$\tau = 0.04$ である．これらの値は外れ値を除いても大きくは変わらない．

5. 1変数の正規分布を2次元（多次元）に拡張した2変量（多変量）正規分布という理論分布の下では，ほぼ，

$$r = 2\sin\frac{\pi}{6}\rho$$
$$r = \sin\frac{\pi}{2}\tau$$

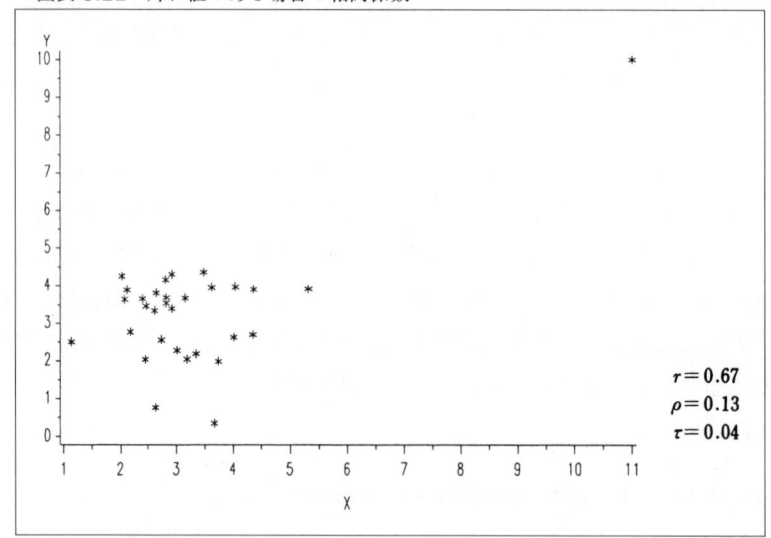

図表 5.21　外れ値のある場合の相関係数

$r = 0.67$
$\rho = 0.13$
$\tau = 0.04$

という関係が成り立つ．この式からのずれが大きい場合には，外れ値や分布の歪みの存在が示唆される．

6. 層別によって相関が大きく変わることがある．たとえば親子身長データにおいて，性別ごとに分けずに，

```
proc corr data = height;
   var student father mother;
run;
```

とすると，男女の身長差がばらつきの要因に加わることにより，図表 5.22 のように，STUDENTと FATHER の相関がほとんどなくなってしまう．図表 5.23 は，この状況を模式化したものである．(a), (b) は層内の強い相関が層をまとめることにより消失する例，(c) は逆に層をまとめることにより見かけ上の相関が現れる例である．

7. 相関の存在は因果関係の存在の示唆とはなりうるが，証拠とはなりえない．2 つの変数の双方と因果関係のある第 3 の変数のために，強い相関が生じることがしばしばある．たとえば，日本の会社では社員の血圧と給料の間に強い相関がある．しかし，給料が血圧の危険因子になっているわけではなく，両者の背後に年齢という共通の原因が存在しているのである．

8. サンプルサイズが大きくなると，たとえば 100 の場合には，相関係数が 0.2 程度の小さな値であっても「統計学的には有意」となる．「有意」とは「母相関係数が 0 である」という仮説は認められないということであり，その値自身に実質的な意味があるとは限らない．

(4) CORR プロシジャの生成する特殊 SAS データセット

CORR プロシジャは相関係数などの統計量を SAS データセットに出力することができる．次のプログラムを実行してみよう．

第5章　記述統計と予備的解析　　　　　　　　　　　　　　　　139

図表 5.22　男子学生と女子学生を一緒にしたときの父親と学生との身長の関係

```
                    CORR プロシジャ

              3 変数：  student  father  mother

                        要約統計量
  変数    N    平均      標準偏差    合計    最小値      最大値
  student 40  165.37500  7.74162   6615   153.00000   181.00000
  father  40  164.97500  6.17475   6599   150.00000   177.00000
  mother  40  155.12500  4.75118   6205   145.00000   165.00000

              Pearson の相関係数, N = 40
              H0: Rho=0 に対する Prob > |r|

                    student      father      mother
          student   1.00000      0.02273    -0.08705
                                 0.8893      0.5933
          father    0.02273      1.00000    -0.12400
                    0.8893                   0.4459
          mother   -0.08705     -0.12400     1.00000
                    0.5933       0.4459
```

```
proc corr data = height outp = o_corr noprint;
    var student father mother;
    by  sex;
proc print data = o_corr;
run;
```

PROC CORR ステートメントの OUTP = O_CORR というオプションによって，O_CORR という SAS データセットが生成される．次の PROC PRINT ステートメントによって，出力されたデータセット O_CORR の内容を図表 5.24 に示した．

このデータセットは特殊 SAS データセットの 1 つで，CORR 型データセットと呼ばれている．データセット中の変数として，次のものが含まれる．

　　BY 変数
　　オブザベーションのタイプを識別する変数　_TYPE_
　　元の SAS データセットの変数名を識別する変数　_NAME_
　　解析に使われた変数

変数 _TYPE_ の値によって，オブザベーションは次のように区別される．

　　MEAN　　各変数の平均

図表 5.23　グループ分けによる相関係数の変化

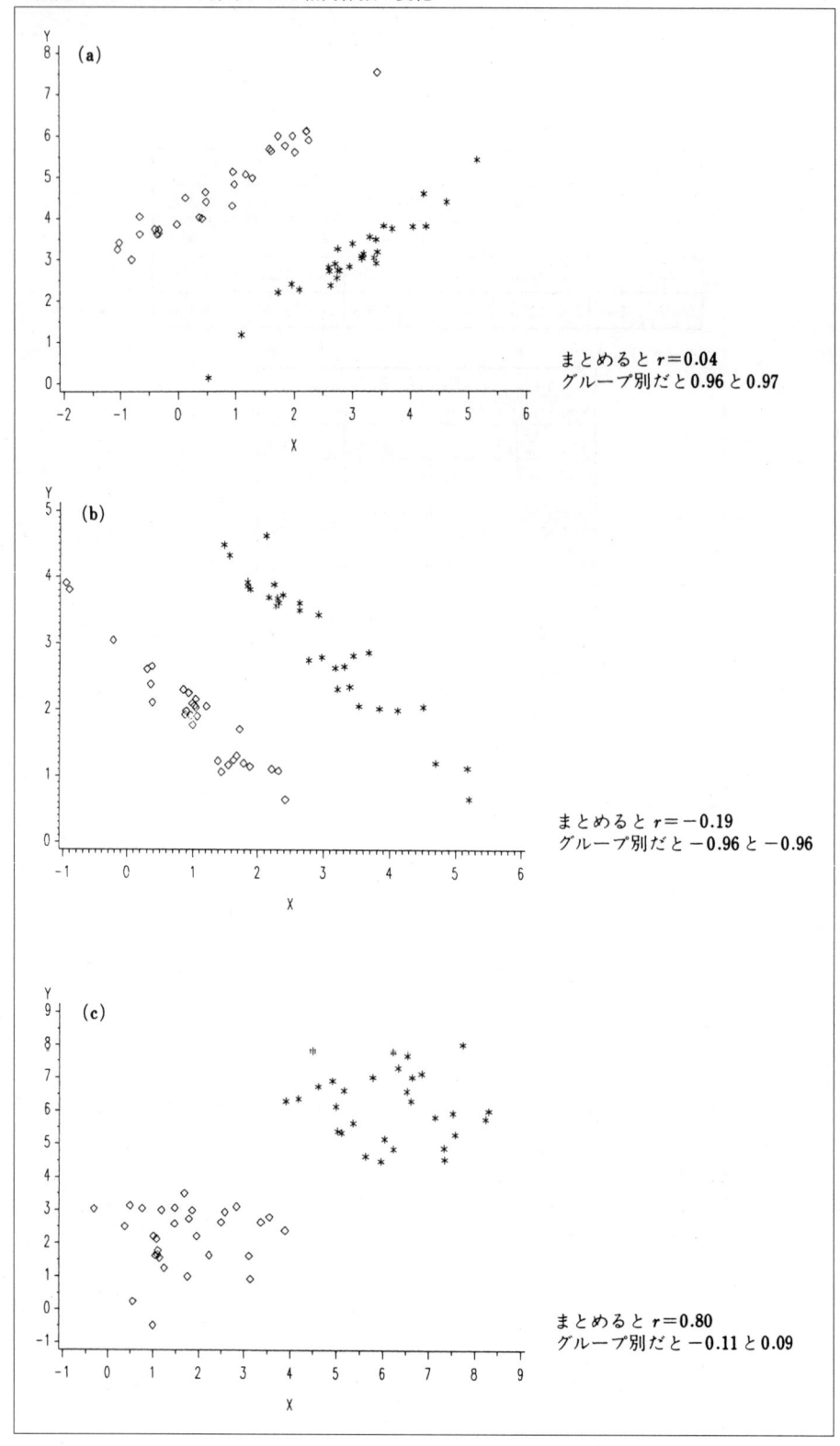

(a)

まとめると $r=0.04$
グループ別だと 0.96 と 0.97

(b)

まとめると $r=-0.19$
グループ別だと -0.96 と -0.96

(c)

まとめると $r=0.80$
グループ別だと -0.11 と 0.09

第 5 章　記述統計と予備的解析　　　　　　　　　141

図表 5.24　O_CORR 型特殊 SAS データセットの内容

OBS	sex	_TYPE_	_NAME_	student	father	mother
1	F	MEAN		158.526	166.842	155.947
2	F	STD		2.836	5.909	4.636
3	F	N		19.000	19.000	19.000
4	F	CORR	student	1.000	0.648	-0.175
5	F	CORR	father	0.648	1.000	-0.319
6	F	CORR	mother	-0.175	-0.319	1.000
7	M	MEAN		171.571	163.286	154.381
8	M	STD		4.976	6.051	4.842
9	M	N		21.000	21.000	21.000
10	M	CORR	student	1.000	0.514	0.250
11	M	CORR	father	0.514	1.000	-0.069
12	M	CORR	mother	0.250	-0.069	1.000

　STD　　　各変数の標準偏差
　N　　　　各変数における有効なオブザベーション数
　CORR　　それぞれの変数と _NAME_ 変数で指定される変数との相関係数

上記のプログラムでは OUTP = オプションにより，ピアソンの積率相関係数を含む SAS データセットを出力したが，次のオプションのいずれも指定できる．

　　OUTP = SAS データセット　　　ピアソンの積率相関係数の出力
　　OUTS = SAS データセット　　　スピアマンの順位相関係数の出力
　　OUTK = SAS データセット　　　ケンドールの順位相関係数の出力
　　OUTH = SAS データセット　　　ヘフディングの D 統計量の出力

　また，PROC CORR ステートメントで COV オプションや SSCP オプションを指定した場合には，共分散行列（COV）や平方和積和行列（SSCP）が OUTP = で指定した SAS データセットに含まれる．

　次の章以降で紹介する REG や FACTOR プロシジャでは，生データのみならず，相関係数行列，共分散行列，平方和積和行列を読み込んで解析することも可能である．生データの次元が大きいときには，直接 REG や FACTOR プロシジャに読み込んで解析すると時間がかかる場合がある．このようなときには CORR プロシジャで，相関係数行列の形に直しておいてから解析するのが 1 つの手である．

（5）　その他の **CORR** プロシジャの機能

　1. クロンバックの α 係数（Cronbach's coefficient alpha）が計算可能である．これは，あるテストが複数の下位テストから構成されている場合，そのテストの信頼性の下限を与える測度である．

　2. 偏相関係数（partial correlation coefficient）を求めることが可能である．

偏相関係数を説明するために小学生の身長と体重の相関について考えてみよう．小学生について身長と体重と年齢の関連を調べた結果，次のような相関係数行列が得られたとしよう．

	体重 x	身長 y	年齢 z
体重	1.00	0.90	0.85
身長	0.90	1.00	0.85
年齢	0.85	0.85	1.00

この結果をみると身長と体重の間に 0.9 という非常に高い相関がある．しかしながら，これは見かけ上の関連である可能性がある．なぜなら，年齢とともに身長も体重も増えるのが普通であり，身長と体重に直接強い関連があるというよりは，年齢と身長，年齢と体重に相関があることによって見かけ上の相関を生じさせているのかもしれない．そこで，年齢の身長と体重に対する影響を除いておいてから，身長と体重の関連を調べたいという要求が生じる．このような目的のために使われるのが偏相関係数である．偏相関のことを英語では partial correlation と呼ぶ．これは全体の相関のうちある変数の影響を除いた部分的な相関といった意味である．偏相関係数を CORR プロシジャで計算するプログラム例を示す．

```
proc corr data = taikaku;
    var     weight height;
    partial age;
run;
```

偏相関係数は，年齢を独立変数として，体重と身長をそれぞれ従属変数として回帰分析を行ったときの残差どうしの相関係数である．z の影響を除いた x と y の相関係数は次の式に従って計算される．

$$r_{xy \cdot z} = \frac{r_{xy} - r_{xz} r_{yz}}{\sqrt{(1 - r_{xz}^2)(1 - r_{yz}^2)}}$$

この例では，

$$r_{xy \cdot z} = \frac{0.9 - 0.85 \cdot 0.85}{\sqrt{(1 - 0.85^2)(1 - 0.85^2)}} = \frac{0.1775}{0.2775} = 0.6396$$

となり，年齢の影響を除くと，体重と身長の相関は 0.64 まで下がり，それほど高い相関があるわけではない．2 変数以上の影響を調整する場合も，残差どうしの相関係数を計算していることになるが，一般式については SAS マニュアルを参照してもらいたい．

(6) 2 次元正規分布と相関係数

ピアソンの積率相関係数は 2 次元正規分布を前提に導かれるものである．2 次元正規分布の確率密度関数 $f(x, y)$ は次式で与えられる．

$$f(x, y) = \frac{1}{2\pi \sigma_x \sigma_y \sqrt{1 - \rho^2}} \exp\left[\frac{-1}{2(1 - \rho^2)} \left\{ \frac{(x - \mu_x)^2}{\sigma_x^2} + \frac{(y - \mu_y)^2}{\sigma_y^2} - \frac{2\rho(x - \mu_x)(y - \mu_y)}{\sigma_x \sigma_y} \right\} \right]$$

ここで，μ_x, μ_y は確率変数 X と Y の平均，σ_x, σ_y は X と Y との分散，ρ が X と Y の相関係数である．2 次元正規分布の確率密度をグラフに描いてみよう．このためには G3D プロシジャの 3 次元プロット，GCONTOUR プロシジャの等高線プロットが便利である．

$\mu_x = \mu_y = 0, \sigma_x = \sigma_y = 1, \rho = 0.6$ としたときの確率密度を描くプログラムを示す．GOPTIONS ステートメントは等高線プロットの縦軸と横軸の長さをほぼ等しくするための指定であり，VSIZE = 8 HSIZE = 4.5 によって，縦と横がそれぞれ 8，4.5 インチで出力される．

```
data normal;
    r = 0.6; pai = 3.141593;
    c = (1 / (2*pai* (1 - r**2) ** 0.5));
        do x = - 2 to 2 by 0.1;
            do y = - 2 to 2 by 0.1;
                d = c*exp (-(0.5 / (1 - r**2) * (x**2 - 2*r*x*y + y**2)));
                output;
                end;
            end;
run;
proc g3d data = normal;
    plot y*x = d / rotate = 20 tilt = 40;
goptions vsize = 8 hsize = 4.5;
run;
proc gcontour data = normal;
    plot y*x = d / llevels = 1, 2, 3, 4, 5, 6, 7;
run;
```

X と Y を -2 から 2 まで変化させたときの確率密度の 3 次元プロットと，等高線プロットをそれぞれ図表 5.25，5.26 に示した．図表 5.26 に示したように確率密度の等高線は傾いた楕円になる．楕円の中心（確率密度の山の頂上）が (μ_x, μ_y) である．楕円の軸は $Y = X$ と $Y = -X$ である．相関が高くなると，$Y = X$ の軸の回りに等高線が狭まってくる．このように 2 次元正規分布ではデータが楕円状に分布する．データの分布の全体的な形状が楕円にならない場合は，ピアソンの積率相関係数は信頼できない．

(7) **3 変数間の関連の 3 次元プロット**

いままで 2 変数間の関連を調べる方法を説明してきた．3 変数以上の関連を一緒に調べるにはどのようにすればよいだろうか．この場合にも 1 変数ごとの解析，2 変数間の関連を調べるのが基本である．このような解析を行った上で，さらに進んだ解析として多変量解析がある．多変量解析については本テキストでは，第 7 章，第 8 章で紹介している．また，3 変数の関連を図示する方法としては，3 次元プロットがある．

親子身長データで，女子学生について，父親の身長，母親の身長，学生の身長の 3 次元プロット

図表 5.25　2次元正規分布の G3D プロシジャによる3次元プロット

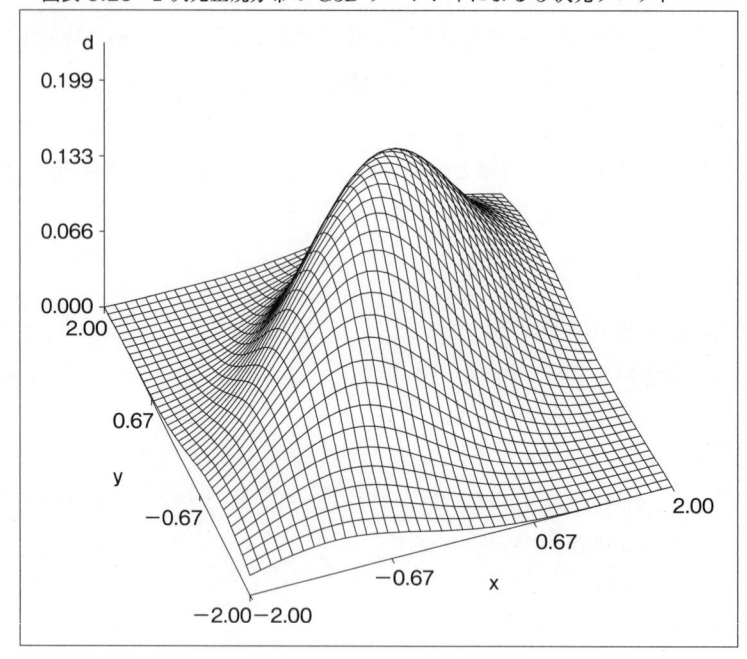

図表 5.26　2次元正規分布の GCONTOUR プロシジャによる等高線プロット

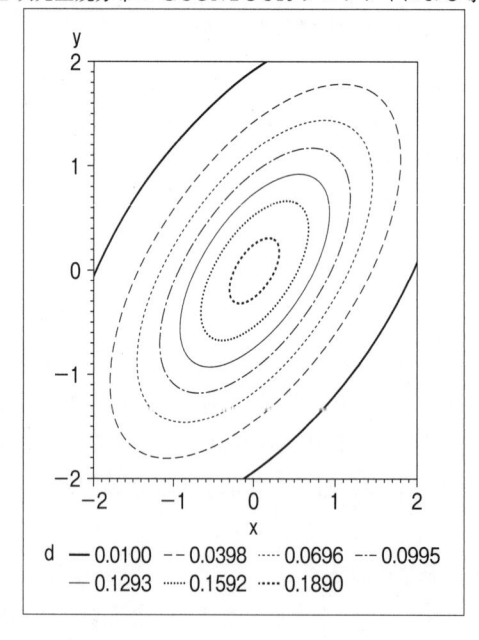

第 5 章 記述統計と予備的解析

のプログラムと出力を示す（図表 5.27）．

```
proc g3d data = height;
   scatter father*mother = student;
   where   sex = 'F';
run;
```

図表 5.27 親子身長データの G3D プロシジャによる 3 次元プロット

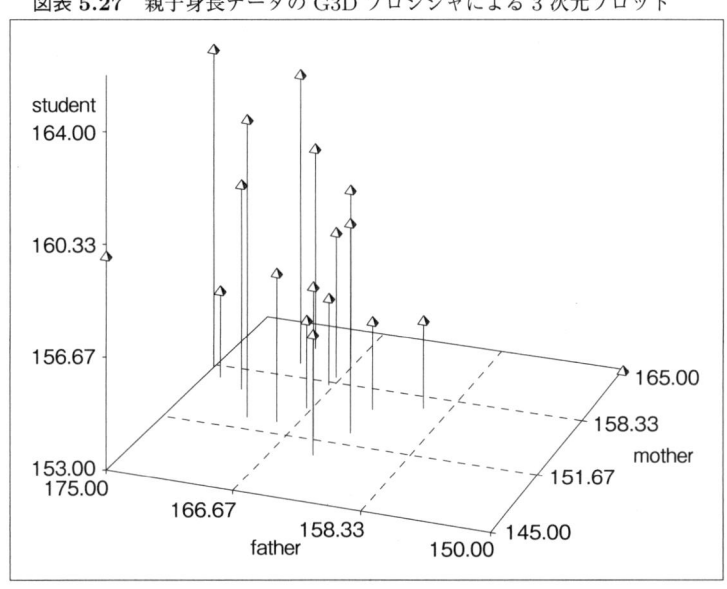

第6章 統計的検定入門

6-1 検定の基礎

6-1-1 検定の原理，帰無仮説，p 値，有意水準

新製造条件と旧製造条件の2種類で実験を行って，ある化合物の収量を何回か測定したとする．その結果，新製造条件のほうが旧製造条件より収量の平均が高かったとしよう．この収量の差は（統計学的に）意味のあるものであろうか，それとも偶然によって生じる程度のものなのだろうか．このような判定の問題に答えるのが**統計的仮説検定**（statistical hypothesis test）である．検定では"差がある"という仮説を直接は証明できない．なぜなら"差がある"ということを証明するためには，差の大きさがどれくらいであるか特定しておく必要があるのだが，我々は差があるかどうかを知りたいのであって，事前に差の大きさを特定することはできないからである．

統計的仮説検定では，少々ひねくれた背理法的な論理を用いて判定を行う．最初に主張したい"差がある"ということと反対の"差がない"という仮説を立てる．この仮説は，本来無に帰すべき仮説として**帰無仮説**（null hypothesis）と呼ばれ，記号 H_0 で表される．帰無仮説の下で現実のデータを評価し，もし偶然では説明できないほどデータが帰無仮説からずれていれば"差がない"という仮説は間違っていたとして，"差がある"と判定する．"差がある"という仮説を，統計学では帰無仮説に対立するものとして，**対立仮説**（alternative hypothesis）と呼び，記号 H_1 で表す．帰無仮説からのずれが偶然の範囲ならば，結論を保留する．

偶然の範囲を調べるために，得られたデータより大きな差が帰無仮説の下で生じる確率を計算する．この確率を **p 値**（p value）と呼ぶ．p 値が小さければ，帰無仮説は確率的には起きそうにないことを意味する．言い換えれば，p 値が小さいときは，現実のデータと帰無仮説との間に偶然ではめったに生じない差があることになる．そこで p 値があらかじめ決めたある値以下であれば，差がないという帰無仮説を棄却し，データの差に意味がある（有意：significant）とみなす．このある値のことを**有意水準**（significance level）と呼び，0.05 または 0.01 に設定することが多い．

たとえばコインを5回投げて，5回とも表であったというデータから，そのコインの表と裏が出る確率が等しく 0.5 であるという仮説を検定する手順を図表 6.1 に示す．

SAS の多くのプロシジャで Prob, Pr > F, Pr > Chi-square, Pr > |t| 等の出力がみられる．これらの出力はすべて検定の結果を表す p 値である．Prob も Pr も probability（確率）の略である．F, Chi-square, |t| は検定統計量と呼ばれるものであり，データを1つの数に縮約し，p 値を通じ

図表 6.1　コイン投げによる例

検定のフロー	コイン投げによる例
1. 差がないという仮説を立てる.	コインの表と裏が出る確率が等しいという仮説を立てる.
2. 実験を行ってデータをとる.	表が 5 回続けて出る.
3. 仮説の下で 5 回以上続けて表が出る確率を計算する.	$0.5 \times 0.5 \times 0.5 \times 0.5 \times 0.5 = 0.03125$
4. 判定	片側 5%の有意水準でコインに偏りがあると判断する.

仮説とデータとのずれを測る一種のフィルターである．検定統計量は通常は，（絶対）値が大きいほど大きな差があることを意味する．実際に得られた検定統計量と，差がないという仮説の下での理論分布と比較することによって検定が行われる．2 群の平均の差の両側 t 検定（両側検定と片側検定については後述する）であれば，データから t 統計量（の絶対値）を計算して，t 分布と比較する．t 分布は差がないという仮説の下での，t 統計量の理論分布である．t 統計量の絶対値が t 分布の両側 5%点より大きければ，仮説の下では実際に得られた t 統計量より大きな値が得られる確率は 5%より小さいので，5%水準で有意と判断する．

ところで，有意水準を 5%とする必然性はなく，10%や 1%の有意水準で検定が行われる場合もある．そこで SAS では任意の有意水準で検定が行えるように，帰無仮説の下で実際に得られた統計量より大きな統計量が得られる確率を出力する．これが前述の p 値である．p 値が 0.05 より小さければ 5%の有意水準で有意であり，0.01 より小さければ 1%の有意水準で有意である．SAS では得られた統計量より大きな統計量が理論分布で得られる確率ということで，p 値を "Prob >統計量" とラベルして出力する．p 値によって任意の有意水準で検定を行うことができる．

どのような検定統計量を用いるかはデータ型，検定の種類ごとに決まっている．たとえば 2 群の平均の差の t 検定では t 統計量（t），比率（割合）の違いのカイ 2 乗検定についてはカイ **2 乗統計量**（χ^2），分散比の F 検定については F 統計量（F）を用いる．当然検定統計量（の絶対値）が大きくなれば p 値は小さくなるが，p 値は確率であるので 0–1 の間の値をとる．

6-1-2　検定に関する注意
（1）　有意水準と p 値

検定は判断規則であり，規則である以上，有意水準は検定を行う前に設定すべきであり，検定結果は "有意"，"有意でない" の 2 通りに表現されるとするのが，（ステレオタイプの）ネイマン・ピアソン（Neyman-Pearson）流の考え方である．これは，品質管理における抜き取り検査（有意のときにはロットを返却する）のモデル化でもあり，p 値は，検定の繰り返し適用という仮想的な状況を通じて，いわば間接的に解釈される．一方，p 値を仮説とデータのずれとしてより積極的に解釈しようとするのが，フィッシャー（Fisher）流の立場であり，両者の間には激しい論争があった．これらを含む統計的推測の原理については，渋谷・竹内（1962）などを参照されたい．

（2） 検定の結果の表記

5%水準で有意であれば*をつけ，1%水準で有意であれば**をつける習慣があるが，検定の結果を示すには単に*，**等のアスタリスクによって示すのではなく p 値も併記するのが望ましい．それは同じ 1%の水準で有意であっても，p 値が 0.009 と 0.00001 のときでは結果の解釈がかなり異なるからである．また用いた検定の種類，後述の片側検定であるか両側検定であるかを明記する必要がある．

（3） 統計学的な有意性と実質的な有意性

検定の結果が有意ということは偶然とは考えがたい差があるということで，その差に実質的な意味があるかどうかは別問題である．また，検定の結果はサンプルサイズ★に大きく依存する．サンプルサイズが非常に大きい場合には，実用上意味がないような小さな差まで検出してしまうし，サンプルサイズが小さすぎれば実用上意味のある差が見逃されている可能性が高くなる．帰無仮説が成立しない場合に正しく仮説を棄却する確率を**検出力**（power）という．事前に期待できる実質的にも意味がある差の下で，検出力をある程度以上（通常 80%あるいは 90%以上）に保つようにサンプルサイズを決定するのが"サンプルサイズの設計"である．

> ★ たとえば新製造条件と旧製造条件の 2 群で，それぞれ 20 個の試料について実験したとしよう．このとき，標本数は 2 で標本の大きさ（sample size）は各 20 であるという．

（4） 有意水準 5%の伝説

有意水準 5%は数学的にはまったく根拠がなく，経験的に選択されている数字であるが，人間が偶然かどうかを判断する基準と直観的にかなりマッチしている．1989 年のプロ野球日本シリーズで巨人は（当時の）近鉄に 3 連敗した後 4 連勝して日本一になった．力量が五分五分のチームが戦って 3 連敗する確率は（各試合が独立と仮定して）$0.5 \times 0.5 \times 0.5 = 0.125$ である．3 連敗くらいなら，偶然と考えてもそれほどおかしなことではない．翌 1990 年の日本シリーズでは，巨人は西武に 4 連敗して敗れ去った．巨人と西武が五分五分の強さだとして，巨人が 4 連敗する確率は $0.5 \times 0.5 \times 0.5 \times 0.5 = 0.0625$ である．この確率は 5%の有意水準に近い．いくら熱烈な巨人ファンでも 4 連敗もすると巨人と西武の強さが五分五分であると客観的に考える人は少ないだろう．ただし，2003 年には逆に巨人が西武に 4 連勝して優勝した．

（5） 片側検定と両側検定

コイン投げの例において，計算した p 値 0.03125 は片側検定のものである．**片側検定**（one-sided test）とは，帰無仮説からずれる方向が上下あるとして，そのうち片方しか想定していない検定である．この例では対立仮説として表が出やすいということを想定している．これに対し，帰無仮説からずれる方向に上下両方とも想定している検定を**両側検定**（two-sided test）という．コインの例で両側検定を考えると，対立仮説として表が出やすい場合と出にくい場合の両方を想定していることになる．両側検定では裏が 5 回続けて出るのも，表が 5 回続けて出るのと同程度に極端な事象であるため，p 値は表が 5 回続けて出る確率と裏が 5 回続けて出る確率を足しあわせる（0.03125 +

0.03125 = 0.0625)．通常は片側検定より両側検定が行われることが多く，SAS の多くのプロシジャでデフォルトで出力されるのは両側検定の p 値である．両側検定の p 値は，分布が対称な場合には片側検定の p 値の 2 倍になる．

以下，代表的な統計的検定法である t 検定，ウイルコクソン検定，カイ 2 乗検定を SAS で実行する方法を示す．

6-2 対応のない2群の平均の差のt検定（TTEST プロシジャ）

分布が正規分布に従っていることを前提とした 2 群の平均の差の t 検定は，SAS では TTEST プロシジャで行うことができる．次の例題は実際に海外で行われた臨床研究のデータを修飾したものである．この研究では，36 人の患者を，脂質の摂取方法として，バターあるいはマーガリンを中心とした食事療法の 2 群に無作為に 18 人ずつ割り付けて，35 日後に LDL コレステロールの値（単位：mg/dl）を測定した．2 つの群で同一の食事が与えられたが，総カロリーのうち 30% は脂質で供給され，バター群ではそのうち 2/3 をバターで，マーガリン群では 2/3 をマーガリンで供給した．バターには動物性脂肪として飽和脂肪酸が多く含まれるが，マーガリンには植物性脂肪として不飽和脂肪酸が多く含まれ，この 2 種類の脂肪酸の血清脂質に対する影響を調べることが，研究の主な目的であった（実際の研究では，開始時の脂質の値も測定され，開始時からの，% 変化を主な指標としていたが，簡便のため以下では開始後の値のみを用いて説明する）．データセット TTEST において，バター群とマーガリン群の LDL コレステロールの平均に差があるかを調べてみる．TTEST プロシジャでは CLASS ステートメントによって，群を表すための分類変数を指定し，VAR ステートメントで検定する変数を指定すればよい．プログラム例は次のようになる．

```
data ttest;
do group = 1 to 2;
 do id   = 1 to 18;
  input y @@;
   datalines;
       181    190    177    171    203    158
       188    171    229    228    174    200
       166    168    202    164    168    187
       176    129    181    185    151    126
       166    182    151    140    167    156
       208    138    228    145    203    142
  ;
  output;
 end;
end;
run;
```

第6章 統計的検定入門

```
proc ttest data = ttest;
    class group;
    var y;
run;
```

このプログラムを実行したときの出力は図表6.2のようになる.

図表 6.2 TTEST プロシジャによる t 検定

SAS システム

TTEST プロシジャ

変数：y

group	N	平均	標準偏差	標準誤差	最小値	最大値
1	18	184.7	20.8095	4.9048	158.0	229.0
2	18	165.2	28.5998	6.7410	126.0	228.0
Diff (1-2)		19.5000	25.0098	8.3366		

group	手法	平均	平均の 95% 信頼限界		標準偏差	標準偏差の 95% 信頼限界	
1		184.7	174.4	195.1	20.8095	15.6152	31.1965
2		165.2	151.0	179.4	28.5998	21.4609	42.8752
Diff (1-2)	Pooled	19.5000	2.5580	36.4420	25.0098	20.2298	32.7679
Diff (1-2)	Satterthwaite	19.5000	2.4987	36.5013			

手法	分散	自由度	t 値	$\Pr > |t|$
Pooled	Equal	34	2.34	0.0253
Satterthwaite	Unequal	31.06	2.34	0.0259

等分散性				
手法	分子の自由度	分母の自由度	F 値	$\Pr > F$
Folded F	17	17	1.89	0.2000

最初にバター群とマーガリン群のそれぞれの LDL コレステロールについての要約統計量が出力される．続いて 2 種類の t 検定の結果として，t 統計量（t 値），自由度，p 値（$\Pr > |t|$）が出力される．t 統計量は 2 つの群の平均の差をその標準偏差で割ったものである．"分散" のカラムが Equal の行には，ステューデント（**Student**）の t 検定，Unequal の行にはウェルチ（**Welch**）の検定の結果が出力されている．ウェルチの検定は 2 群の分散が等しくないときに用いるべき検定で，逆にステューデントの t 検定は分散が等しいときに用いるべき検定である．どちらの検定の結果を採用すべきかは，一番下に出力されている 2 群の分散比の F 検定の結果によって判断する．分散は標準偏差を 2 乗したもので，2 群の分散のうち大きいほうを小さいほうで割ったものが F 統

計量になる.

この例では,

$$F = 6.7410^2/4.9048^2 = 1.89$$

である.

2群で母分散が等しいときには, F 統計量は, 1を平均とした F 分布に従うことが知られている. F 統計量と F 分布のパーセント点を比較することによって p 値は計算される. この例では p 値は 0.200 であるので有意水準を 5% とすれば, 分散が等しいという仮説は棄却されず, 分散は等しくないとはいえないと判断する. したがって, Equal の行の p 値をみると, 0.0253 であるので, 5% の有意水準で, バター群とマーガリン群は有意な差があると結論を下すことができる.

t 検定の注意
(1) 対象とする母集団

バター群とマーガリン群のデータが, 対象とする疾患患者の母集団からランダムに抽出した標本とみなすことができれば, この検定の結果よりバター群とマーガリン群では平均 LDL コレステロールが異なると結論づけることができる. しかし, このデータがある病院からランダムに抽出したもので, この病院の患者が対象患者を代表しない場合には, 結論はデータを抽出した病院に限定される. 検定を行う場合には常に母集団としてどのようなものを想定し, データがどのようにしてとられたかを意識する必要がある. 検定統計量の値が同じであっても, データのサンプリング方式が異なれば結論の一般化の程度は異なったものになる.

(2) ステューデントの t 検定とウェルチの検定の前提条件

　　ステューデントの t 検定の前提条件：正規性＋等分散性

　　ウェルチの検定の前提条件　　　　：正規性

正規性が成り立ちかつ等分散のときに, 平均の差を検定するには, ステューデントの t 検定を用いるのが普通である. 正規性はあるが等分散性でないときには, ウェルチの検定を用いるのが普通である. ステューデントの t 検定とウェルチの検定はともに正規性を前提としており, 正規分布から大きくずれた分布のデータにこれらの検定を適用するのは誤りである. 正規性が成り立っていない場合には, 適当な変数変換を行ってから t 検定を行うか, NPAR1WAY プロシジャを用いてウイルコクソン検定を行ったほうがよい.

(3) 分散比の F 検定

F 検定の結果が有意であるが, ウェルチの検定では有意でない場合がある. このようなケースでは2群で平均的な差はないが, ばらつきの大きさは異なるわけであるから, 2群の間で何らかの違いがあることを認めてその実質的な意味について考察すべきである.

また, F 検定は外れ値や分布の裾の重さに対して敏感であり, 少数の外れ値の存在で有意になりやすいことに注意すべきである. この例では F 検定の有意水準を 5% と考えたが, ステューデントの t 検定とウェルチの検定のどちらを用いるかを判断するための予備検定として用いる場合には, 有意水準を 0.15 から 0.25 くらいにしたほうがよいと主張する統計学者もいる.

(4) 検定の多重性

3群以上の多群でデータが構成されている場合に，比較したい2群を抜き出して繰り返しt検定を行うと検定の多重性の問題が生じる．検定を多数行うことによって，1回の比較あたりの有意水準を制御しても，全体の比較のうちのどれか1つが偶然で有意になる確率は，有意水準よりかなり大きくなってしまうのである．とくに医学系の雑誌では多重性の問題について神経質であり，これが原因で論文が差し戻されることがあるので注意が必要である．多群間の平均の比較を行って検証的な結論を導きたい場合には，第7章で紹介する適切な多重比較法を用いることをすすめる．

TTEST プロシジャ

書式　PROC　TTEST　オプション；
　　　　CLASS　変数；
　　　　[VAR　変数のリスト；]
　　　　[BY　　変数のリスト；]

文例　proc ttest data = school;
　　　　class sex;
　　　　var kokugo suugaku;
　　run;

機能　対応のない2群の平均の差のt検定を行う．

6-3 ウイルコクソンの順位和検定（NPAR1WAYプロシジャ）

特定の分布を仮定しないでデータの順位情報のみを使って2群の差を検定する方法としてウイルコクソン（Wilcoxon）の順位和検定がよく知られている．この検定は"マン・ホイットニー（Mann-Whitney）検定"と呼ばれるものと等価である．SASではウイルコクソンの順位和検定をNPAR1WAYプロシジャで行うことができる．データセットTTESTでバター群とマーガリン群のLDLコレステロールの差についてウイルコクソンの順位和検定を行ってみよう．NPAR1WAYプロシジャの書式はTTESTプロシジャと基本的に同じである．プログラム例を次に示す．

```
proc npar1way data = ttest wilcoxon;
   class group;
   var y;
run;
```

NPAR1WAYプロシジャでは他にもいくつかのノンパラメトリック検定が可能であり，プログラム中でWILCOXONオプションを指定することによってウイルコクソンの順位和検定を行うことができる．

このプログラムを実行したときの出力は図表6.3のようになる．

図表 6.3 NPAR1WAY プロシジャによるウイルコクソンの順位和検定

SAS システム

NPAR1WAY プロシジャ

変数 y に対する Wilcoxon スコア（順位和）
分類変数：group

group	N	スコアの合計	H0 のもとでの期待値	H0 のもとでの標準偏差	平均スコア
1	18	404.0	333.0	31.592721	22.444444
2	18	262.0	333.0	31.592721	14.555556

同順位には平均スコアを使用しました。

Wilcoxon の順位和検定（2 標本）

統計量	404.0000
正規近似	
Z	2.2315
片側 Pr > Z	0.0128
両側 Pr > |Z|	0.0256
t 分布で近似	
片側 Pr > Z	0.0161
両側 Pr > |Z|	0.0321

Z には 0.5 の連続性の補正が含まれています。

Kruskal-Wallis 検定

カイ 2 乗	5.0506
自由度	1
Pr > Chi-Square	0.0246

ウイルコクソンの順位和検定では，最初に生データを順位に変換し，それぞれの群ごとに順位の和を計算する．出力では，'スコアの合計'のカラムに女子学生と男子学生のそれぞれの順位和が示されている．'H_0 のもとでの期待値'は，2 群で分布が等しいという帰無仮説の下での順位和の期待値である．Z 統計量は順位和の小さいほうの群，サンプルサイズが同じ場合には先にインプットしたほうの群の順位和に基づいて次のように計算される．

$$Z = \frac{|\text{順位和（'スコアの合計'）} - \text{順位和の期待値（'}H_0\text{のもとでの期待値'）}| - 0.5}{\text{順位和の標準偏差（'}H_0\text{のもとでの標準偏差'）}}$$

$$= \frac{|404.0 - 333.0| - 0.5}{31.592721} = 2.2315$$

上の式で 0.5 は，p 値の近似精度を上げるための連続修正（次ページ参照）を行うのに足される

もので，一般に検定統計量の絶対値が小さくなる方向に連続修正は行われる．また検定統計量"カイ2乗値"は，連続修正を行わずに Z を計算して 2 乗したものである．

$$\text{カイ2乗値} = \frac{(404.0 - 333.0)^2}{(31.592721)^2} = 5.0506$$

連続修正を行って検定を行いたい場合は p 値として，$\Pr > |Z|$ を，連続修正を行わずに検定を行いたい場合は $\Pr > \text{Chi-Square}$ によって検定する．この例では，どちらで検定を行っても p 値は 0.05 未満で 5% 水準で有意である．

ウイルコクソンの順位和検定の注意
(1) クラスカル・ワリス（Kruskal-Wallis）検定

2 群の t 検定を多群の場合に拡張して，3 群以上の群間で平均に差があるかを調べる方法が一元配置分散分析である．同様の関係がウイルコクソンの順位和検定とクラスカル・ワリス検定の間にもある．言い換えれば，クラスカル・ワリス検定を 2 群で行ったものが，ウイルコクソンの順位和検定である．NPAR1WAY プロシジャは，TTEST プロシジャと異なり，3 群以上の場合でも検定することができる．このとき出力されるのがクラスカル・ワリス検定のカイ 2 乗統計量である．

(2) 連続修正

連続的な計量データと異なり，順位は離散的な値しかとれない．このような順位データに対してカイ 2 乗型の統計量をそのまま用いると，名義有意水準より実質の有意水準は大きくなってしまうことがある．実質の有意水準を名義有意水準以下に制御するための工夫が連続修正である．連続修正を行うと検定統計量の絶対値が小さくなり，p 値は連続修正を行わない場合に比べ大きくなる．連続修正を行うべきか否かについても統計学者間で意見の違いがある．

(3) どのような場合にウイルコクソンの順位和検定を用いればよいのか？

1. 分布が一山でないとか，非対称である場合など正規性が成り立たない場合． ただし正規性が成り立つ場合でも，サンプルサイズがある程度大きくなれば t 検定に比べて少し検出力（有意になりやすさ）が低下するものの，それほど性質が悪いわけではない．

2. 順序カテゴリカルデータ

データが，$-$，$\pm$，$+$，$++$ 等で示される場合がある．このようなデータについては平均を求めることはできないし，また $-$ と $\pm$ の間隔，$\pm$ と $+$ の間隔も等しいわけではない．しかしながら，$\pm$ は $-$ より，$+$ は $\pm$ より程度がよいという順序関係はわかるので，順位和検定は行える．実際には $-$，$\pm$，$+$，$++$ に 1，2，3，4 の数値を与えて NPAR1WAY プロシジャで解析すればよい．

3. 検出限界以下のデータが存在する場合

分析データでは"検出限界以下"という形でのデータが得られる場合がある．このようなデータについては，たとえば検出限界が 1 ppm であれば，実際の値が 0.1 ppm であっても 0.7 ppm であっても 1 ppm 以下として同じ扱いを受ける．このようなケースを"打切り"が存在するという．打切りデータが存在する場合でも 1 ppm 以下は 2 ppm や 3 ppm よりは小さいという順序関係はわかるので，順位和検定は行える．

NPAR1WAY プロシジャ
書式　PROC　NPAR1WAY　オプション;
　　　CLASS　変数;
　　　[VAR　変数のリスト;]
　　　[BY　変数のリスト;]
文例　proc npar1way data = school;
　　　class　sex;
　　　var　　rika　syakai;
　　　run;
機能　対応のない 2 群（または多群）のノンパラメトリック検定を行う.

6-4　対応のある 2 群の検定（UNIVARIATE プロシジャ）

対応のある検定とは，たとえば次のような例で用いられる．

ある薬物を 8 匹の犬に投与して，血液中の成分 A を測定したところ，次の結果を得た．投与前後で A の濃度に差があるかを調べたい．同一の個体について，投与前と投与後の値が測定されている．投与前のデータ 8 件は，投与後のデータ 8 件と犬の個体番号によって対応づけられる．

犬の番号	1	2	3	4	5	6	7	8	平均
投与前	3.51	3.07	3.29	3.03	3.38	3.30	3.15	3.25	3.24750
投与後	3.39	3.39	3.20	3.11	3.17	3.09	3.17	3.09	3.20125
差	0.12	−0.32	0.09	−0.08	0.21	0.21	−0.02	0.16	0.04625

対応のある t 検定はデータから個体ごとに投与前と投与後の差を求めて，その差が 0 であるかを検定する．このため差の平均をそのばらつきの大きさと比較する．

SAS では TTEST プロシジャによって対応のある検定を行うことができる．次にプログラム例を示す．

```
data pair;
   input x y @@;
   dif = x - y;
cards;
 3.51  3.39  3.07  3.39  3.29  3.20  3.03  3.11
 3.38  3.17  3.30  3.09  3.15  3.17  3.25  3.09
 ;
run;
proc ttest data=pair;
   paired x*y;
run;
```

図表 6.4.1 TTEST プロシジャによる対応のある検定

```
             TTEST プロシジャ
                差： x - y

   | N | 平均   | 標準偏差 | 標準誤差 | 最小値  | 最大値 |
   | 8 | 0.0462 | 0.1806  | 0.0639  | -0.3200 | 0.2100 |

   | 平均   | 平均の 95% 信頼限界 |        | 標準偏差 | 標準偏差の 95% 信頼限界 |        |
   | 0.0462 | -0.1048             | 0.1973 | 0.1806  | 0.1194                  | 0.3676 |

               | 自由度 | t 値 | Pr > |t| |
               |   7    | 0.72 | 0.4924    |
```

　TTEST プロシジャを実行したときの出力は，図表 6.4.1 のようになる．この検定の p 値は 0.4924 となり 5%水準で有意ではない．また，UNIVARIATE プロシジャでは，ある変量の平均が 0 であるかを検定する対応のある t 検定に加えて，メディアンが 0 であるかを検定する 2 種類の検定が用意されている．次に示すプログラム例のように，1 変量解析用の UNIVARIATE プロシジャに差の変数（DIF）を指定する．

```
    proc univariate data = pair;
       var dif;
    run;
```

このプログラムを実行したときの出力は，図表 6.4.2 のようになり，位置の検定のところに対応のある検定の結果が表示される．

　　対応のある t 検定　　　平均が 0 かを調べるステューデントの t 検定
　　符号検定　　　　　　　群間差の符号（±）を考慮してメディアンが 0 かどうかを調べる検定
　　符号付き順位和検定　　群間差の符号と順位和を考慮してメディアンが 0 かどうかを調べる検定

それぞれの検定の p 値は 0.4924, 0.7266, 0.3594 でいずれも 5%水準で有意ではない．このことから薬物投与によって，成分 A の濃度は変化しないことがわかる．

対応のある t 検定の注意
（1）対応のあるデータに対応のない t 検定を適用すると
　対応のあるデータに対して，対応を無視して形式的に対応のない t 検定を適用することも可能であるが，これはまずい方法である．対応のない t 検定では，投与前と投与後のそれぞれの平均を求めて，その差が 0 であるかどうかを検定することになる．対応のある t 検定では，これとは逆に先に個体ごとに投与前と投与後の差を求めてから平均を計算する．t 検定を検定する分子自体は，対応のある t 検定（差の平均）でも対応のない t 検定（平均の差）でも等しいが，対応のない t 検定

図表 6.4.2　UNIVARIATE プロシジャによる対応のある検定

UNIVARIATE プロシジャ
変数：dif

モーメント

N	8	重み変数の合計	8
平均	0.04625	合計	0.37
標準偏差	0.18062886	分散	0.03262679
歪度	−1.3152288	尖度	1.51109886
無修正平方和	0.2455	修正済平方和	0.2283875
変動係数	390.54889	平均の標準誤差	0.06386195

基本統計量

位置		ばらつき	
平均	0.046250	標準偏差	0.18063
中央値	0.105000	分散	0.03263
最頻値	0.210000	範囲	0.53000
		四分位範囲	0.23500

位置の検定 H0: Mu0=0

検定	統計量		p 値	
Student の t 検定	t	0.724218	Pr > |t|	0.4924
符号検定	M	1	Pr >= |M|	0.7266
符号付順位検定	S	7	Pr >= |S|	0.3594

分位点（定義 5）

分位点	推定値
100% 最大値	0.210
99%	0.210
95%	0.210
90%	0.210
75% Q3	0.185
50% 中央値	0.105
25% Q1	−0.050
10%	−0.320
5%	−0.320
1%	−0.320
0% 最小値	−0.320

UNIVARIATE プロシジャ
変数：dif

極値

最小値		最大値	
値	Obs	値	Obs
−0.32	2	0.09	3
−0.08	4	0.12	1
−0.02	7	0.16	8
0.09	3	0.21	5
0.12	1	0.21	6

では，ある個体は成分 A の濃度が生まれつき高く，ある個体は低いといった個体差が誤差に含まれるため，個体差が大きい場合には対応のある t 検定に比べて有意になりにくい．対応のある t 検定では，先に投与前と投与後の差をとることによって，A の濃度の個体差が誤差から除かれるので，差の検出感度が上がる．手続きとしては次のようなことになる．

　　　対応のある t 検定：個体ごとに投与前と投与後の差をとってから平均を求める．
　　　対応のない t 検定：投与前と投与後の平均を求めて差をとる．

(2) 3 種の対応のある t 検定の使い分け

対応のある t 検定では差の分布に正規分布を前提としている．ウイルコクソンの符号付き順位和検定や符号検定では，正規分布でなくても対称分布であれば，すなわち前と後の変数の分布が同じであればかまわない．外れ値に対する頑健性は，

　　　符号検定　⟶　符号付き順位和検定　⟶　対応のある t 検定

の順であり，分布が正規分布のときの検出力はちょうどこの逆順である．

(3) p 値のデータセットへの出力

3 種類の検定の検定統計量と p 値が ODS あるいは OUTPUT ステートメントによってデータセットに落とせるようになった．対応のある検定を行う目的のみの場合には UNIVARIATE プロシジャの出力は冗長である．必要なら NOPRINT オプションを指定して，PRINT プロシジャで検定の結果のみ出力し直したほうがよい．統計量と p 値のキーワードを示す．

	統計量	p 値
対応のある t 検定	T	PROBT
符号検定（条件付き 2 項検定）	MSIGN	PROBM
符号付き順位和検定	SIGNRANK	PROBS

先の例で対応のある t 検定で対応のある t 検定の結果をデータセット O_UNI に落としたいときは次のように指定すればよい．T = と PROBT = によって変数名を指定する．

```
proc univariate data = pair noprint;
    var dif;
    output out = o_uni t = t probt = p;
run;
```

6-5　カイ 2 乗検定とフィッシャーの正確検定（FREQ プロシジャ）

2 × 2 の分割表

分割表（contingency table）はあるクラス（分類）に含まれる対象の数を表にしたものである．分割表の中で最もよく使われるのが 2 × 2 の分割表である．分割表は**クロス集計表**とも呼ばれる．これはデータを行・列 2 方向に配置した A と B によって分類し，度数を示したものである．

たとえば次のような形式のデータを扱う．具体例として，40人の患者をランダムに20人ずつ対照群と薬物投与群に分け，一定期間経過後の疾患の治癒を調べた結果を 2×2 の分割表にまとめたとしよう．

2×2 の分割表

一般型

要因A/要因B	B1	B2	計
A1	f_{11}	f_{12}	$f_{1\cdot}$
A2	f_{21}	f_{22}	$f_{2\cdot}$
計	$f_{\cdot 1}$	$f_{\cdot 2}$	$f_{\cdot\cdot}$

具体例

処置/治癒	なし	あり	計
対照	13	7	20
薬物投与	8	12	20
計	21	19	40

このような分割表について，要因Aと要因Bの関連に興味がおかれる場合がしばしばある．具体例では対照群では治癒しなかった患者の数が多く，薬物投与群では治癒した患者の数が多くなっている．このような傾向が統計学的に意味があるのか，言い換えれば2つの要因の独立性を検定するのが，2×2 の分割表のカイ2乗検定である．SAS ではカイ2乗検定を FREQ プロシジャで実行することができる．プログラム例を示す．

```
data exp_1;
    input treat $ resp $ w;
    cards ;
    control   -   13
    control   +    7
    treat     -    8
    treat     +   12
    ;
run;
proc freq data = exp_1;
    tables resp*treat / chisq norow nocol nopercent;
    weight w;
    output out = out_freq pchi ajchi exact;
run;
proc print data = out_freq;
run;
```

FREQ プロシジャでは TABLES ステートメントで最初に行方向の分類を表す変数を指定し，* をはさんで列方向の分類を表す変数を指定する．この指定によって分割表が作成される．カイ2乗検定を行うためには / (スラッシュ) の後で，CHISQ オプションを指定する．FREQ プロシジャでは WEIGHT ステートメントで，観測値の度数を表す変数を指定することができる．この例では，変数 W によって観測値の度数を表している．

"カイ2乗値" の行の "値" のカラムに出力されているのがピアソン (Pearson) のカイ2乗統計量で，その隣が p 値である．この例ではカイ2乗統計量は 2.506，p 値は 0.113 で5%の有意水

準では，処置と治癒の間に関連があるとはいえない．ピアソンのカイ 2 乗検定の他によく用いられるのは，連続修正カイ 2 乗検定とフィッシャーの正確検定（Fisher's exact test）である．いずれの検定の結果も有意ではない．

FREQ プロシジャによる検定に対する注意
(1) ピアソンのカイ 2 乗検定

検定統計量は，それぞれのセルについての，

(観測度数 − 期待度数)^2/期待度数

という値の総和として求められる．期待度数 E_{ij} は，2 つの要因が独立であるという仮定の下で計算される．

$$E_{ij} = f_{..} \times (f_{i.}/f_{..}) \times (f_{.j}/f_{..})$$
$$= f_{i.} \times f_{.j}/f_{..}$$

i 行 j 列の期待度数は，そのセルを含む行と列の周辺度数（$f_{i.}$, $f_{.j}$）の比率（割合）の積に全体の度数（$f_{..}$）をかけたものとなる．この検定は，帰無仮説の下でカイ 2 乗統計量の分布がサンプルサイズが大きくなるにつれ，カイ 2 乗分布で近似できることに基づく．近似が良いためには条件が必要であり，多くの統計の教科書では，セルの最小期待度数が 5 以上でなくてはならないと書かれている．FREQ プロシジャでは，この条件を満たさないときは，WARNING が出力される．この場合にはフィッシャーの正確検定を用いたほうがよい．また，カイ 2 乗検定は 2 群の出現比率（割合）の違いの検定としても解釈できる．今の例で言えば，対照群と薬物投与群で治癒率はそれぞれ 0.35 と 0.60 である．これを母比率（割合）の推定値と考えて，2 群間に違いがあるかを調べる検定の一種がカイ 2 乗検定である．

(2) 連続修正を行ったカイ 2 乗検定

計量データと異なり，度数は離散的な値しかとれない．このような度数に対して行った検定統計量をそのままカイ 2 乗近似すると，名義有意水準より実質の有意水準は大きくなってしまう．実質有意水準を名義有意水準以下に保つための工夫が連続修正である．検定統計量を求める式は次のように変更される．

(| 観測度数 − 期待度数 | −0.5)^2/期待度数

この例では，カイ 2 乗統計量は 1.604, p 値は 0.205 でピアソンのカイ 2 乗検定の結果とはかなり異なっている．一般に連続修正を行ったカイ 2 乗検定の結果は，次に述べるフィッシャーの正確検定の結果にたいへん近くなることが知られている．これは"イェーツ（Yates）の補正"とも呼ばれ，期待度数が 5 以下のセルがある場合には，通常のカイ 2 乗を使うより好ましいとされている．

(3) フィッシャーの正確検定（Fisher Exact Test）

フィッシャーの正確検定として 左側，右側，両側 の 3 種類の p 値が出力されるが，検定統計量は出力されてない．フィッシャーの正確検定では，得られたパターンより極端な事象が起こる確率を直接計算する．このため"フィッシャーの直接確率計算"と呼ばれる場合もある．

図表 6.5　FREQ プロシジャによる 2 × 2 の分割表のカイ 2 乗検定

FREQ プロシジャ

度数　表：resp * treat

resp	treat control	treat	合計
+	7	12	19
−	13	8	21
合計	20	20	40

resp * treat の統計量

統計量	自由度	値	p 値
カイ 2 乗値	1	2.5063	0.1134
尤度比カイ 2 乗値	1	2.5334	0.1115
連続性補正カイ 2 乗値	1	1.6040	0.2053
Mantel-Haenszel のカイ 2 乗値	1	2.4436	0.1180
ファイ係数		−0.2503	
一致係数		0.2428	
Cramer の V 統計量		−0.2503	

Fisher の正確検定

セル (1,1) 度数 (F)	7
左側 Pr <= F	0.1025
右側 Pr >= F	0.9719
表の確率 (P)	0.0744
両側 Pr <= P	0.2049

標本サイズ = 40

OBS	_PCHI	DF_PCHI	P_PCHI	_AJCHI	DF_AJCHI	P_AJCHI	XPL_FISH	XPR_FISH	XP2_FISH
1	2.50627	1	0.11339	1.60401	1	0.20534	0.10246	0.97192	0.20493

　図表 6.5 では，行方向と列方向の周辺度数がそれぞれ 19，21，20，20 となっている．フィッシャーの正確検定では，帰無仮説の下で周辺度数を固定して，対角線上への偏りが実際のデータより極端なパターンが起きる確率を足し合わせる．左側では以下に示す 1 行 1 列のセルが少なくなっていく方向のパターンが起きる確率を足し合わせる．

$$\begin{bmatrix} 8 & 13 \\ 12 & 7 \end{bmatrix} \begin{bmatrix} 7 & 14 \\ 13 & 6 \end{bmatrix} \begin{bmatrix} 6 & 15 \\ 14 & 5 \end{bmatrix} \begin{bmatrix} 5 & 16 \\ 15 & 4 \end{bmatrix} \begin{bmatrix} 4 & 17 \\ 16 & 3 \end{bmatrix} \begin{bmatrix} 3 & 18 \\ 17 & 2 \end{bmatrix} \begin{bmatrix} 2 & 19 \\ 18 & 1 \end{bmatrix} \begin{bmatrix} 1 & 20 \\ 19 & 0 \end{bmatrix}$$

右側は，逆に 1 行 1 列のセルが多くなっていく方向のパターンが起きる確率を足し合わせたものである．両側は周辺度数を固定して得られるパターンのうち実際に得られたパターンより，起きる確率が小さいパターンの確率を足し合わせたものである．この例では両側検定の p 値が 0.205 で，連続修正を行ったカイ 2 乗検定の p 値（0.205）と等しくなっている．行列のいずれかの周辺度数が 1：1 なら片側検定の p 値のうち小さいほうを 2 倍したものが，正確に両側検定の p 値に一致する．

(4) 検定結果のデータセットへの出力

FREQ プロシジャでは必要以上に多くの検定結果が出力され，目障りな場合がある．これに対しては，OUTPUT ステートメントによって必要な統計量のみをデータセットに落とすことが可能である．160 ページのプログラム例では，OUTPUT ステートメントの PCHI オプションによってピアソンのカイ 2 乗検定の結果，AJCHI オプションによって連続修正を行ったカイ 2 乗検定の結果，EXACT オプションによってフィッシャーの正確検定の結果をデータセット OUT_FREQ に落としている．それぞれの結果は次の変数名で出力されている．

PCHI	ピアソンのカイ 2 乗検定のカイ 2 乗統計量
P_PCHI	ピアソンのカイ 2 乗検定の p 値
AJCHI	連続修正を行ったカイ 2 乗検定のカイ 2 乗統計量
P_AJCHI	連続修正を行ったカイ 2 乗検定の p 値
XPL_FISH	フィッシャーの正確検定の左側 p 値
XPR_FISH	フィッシャーの正確検定の右側 p 値
XPZ_FISH	フィッシャーの正確検定の両側 p 値

$r \times c$ 分割表

2×2 の分割表を拡張して，一般の r 行 c 列の分割表に関して，行と列の関連を FREQ プロシジャを用いて調べることが可能である．ある調査で，都市別（変数 CITY）に，応援するセ・リーグのプロ野球チーム（変数 TEAM）を調査し 441 人のデータが得られた．このデータを元に，都市と応援するチームに関連があるかを調べてみる．

```
data baseball；
    do city = '東京', '大阪', '広島', '福岡';
    do team = '広島', '中日', '巨人', 'ヤクルト', '阪神', '横浜';
        input w @@;
        output;
        end;
    end;
    cards;
    14   9  54  22  24  14
    14  16  19   9  39   8
    38  11  16   7  21   8
```

```
        22  10  34   6  17   9
      ;
   run;
   proc freq data = baseball order = data;
      tables city*team / chisq;
      weight w;
   run;
```

FREQ ステートメントの ORDER = DATA は，データセットに入力された順に分割表の分類の水準を出力するための指定である．この指定を行わないと，分類の各水準はアルファベット順に並べられて出力される．

2×2 の分割表の場合，カイ 2 乗統計量は帰無仮説の下で近似的に自由度 1 のカイ 2 乗分布に従ったが，$r \times c$ の分割表の場合，自由度が $(r-1) \times (c-1)$ のカイ 2 乗分布に従う．この例では $r = 4$，$c = 6$ であるから，自由度は $3 \times 5 = 15$ になる．

出力の"カイ 2 乗値"の行より，カイ 2 乗統計量，p 値がそれぞれ，67.067，< 0.0001 であることがわかる．この確率はきわめて小さいので，CITY と TEAM は独立ではなく，都市によって人気のある野球チームは異なると考えるべきであることがわかる．図表 6.6 に出力結果を示す．

FREQ プロシジャについての注意

（1） 度数，パーセント，行のパーセント，列のパーセント

FREQ プロシジャでは，クロス集計表で 4 種類の統計量を出力する"度数"が生の頻度で，"パーセント"は度数を全体の総数で割った相対頻度である．"行のパーセント"は，セルの頻度をセルの属する行の頻度を 100 として表したときの相対頻度である．"列のパーセント"は，セルの頻度をセルの属する列の頻度を 100 として表したときの相対頻度である．相対頻度の出力を省略したいときは TABLES ステートメントで，NOPERCENT，NOCOL，NOROW オプションを指定すればよい．

（2） フィッシャーの正確検定

2×2 の分割表と同様に，$r \times c$ の分割表に対するカイ 2 乗検定は，検定統計量がサンプルサイズが大きくなるとカイ 2 乗分布で近似できることに基づく．サンプルサイズが小さかったり頻度 0 のセルが多かったりすると，近似は悪くなる．このような場合，正確な検定を行ったほうがよい．FREQ プロシジャでは $r \times c$ の分割表についても EXACT オプションを指定すれば，フィッシャーの正確検定に準じた直接確率検定を行うことができる．たとえば先のプログラム例で次のように指定を変更すればよい．

```
      tables city*team / chisq exact;
```

ただし，正確な検定はサンプルサイズが大きいときには非常に時間がかかり，パソコンでは事実上計算するのが不可能である場合もある．

図表 6.6 FREQ プロシジャによる $r \times c$ の分割表のカイ 2 乗検定

FREQ プロシジャ

度数
パーセント
行のパーセント
列のパーセント

表：city * team

city	広島	中日	巨人	ヤク	阪神	横浜	合計
東京	14 3.17 10.22 15.91	9 2.04 6.57 19.57	54 12.24 39.42 43.90	22 4.99 16.06 50.00	24 5.44 17.52 23.76	14 3.17 10.22 35.90	137 31.07
大阪	14 3.17 13.33 15.91	16 3.63 15.24 34.78	19 4.31 18.10 15.45	9 2.04 8.57 20.45	39 8.84 37.14 38.61	8 1.81 7.62 20.51	105 23.81
広島	38 8.62 37.62 43.18	11 2.49 10.89 23.91	16 3.63 15.84 13.01	7 1.59 6.93 15.91	21 4.76 20.79 20.79	8 1.81 7.92 20.51	101 22.90
福岡	22 4.99 22.45 25.00	10 2.27 10.20 21.74	34 7.71 34.69 27.64	6 1.36 6.12 13.64	17 3.85 17.35 16.83	9 2.04 9.18 23.08	98 22.22
合計	88 19.95	46 10.43	123 27.89	44 9.98	101 22.90	39 8.84	441 100.00

city * team の統計量

統計量	自由度	値	p 値
カイ 2 乗値	15	67.0667	<.0001
尤度比カイ 2 乗値	15	64.4900	<.0001
Mantel-Haenszel のカイ 2 乗値	1	8.7031	0.0032
ファイ係数		0.3900	
一致係数		0.3633	
Cramer の V 統計量		0.2252	

標本サイズ = 441

（3）順序カテゴリカルデータ

カイ 2 乗検定はカテゴリー間順序を無視した検定である．たとえば野球のデータで東京と大阪の入力順を入れ換えても結果は変わらない．これに対しカテゴリーの間に順序関係がある場合がある．実験条件の温度を何段階かに変えたものをカテゴリーとしたり，優，良，可，不可というグレードをカテゴリーとする場合がある．このようなデータを"順序カテゴリカルデータ"と呼ぶ．順序カテゴリカルデータに対して，ピアソンのカイ 2 乗検定を用いて検定するのは適切でない．FREQ プロシジャには順序を考慮したマンテル・ヘンツェル（Mantel-Heanszel）流の検定も含まれるが，ここでは紹介しない．このようなデータの解析方法は，Stokes et al.（2000）等を参考にされたい．

FREQ プロシジャ

書式　PROC　FREQ　オプション；
　　　　TABLES　行変数*列変数/オプション；
　　　　[WEIGHT　変数]
　　　　[OUTPUT　オプション]
　　　　[BY　変数のリスト;]

文例　proc freq data = nation;
　　　　tables import*export / chisq;
　　run;

機能　分割表を作成し，カイ 2 乗検定等を行う．

第7章 回帰分析と分散分析

ある人の身長は他の変数を使ってどれくらい予測できるだろうか．もし，その人の性別がわかれば，ある程度予測がつくだろう．またもし，その人の父親の身長がデータとして得られていれば，それも予測の精度を上げるのに役に立つかもしれない．その人の母親の身長も役に立つのだろうか．

この章では，親子身長データを使って，**回帰分析**（regression analysis），**分散分析**（analysis of variance）の基本的な考え方を説明していく．これらの分析は，**線形モデル**（linear model）という観点から統一的に論じることができる．すなわち，ある変数の値を他の変数の線形方程式（1次式）によって予測しようとするものである．

7-1 回帰分析（REG プロシジャ）

7-1-1 回帰分析の考え方

女子学生について，その身長を父親の身長の1次式で予測することを考えてみよう．1次式による予測が有効であるためには，母集団において，2つの変数 STUDENT と FATHER との間に

$$\text{STUDENT} = \alpha + \beta \cdot \text{FATHER} + [\text{誤差}] \tag{7.1}$$

というモデルが成立している必要がある．一般に，変数 y を x の1次式で予測する場合，仮定されるモデルは，モデルで説明しきれないばらつき（誤差）を ε として，

$$y = \alpha + \beta x + \varepsilon \tag{7.2}$$

とかける．β は，x が1単位増加するときの y の増分を表しており，**回帰係数**（regression coefficient）という．定数 α は $x=0$ のときの y の値を表しており，**切片**（intercept）と呼ばれる．また，予測される変数 y のことを，**従属変数**（dependent variable），**基準変数**（criterion variable），**応答変数**（response variable），**目的変数**等といい，予測に使う変数 x のことを，**独立変数**（independent variable），**説明変数**（explanatory variable）などという．

適当な方法でデータからパラメータの α，β の推定値を求め，それぞれ a，b としよう．これを用いた，

$$\hat{y} = a + bx \tag{7.3}$$

を y の**予測値**（predicted value）といい，通常このように予測値はハット（^）をつけて表す．実

現値 y と予測値 $\hat{y}$ の差,

$$e = y - \hat{y} \tag{7.4}$$

は残差（residual）と呼ばれる．パラメータの a と b の値は，残差が全体として最も小さくなるように決めるのが合理的といえよう．しかし，残差は正の値になることも，負の値になることもあるので，残差を 2 乗した値の総和が最小になるように a, b を決めるという考え方をとることにする．この方法を**最小 2 乗法**（least squares method）という．すなわち,

$$\begin{aligned} S &= \sum e^2 \\ &= \sum (y - \hat{y})^2 \\ &= \sum (y - a - bx)^2 \end{aligned} \tag{7.5}$$

の値を最小化するように，a, b を決定する（すでに述べたように，総和記号 $\sum$ は，とくにことわりのない場合，オブザベーションにわたる和を表す）．そのためには,

$$\frac{\partial S}{\partial a} = 0$$
$$\frac{\partial S}{\partial b} = 0$$

とおいた連立方程式を，a, b について解けばよい．結果は,

$$b = s_{xy}/s_{xx} \tag{7.6}$$
$$a = \bar{y} - b\bar{x} \tag{7.7}$$

となる．ここで，s_{xy} は x と y の共分散 $\sum(x_i - \bar{x})(y_i - \bar{y})/(n-1)$ であり，s_{xx} は x の不偏分散，$\bar{y}$ は y の平均，$\bar{x}$ は x の平均である．

親子身長データ HEIGHT（図表 5.1）から WHERE ステートメントを用いて女子学生について，REG プロシジャで a, b の値を求めてみよう．プログラムは,

```
proc reg data = height;
    model  student = father / p;
    output out = o_reg  p = pred  r = resid;
    id     name;
    where  sex = 'F';
run;
```

とすればよい．図表 7.1 がその出力である．"パラメータ推定値"の FATHER の欄にある 0.31117 が回帰係数 b の値で，INTERCEPT の欄の 106.60995 が切片 a の値である（もとのデータの有効桁数から見て，回帰係数や切片は始めの 3 桁程度しか意味がないことはいうまでもない）．

なお，SAS/GRAPH の GPLOT プロシジャによって，2 つの変数の値をプロットするとともに，回帰方程式 (7.3) による予測値をグラフの中に直線として描くことができる．この直線を**回帰直線**（regression line）と呼んでいる．図表 7.2 は，次のプログラムの出力である．

第7章 回帰分析と分散分析

図表 7.1.1 REG プロシジャによる単回帰分析の結果の出力

REG プロシジャ
モデル：MODEL1
従属変数：student

読み込んだオブザベーション数	19
使用されたオブザベーション数	19

分散分析

要因	自由度	平方和	平均平方	F 値	Pr > F
Model	1	60.85843	60.85843	12.33	0.0027
Error	17	83.87841	4.93402		
Corrected Total	18	144.73684			

Root MSE	2.22127	R2 乗	0.4205
従属変数の平均	158.52632	調整済 R2 乗	0.3864
変動係数	1.40120		

パラメータ推定値

変数	自由度	パラメータ推定値	標準誤差	t 値	Pr > |t|
Intercept	1	106.60995	14.79117	7.21	<.0001
father	1	0.31117	0.08860	3.51	0.0027

```
proc gplot data = height;
   plot   student*father / regeqn;
   symbol v = *  i = rl;
   where  sex = 'F';
run;
```

（回帰式をグラフ中に示すためのオプションが REGEQN である．）

回帰直線で注目すべき点は，x と y の平均を座標とする点 $(\bar{x}, \bar{y})$ を必ず通るということである．これは回帰方程式 (7.3) に式 (7.7) を代入すれば，

$$\hat{y} - \bar{y} = b(x - \bar{x}) \tag{7.8}$$

となることからも明らかである．

7-1-2　予測値と残差の統計的性質

さきほどの REG プロシジャでは，

```
output out = o_reg p = pred r = resid;
```

図表 7.1.2 REG プロシジャによる単回帰分析の結果の出力

REG プロシジャ
モデル：MODEL1
従属変数：student

アウトプット統計量

Obs	name	従属変数	予測値	残差
1	新井	160.0000	159.5090	0.4910
2	榎本	158.0000	157.9531	0.0469
3	羽田	156.0000	157.3308	-1.3308
4	原田	156.0000	156.3973	-0.3973
5	長谷川	158.0000	158.5754	-0.5754
6	神山	163.0000	159.5090	3.4910
7	川田	160.0000	160.1313	-0.1313
8	小室	156.0000	158.5754	-2.5754
9	長瀬	159.0000	157.3308	1.6692
10	中塚	156.0000	158.5754	-2.5754
11	落合	160.0000	157.3308	2.6692
12	佐藤	157.0000	157.6419	-0.6419
13	清水	160.0000	161.0648	-1.0648
14	進藤	158.0000	158.8866	-0.8866
15	篠原	156.0000	160.7536	-4.7536
16	鈴木	164.0000	161.0648	2.9352
17	高野	159.0000	158.5754	0.4246
18	上宮	153.0000	153.2855	-0.2855
19	山口	163.0000	159.5090	3.4910

残差の合計	0
残差平方和	83.87841
予測残差平方和 (PRESS)	103.23078

という指定がなされていた．これは，O_REG という SAS データセットに，元データ，予測値，残差を出力するという指定である．予測値と残差の変数名はそれぞれ，P = オプションと R = オプションで決められ，この例では PRED と RESID になっている．そこで，

```
proc corr data = o_reg noprob;
    var    student father pred resid;
    where  sex = 'F';
run;
```

第7章 回帰分析と分散分析

図表 7.2 GPLOT プロシジャによる回帰直線のプロット

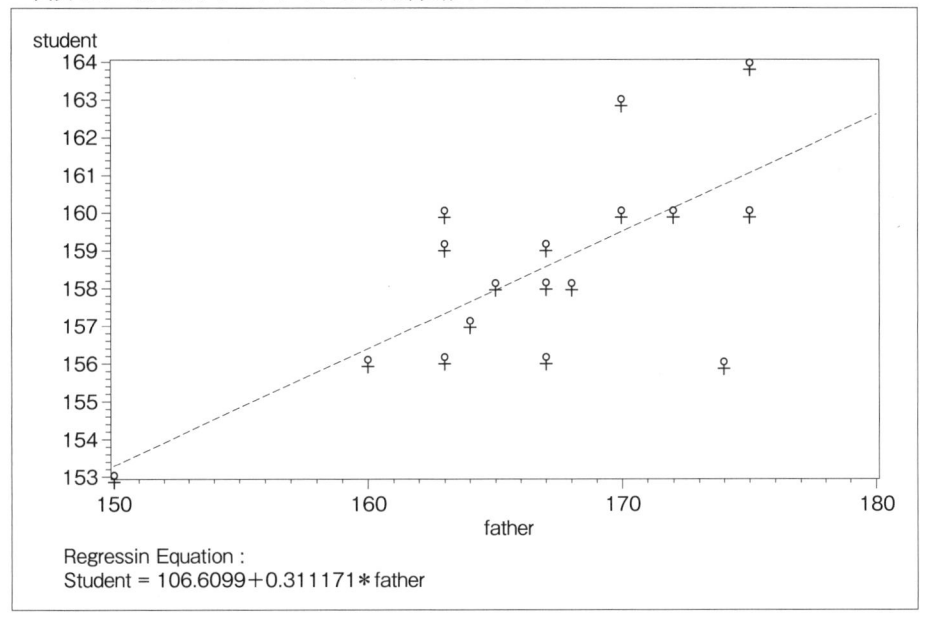

Regressin Equation :
Student = 106.6099 + 0.311171 * father

図表 7.3 元データ，予測値，残差の統計的性質

CORR プロシジャ

4 変数： student father pred resid

要約統計量

変数	N	平均	標準偏差	合計	最小値	最大値
student	19	158.52632	2.83565	3012	153.00000	164.00000
father	19	166.84211	5.90916	3170	150.00000	175.00000
pred	19	158.52632	1.83876	3012	153.28555	161.06481
resid	19	0	2.15868	0	-4.75364	3.49104

Pearson の相関係数, N = 19

	student	father	pred	resid
student	1.00000	0.64844	0.64844	0.76126
father	0.64844	1.00000	1.00000	-0.00000
pred	0.64844	1.00000	1.00000	-0.00000
resid	0.76126	-0.00000	-0.00000	1.00000

というプログラムの出力（図表 7.3）を見ながら，予測値と残差がどのような性質をもっているかを調べてみよう．

(1) 予測値と残差の分散

目的変数 y の分散を $\mathrm{Var}(y)$，回帰方程式によって求めた y の予測値 $\hat{y}$ の分散を $\mathrm{Var}(\hat{y})$，残差の分散を $\mathrm{Var}(e)$ すると，

$$\mathrm{Var}(y) = \mathrm{Var}(\hat{y}) + \mathrm{Var}(e) \tag{7.9}$$

が成立する．このことを，先ほどの結果について確かめてみると，

STUDENT の分散　　$=2.83565^2=8.04091092$
予測値 PRED の分散$=1.83876^2=3.38103833$
残差 RESID の分散　$=2.15868^2=4.65989934$

で，確かに式 (7.9) が成立していることがわかる．式 (7.9) を証明するには，式 (7.6)，(7.7) の a, b を使って，$\mathrm{Var}(\hat{y})$，$\mathrm{Var}(e)$ を求めてみればよいので，各自試みてほしい．

予測値のもつ分散 $\mathrm{Var}(\hat{y})$ のことを，**モデルによって説明される分散** (variance explained by the model) という．また，もとの変数のもつ分散 $\mathrm{Var}(y)$ に対する $\mathrm{Var}(\hat{y})$ の比率を**寄与率**あるいは**分散説明率**ということがある．今の例では，

$$3.38103833/8.04091092 = 0.4205$$

が寄与率ということになる．寄与率は目的変数 $\hat{y}$ と予測値 y の相関係数の 2 乗に等しい（説明変数が 1 個の場合には目的変数 y と説明変数 x との相関係数の 2 乗にも等しい）．この値は，図表 7.1 に "R 2 乗" として示されている．モデルによる予測値が完全に説明変数の値と一致するとき，残差は 0 になり，寄与率は 1 になる．

平均との差の 2 乗和，すなわち**偏差平方和** (sum of squares) を SS(　) と書くことにしよう．たとえば，

$$\mathrm{SS}(y) = \sum (y - \bar{y})^2$$

である．図表 7.1 の分散分析表の "平方和" の列には，予測値 (Model)，残差 (Error)，実現値 (Corrected Total)，y の偏差平方和が出力されている．式 (7.9) の分散の加法性は，この偏差平方和に加法性が成り立つことと同等である．

(2) 目的変数，説明変数，予測値，残差の相関

PRED と RESID，すなわち予測値と残差のピアソンの相関係数は 0 になる．これは，他の線形モデルでも同様であるが，目的変数のもつ変動は，説明変数によって説明される変動と残差に分けることができ，両者は互いに無相関となる．これを互いに**直交**しているという（なお，予測値 PRED は説明変数 FATHER の 1 次式で算出された値であるので，FATHER と PRED との相関係数は 1，FATHER と RESID の相関係数は 0 になる）．

一方，図表 7.3 を見ると，STUDENT と RESID の相関係数は 0.76126 で，かなり高い値である．残差は目的変数から予測値を差し引いたものなので，予測が良くないときほど，目的変数と共通の変動をまだ含んでいることになる．一般に，1 から寄与率を引いた値は，目的変数と残差の相関係数の 2 乗になる．

以上の 2 点の数学的な証明は，相関係数の定義式に式 (7.3), (7.6), (7.7) を代入すれば容易にできるので，各自試みてほしい．

ところで，説明変数と残差（または，予測値と残差）の相関係数が 0 になることを確認したが，試みに，

```
proc gplot data = o_reg;
    plot    resid*father / vref = 0;
    symbol  v =*   i = rl;
    where   sex = 'F';
run;
```

というプログラムによって，残差 RESID を独立変数（説明変数）FATHER に対してプロットしてみよう．結果は図表 7.4 である．FATHER が大きい場合に予測のずれ (RESID の絶対値) が大きいケースがいくつか見られるが，FATHER と RESID との間にとくに規則的な関連はない．もちろん，FATHER と RESID の相関係数は 0 なので，直線的な関連はないはずだが，場合によっては U 字型のような曲線的な関連が見られることはありうる．そうした場合には，FATHER の 2 乗の項を加えて 2 次式による回帰を行うと精度が向上することがある．しかし本書ではこのような多項式回帰の問題には触れないことにする．詳しくは回帰分析の教科書や Sall (1981) の訳書 (1986) などを参照されたい．また，残差の分析については，7-1-6 で改めて触れることにする．

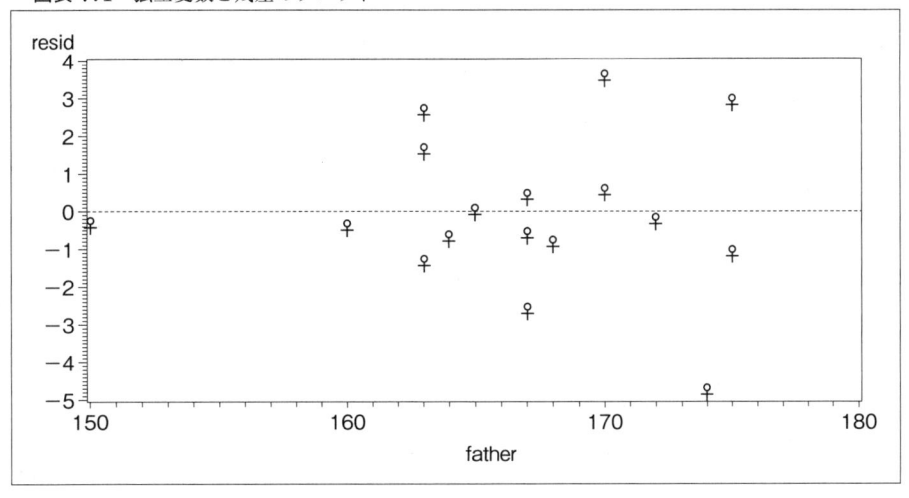

図表 7.4 独立変数と残差のプロット

7-1-3 回帰モデルの検定
式 (7.2) の回帰モデルが正しく，さらに誤差 ε について

仮定 1　各オブザベーションの ε は互いに独立である
仮定 2　ε の平均は 0 である
仮定 3　分散は x の値に依らず一定で σ^2 である

が成り立てば, a と b は, 平均的には α と β にそれぞれ一致し, さらにその標準偏差は,

$$\sqrt{\mathrm{Var}(a)} = \sigma\sqrt{\frac{1}{n} + \frac{\bar{x}^2}{\sum(x-\bar{x})^2}} \tag{7.10}$$

$$\sqrt{\mathrm{Var}(b)} = \frac{\sigma}{\sqrt{\sum(x-\bar{x})^2}} \tag{7.11}$$

となることが知られている. また, 分散 σ^2 に対する不偏推定値, すなわち平均的に σ^2 に一致する推定値は, 残差の平方和 (略して**残差平方和**, RSS と呼ぶ) $\mathrm{SS}(e)$ から

$$s^2 = \mathrm{SS}(e)/(n-2) \tag{7.12}$$

で得られることも知られている (次節で述べる説明変数が p 個の場合の重回帰分析においては, $n-2$ の代わりに $n-p-1$ を代入すればよい). 今の例では,

$$s^2 = 83.8784/17 = 4.93402$$

であり, この平方根 2.22127 が図表 7.1.1 の Root MSE (誤差の標準偏差) である. 式 (7.10), (7.11) において σ を s で置き換えたものが, それぞれのパラメータの**標準誤差** (standard error) であり, 図表 7.1 のパラメータ推定値の隣に出力されている.

仮定 1-3 に加え,
　　仮定 4: ε の分布は (近似的に) 正規分布とみなせる

が成立していれば, 各パラメータが指定した値と等しいか否かの検定を行うことが可能となる. たとえば, $\beta = 0$ という仮説 H_0 を検定したいとしよう. これは父親の身長がその子供の身長の予測にまったく寄与しないという仮説の検定にあたる. 仮定 1-4 と上記の H_0 の下で,

$$t = b/[b\text{ の標準誤差}]$$

は, 自由度 $n-2$ の t 分布に従うことが知られており, この t 値が実現値以上の絶対値をとる確率, すなわち p 値を t 分布の表から求めることができる. もし, β が 0 以外の何らかの値であるという仮説を検定するときは,

$$t = (b - [\text{仮説で設定される値}])/[b\text{ の標準誤差}]$$

として t 値を計算する (説明変数が p 個の重回帰分析では, 自由度が $n-p-1$ となる).
図表 7.1.1 において "標準誤差" の隣に出力されている "t 値" が, 仮説による設定値を 0 とした場合の t 統計量の値であり, その右に出力されている "$\mathrm{Pr} > |t|$" が対応する p 値である (両側検定). いずれのパラメータも高度に有意であり, 回帰係数 b に対する p 値が小さいことから, 父親の影響が無視できないことが確認できる.

なお, 説明変数が 1 個の場合には, 回帰係数 b に対する t 値の 2 乗は, 分散分析表にある F 値に等しくなる. また, この t 値は従属変数と独立変数の間の相関係数の有意性検定の t 値とも一致する.

7-1-4 重回帰分析

これまでの分析では父親の身長から子供の身長を予測するという問題を考えてきた．次に，母親の身長も説明変数としてモデルに組み入れて子供の身長を予測することを考えてみよう．すなわち，

$$\text{STUDENT} = \alpha + \beta_1 \cdot \text{FATHER} + \beta_2 \cdot \text{MOTHER} + \varepsilon \tag{7.13}$$

というモデルで変数 STUDENT を予測するのである．一般に，1つの説明変数 x で目的変数 y を予測するという分析を単回帰分析といい，2つ以上の独立変数 $x_1, x_2, \cdots, x_p$ を同時に使って y を予測するという分析を**重回帰分析**（multiple regression analysis）という．一般に，重回帰分析のモデルは，

$$\begin{aligned} y &= \alpha + \beta_1 x_1 + \beta_2 x_2 + \cdots + \beta_p x_p + \varepsilon \\ &= \alpha + \sum_{j=1}^{p} \beta_j x_j + \varepsilon \end{aligned} \tag{7.14}$$

と表すことができる．重回帰分析のモデルとは，このように説明変数の重みつき合成得点の形で目的変数を予測することにほかならない．各独立変数にかかる重み $\beta_1, \beta_2, \cdots, \beta_p$ を**偏回帰係数**（partial regression coefficient），α を**切片**（intercept）という．偏回帰係数は，（仮想的に）他の $p-1$ 個の説明変数の値を一定にして，ある説明変数の値を1単位増加させたときの目的変数の増分を表している．

ベクトルと行列の記号を使って表現すると，式 (7.14) は，

$$\boldsymbol{y} = \boldsymbol{X}\boldsymbol{\beta} + \boldsymbol{\varepsilon} \tag{7.15}$$

となる．ここで，$\boldsymbol{y}$ は目的変数の値を並べた次数 n の縦ベクトル，$\boldsymbol{X}$ は1と説明変数の値を並べた $n \times (p+1)$ 行列，$\boldsymbol{\beta}$ は α と $\beta_1, \cdots, \beta_p$ を縦に並べた $p+1$ 次の縦ベクトル，$\boldsymbol{\varepsilon}$ は誤差の入った n 次の縦ベクトルである．図表 7.5 は式 (7.14) を図式的に表したものである．

図表 7.5 重回帰分析のモデルの図式表現

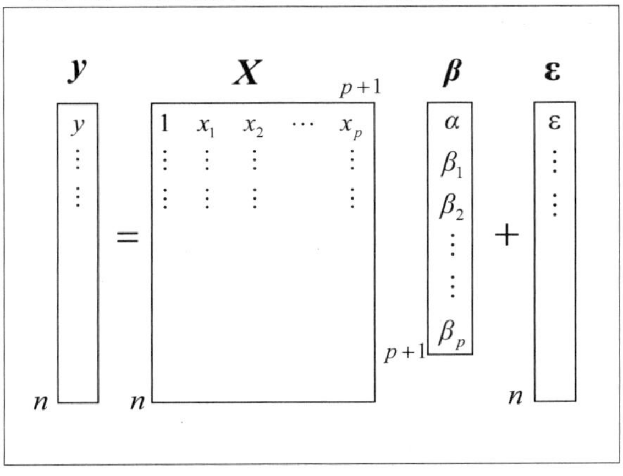

標本から推定されたパラメータ $\alpha, \beta_1, \cdots, \beta_p$ の値を $a, b_1, \cdots, b_p$ としよう．モデルによる予測値

を $\hat{y}$, 残差を e とすれば,

$$\hat{y} = a + \sum_{j=1}^{p} b_j x_j \tag{7.16}$$
$$e = y - \hat{y}$$

となる. **重回帰方程式のパラメータ**, すなわち偏回帰係数と切片を決定するには, やはり**最小2乗法**が使われる. つまり, 残差の2乗和が最小になるように回帰係数と切片を定めるのである. すると,

$$\begin{bmatrix} b_1 \\ \vdots \\ b_p \end{bmatrix} = \boldsymbol{C}_{xx}^{-1} \boldsymbol{c}_{xy} \tag{7.17}$$

$$a = \hat{y} - \sum_{j=1}^{p} b_j \bar{x}_j \tag{7.18}$$

が得られる. ここで, $\boldsymbol{C}_{xx}$ は対角成分に変数 x_j の分散, その他の成分に変数 x_j と変数 x_k の共分散の入った $p \times p$ の対称行列で, $\boldsymbol{C}_{xx}^{-1}$ はその逆行列である. $\boldsymbol{c}_{xy}$ は, 説明変数のおのおのと, y との共分散の入った p 次の縦ベクトルである. また, $\bar{x}_j$ は変数 x_j の平均である.

それでは, 次のプログラムによって, 女子学生の身長について重回帰分析を実行してみよう.

```
proc reg data = height;
    model    student = father  mother;
    output   out = o_reg   p = pred  r = resid;
    id       name;
    where    sex = 'F';
run;
```

REG プロシジャの MODEL ステートメントで,

 MODEL　目的変数 = 説明変数1　説明変数2　……;

という形の指定を行えば重回帰分析が行われる. この例の出力は図表 7.6 である. "パラメータ推定値" の欄を見ると, 切片が 102.38589, FATHER の偏回帰係数が 0.31651, MOTHER の偏回帰係数が 0.02137 となっている.

重回帰分析において, 目的変数 y と予測値 $\hat{y}$ との相関係数を**重相関係数** (multiple correlation coefficient) という. この値の2乗 (R2乗) は, 単回帰分析の場合と同様に, モデルの寄与率を表している. 図表 7.6 の "R2乗" の欄を見ると, 重相関係数の2乗は 0.4216 である. 説明変数が FATHER だけの場合の R2乗の値 0.4205 とほとんど変わりがない. 一般に, 説明変数を追加することにより, 重相関係数は増加する (少なくとも, 減少することはけっしてない) が, この例では MOTHER を追加しても, ほとんど STUDENT の予測の精度を高めることにはならなかったことになる.

この例では, 元データ, 予測値 (変数名 PRED), 残差 (変数名 RESID) が SAS データセット O_REG に格納されている. 重回帰分析における予測値や残差の統計的性質を調べるために,

第 7 章 回帰分析と分散分析	177

図表 **7.6** REG プロシジャによる重回帰分析の結果の出力

REG プロシジャ
モデル : MODEL1
従属変数 : student

読み込んだオブザベーション数	19
使用されたオブザベーション数	19

分散分析

要因	自由度	平方和	平均平方	F 値	Pr > F
Model	2	61.01719	30.50860	5.83	0.0125
Error	16	83.71965	5.23248		
Corrected Total	18	144.73684			

Root MSE	2.28746	R2 乗	0.4216
従属変数の平均	158.52632	調整済 R2 乗	0.3493
変動係数	1.44295		

パラメータ推定値

変数	自由度	パラメータ推定値	標準誤差	t 値	Pr > |t|
Intercept	1	102.38589	28.63693	3.58	0.0025
father	1	0.31651	0.09626	3.29	0.0046
mother	1	0.02137	0.12268	0.17	0.8639

```
proc corr data = o_reg noprob;
    var    student father mother pred resid;
    where  sex = 'F';
run;
```

というプログラムにかけてみよう．この出力は図表 7.7 に示されている．予測値 PRED の分散と残差 RESID の分散の和が目的変数 STUDENT の分散に等しいことは，単回帰分析の場合と同様である．重要な点は，RESID が，FATHER, MOTHER, PRED のいずれとも直交している（無相関である）ことである．一般に，重回帰分析の残差はすべての説明変数と直交し，したがって，それらの線形結合である予測値とも直交する．

なお，偏回帰係数の検定のための p 値は，単回帰の場合と同様に，各推定値をその標準誤差で割り，その t 値を数表と比較することから得られたものである．

図表 7.7 重回帰分析における元データ，予測値，残差の関係

CORR プロシジャ

5 変数： student father mother pred resid

要約統計量

変数	N	平均	標準偏差	合計	最小値	最大値
student	19	158.52632	2.83565	3012	153.00000	164.00000
father	19	166.84211	5.90916	3170	150.00000	175.00000
mother	19	155.94737	4.63649	2963	145.00000	165.00000
pred	19	158.52632	1.84115	3012	153.38901	161.15227
resid	19	0	2.15664	0	−4.81438	3.53715

Pearson の相関係数, N = 19

	student	father	mother	pred	resid
student	1.00000	0.64844	−0.17525	0.64929	0.76054
father	0.64844	1.00000	−0.31868	0.99870	−0.00000
mother	−0.17525	−0.31868	1.00000	−0.26991	0.00000
pred	0.64929	0.99870	−0.26991	1.00000	−0.00000
resid	0.76054	−0.00000	0.00000	−0.00000	1.00000

7-1-5 REG プロシジャのオプションとステートメント

これまでに出てきたことがらも含めて，REG プロシジャの基本的な使い方をまとめておくことにしよう．

PROC REG ステートメントのオプションとしては，入力する SAS データセットを指定する DATA = オプション（最後に作った SAS データセットを使うときは省略可能）がある．このほかには，

　　SIMPLE　平均，標準偏差などの基本統計量の出力

を知っておけばよいだろう．MODEL ステートメントでは，

　　MODEL　目的変数 = 説明変数の並び/オプション；

の形で回帰モデルに使われる変数とオプションを指定する．オプションとしてよく使われるのは，

　　P　説明変数の値，モデルからの予測値，残差の出力

　　R　P オプションの出力に加えて，予測値と残差の標準誤差，ステューデント化された残差，クックの D 統計量を出力

である．なお，P オプションや R オプションを使ってオブザベーションごとに各種の値を出力するときに，ID ステートメントで変数名を指定しておけばその変数の値も出力されるので，オブザベーションの識別に役立つ．

体重を目的変数，身長と年齢を説明変数として重回帰分析を行うことを考えよう．このとき身長の単位をmとするかcmにするか，年齢を年を単位にとるか月を単位にするかで偏回帰係数の値は異なる．また，説明変数の単位が異なるため偏回帰係数の大きさによって身長と年齢のどちらが，体重に強く影響を与えるかを直接評価することはできない．このようなときには標準偏回帰係数 (standardized partial regression coefficient) を出力させると便利である．これは目的変数と説明変数をそれぞれの標本標準偏差で割ってから回帰分析を行うときに得られる係数である．REGプロシジャで標準偏回帰係数を計算するには，MODELステートメントで，

  STB 標準偏回帰係数を出力する

を指定すればよい．標準偏回帰係数は，説明変数を1標準偏差動かしたときに，目的変数が標準偏差に対して何単位分変化するかを示す．

 OUTPUTステートメントは，元データ，予測値および残差を1つのSASデータセットとして保存するために使う．OUT = SASデータセット名，の形で保存のためのSASデータセット名を指定し，P = 変数名，R = 変数名，として，予測値と残差の変数名をそれぞれ指定する．

```
REG プロシジャ
書式  PROC  REG  オプション;
        MODEL  目的変数 = 説明変数のリスト/オプション;
        [OUTPUT  OUT = データセット名  P = 変数名  R = 変数名;]
        [ID  変数名;]
        [BY  変数のリスト;]
文例  proc reg data = data1;
        model y = a1 - a5 b1 - b3 / r;
        id name;
        output out=out p=pred r=resid;
      run;
機能  回帰分析を行う．
```

このほかにも，REGプロシジャには，

- それぞれのオブザベーションをn回出現したものとみなすためのFREQステートメント
- それぞれのオブザベーションの相対的な重みを与えるためのWEIGHTステートメント（これを利用すれば，重み付き回帰分析を行うことができる）

や，そのほかのステートメントが用意されているが，ここでは説明を省略する．

7-1-6 回帰分析における注意

 SASのような優れた統計パッケージの出現によって計算の問題が一掃されるにつれ，回帰分析の重点が，モデルのあてはめからモデルの探索へ，全体的なモデルの検定から個々のデータの吟味へ

というように，質的な変化をとげてきた．しかしこのような変化を考慮にいれて回帰分析に関する詳細を述べる余裕はないので，いくつかの注意点を簡単に述べるに留めることにする．

(1) 残差分析

回帰分析においては，式 (7.2) や式 (7.14) のような線形のモデルと仮定 1-3（検定を行う場合には仮定 4 も）をしばしば暗黙裡に仮定する．分析の結果が意味をもつためには，このようなモデルと現実のデータとの間のずれが大きくないことが必要である．これをチェックするための有効な手法が残差分析である．具体的には，残差をさまざまな変数に対してプロットし，もしモデルに問題がなければランダムとなるはずのグラフから，問題の兆候であるパターンを読み取ろうとする手法である．プロットされる変数として，予測値，独立変数，まだモデルに取りこまれていない独立変数，オブザベーションを観測した時点などがよく使われる．図表 7.8 には典型的なパターンとその考えられる原因を示した．

図表 **7.8** 残差プロットにみる"ずれ"の例

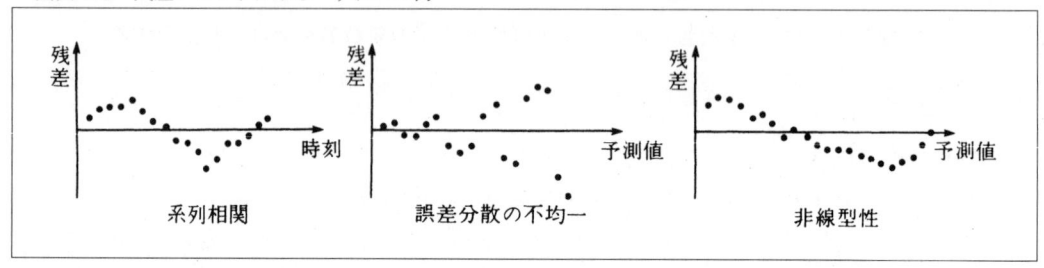

（系列相関／誤差分散の不均一／非線型性）

残差分析とその対処法については，Chatterjee & Price (1991) の前半が参考となろう．また，Sall (1981) には，アメリカの人口増加に対する曲線の当てはめの教訓的な例がみられる．なお，この Sall の本では，後にあげる共線性や変数選択，さらには非線形モデルなど，かなり高度で豊富な話題が SAS のプログラムとともに議論されている．

(2) 外れ値と影響度の指標

図表 7.9 は，回帰分析においてグラフがいかに重要かを示すために Anscombe (1973) が挙げた巧妙な例である．実は 4 組のデータにおいて変数 x と y の平均，分散，共分散はすべて等しく，したがって推定される回帰式もまったく等しい．しかし，データに対する我々の解釈は非常に異なるであろう．(b) については非線形の式（おそらくは 2 次式）を当てはめるべきであろうし，(c) は外れ値が 1 つ含まれていると解釈すべきであろう．(d) は独立変数の取り方が悪いというべきであろう．すなわち，(d) においては，回帰直線は左の点群の重心と右上に孤立した点を通り，その傾きは孤立点 1 つによって決定されている．この意味でこの点は"影響度の大きな (influential)"オブザベーションと呼ばれる．

説明変数が 1 つであったら，(b) – (d) に見られるような"問題"は，目的変数と説明変数との散布図を描くことによって容易に検出できる．しかし重回帰の場合は検出は容易ではなく，さまざまな工夫が必要となる．1 つの方法が (1) に述べた残差のプロットであり，(b) のような非線形性は，残差を予測値に対してプロットすることによって検出できる．(c) あるいは (d) のような外れ値，あるいは影響度の大きなオブザベーションに対しては，さまざまな外れや影響度の指標を計算

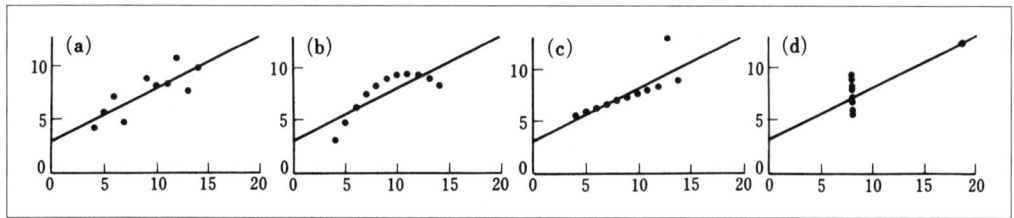

図表 7.9 Anscombe (1973) の示した 2 変量データの例

し，それらを吟味する方法も提案されている．MODEL ステートメントの R オプションで出力されるクックの D 統計量（COOK D）や標準化残差（STUDENT RESIDUAL）がこの例である．これらの統計量や INFLUENCE オプションで出力される統計量の定義は SAS マニュアルを参照されたい．これらの統計量をどう利用するかのストラテジーについては，Atkinson (1985) の前半や Cook & Weisberg (1982) が参考となる．

> ★ 影響度という点から図表 7.2 をもう一度眺めてみるとおもしろいかもしれない．図の左下のデータはやや外れた値だが，これを除くと FATHER と STUDENT の相関係数は 0.506 で，もとの 0.648 に比べてやや小さくなる．また，右下のデータの影響度が大きく，これを除くと相関係数は 0.762 に上昇するのである．このように，わずかのデータを除去したときに結果がどう変化するかを吟味することは，結果の安定性を調べる上で重要である．

(3) 共線性

いま，

$$y = 5 + 10x_1$$

がほぼ成立しているとしよう．また，x_1 ときわめて相関の大きな変数 x_2 があり，ほぼ $x_1 = 2x_2$ であるとしよう．すると，y は $5 + 8x_1 + 4x_2$ でも $5 + 20x_2$ でもよく近似でき，x_1 と x_2 の偏回帰係数の推定精度はきわめて悪くなってしまう．このように内部相関の高さが原因となって係数の推定精度が悪くなる現象を（**多重**）**共線性**（multi-colinearity）という．共線性に対する対処法には次のようなものがある．

- 他の説明変数と相関の高いような変数は変数選択によって除去してしまう．あるいは相関の高い変数は，和をとるなどして合成してしまう．
- 偏回帰係数を解釈することはあきらめる．
- リッジ回帰を行う．

たとえば Sall (1981) の訳書の 11 ページでは，アメリカの人口を年度の 2 次式で近似している．そして 1 次の項の係数として負の値が得られている．1 次の項だけを取り出して，年度とともに人口が減るとは誰も解釈しないであろう．1 次の項を増やせば 2 次の項も増えるのであるから，当て

はめる式は全体として意味をもつのである．しかし，説明変数間に完全な従属性がない場合には，どうしても個々の偏回帰係数を解釈したい誘惑にかられてしまう．偏回帰係数の解釈は，通常考えられている以上に困難である．これは，奥野他（1981）51-54 ページの例を参照するとよい．

（4） 変数選択

回帰式の説明変数としてどれを用いるかが事前にはっきりしている場合はむしろまれであり，統計的な方法をどの程度使うかは別として，何らかの変数選択を行ってモデル式を構築するのが普通である．

変数選択の方法として，REG プロシジャでは 8 種類の方法が可能である．詳細は SAS マニュアルを参照していただくことにして，ここでは**変数増減法**（STEPWISE）と**総当たり法**（RSQUARE）について簡単に説明する．前者は既存のモデルから，次に新しい変数を取り入れるか，あるいはモデルにすでに入っている変数を落とすかを逐次的に行うものである．後者は，候補となる説明変数のそれぞれ，2 個のすべての組み合わせ，3 個のすべての組み合わせ，……に対して，回帰式と変数選択を行う基準として提案されている各種統計量を計算する．たとえば次のような指定によって，変数増減法による変数選択が行える．

   MODEL　目的変数 = 説明変数のリスト/SELECTION = STEPWISE;

また，総当たり法による変数選択を行う場合には次のように指定すればよい．

   MODEL　目的変数 = 説明変数のリスト/SELECTION = RSQUARE;

REG プロシジャを用いると，簡単に変数選択を行うことができるが，数学的な尺度のみに頼って変数選択を形式的に行うことはつつしむべきであって，データやそれを生み出す背景に関する知識（モデル）も踏まえて有効なモデルを探索する必要がある．また，わずか 1-2 個の外れ値のために特定の変数がモデルに取り込まれることもある．これをチェックするには，**偏回帰プロット**（partial regression leverage plot, partial residual plot）というプロットが有効である．この説明は Sall（1981）の訳書 91-103 ページや前述の Atkinson（1985），Cook & Weisberg（1982）にあり，PARTIAL オプションを指定することによって REG プロシジャにおいて実行することができる．

なお，候補変数の数が極端に大きい場合には，変数選択の結果得られた偏回帰係数の有意性は割り引いて解釈する必要がある．従属変数と説明変数の母相関係数が 0 でも，変数の数が多いために，単独にみると有意な係数がどこかに現れやすくなるからである．

★　実際に REG プロシジャが行っている RSQUARE 変数選択法は，すべての変数の組み合わせについて全部評価しているわけではなく，Furnival & Wilson（1974）の Leaps and bounds アルゴリズムを使っている．

7-2　分散分析（GLM プロシジャ）

分散分析（analysis of variance）とは狭義には分類変数（classification variables）を説明変数と

した線形モデルを作り，分散を分解することによってそれぞれの説明変数が目的変数に及ぼす効果を調べるための手法の総称である．分散分析の詳細については Freund *et al.* (2008) を参照されたい．ここでは，基本的な考え方のみを説明していく．

ある化合物の収量に影響を与える要因を評価する目的で，触媒の種類（要因 A：3 水準）と，温度（要因 B：4 水準）を変えて繰り返し 2 回ずつ実験を行った結果（全群で 3 × 4 × 2 回の実験の順序をランダム化した完全無作為化実験として），次のようなデータが得られたとしよう．

温度（B 単位℃）

		B1(100)		B2(110)		B3(120)		B4(130)	
触	A1	18	22	20	22	26	24	30	32
媒	A2	10	13	19	15	22	21	28	26
(A)	A3	21	19	21	26	26	21	29	26

GLM プロシジャで扱える形式のデータセット EXP を図表 7.10 のように作成する．

図表 **7.10** 分散分析のための SAS データセット EXP

```
data exp;
 do a=1 to 3;
  do b=1 to 4;
   do r=1 to 2;
    input y @@;
       output;
       end;
    end;
  end;
cards;
18 22  20 22  26 24  30 32
10 13  19 15  22 21  28 26
21 19  21 26  26 21  29 26
;
```

DATA ステップのデータ行には，1 行につき 8 個のオブザベーションが含まれているので，INPUT ステートメントは @@ で終わっている（60 ページ参照）．各オブザベーションは，触媒の水準（変数名 A），温度の水準（変数名 B），繰り返しの番号（変数名 R），化合物の収量（変数名 Y）という 4 個の変数からなる．

7-2-1　1 元配置の分散分析

まずはじめに，温度を無視して，等しい温度で触媒の種類ごとに繰り返し 8 回実験したと仮定し，触媒による効果だけを考えた線形モデルを作ってみよう．

$$収量 = [全体の平均] + [触媒による効果] + [誤差] \tag{7.19}$$

というモデルを考えることができる．一般的には，従属変数 y を 1 つの分類変数 A から予測する

モデルは,

$$y = \mu + \text{Effect}[A] + \varepsilon \tag{7.20}$$

と表すことができる．ここで，μ は y の母平均，Effect$[A]$ は要因 A の効果，ε はモデルで説明しきれないばらつき（誤差）である．図表 7.11 は，式 (7.20) を図式的に表現したものである．なお，分類変数 A は独立変数であるが，分散分析の場合にはとくに，**要因**（factor）と呼ばれる．要因が 1 つのとき，**1 元配置**または **1 要因配置**の分散分析という．分類変数 A は何通りかの値をとるが，それぞれの値を**水準**（level）という．今の例では，水準数は 3 で，触媒の種類が水準にあたる．Effect$[A]$ は，分類変数 A のとる値に応じて割り当てられる値で，その平均は 0 とする．

図表 7.11　分散分析のモデルの図式表現

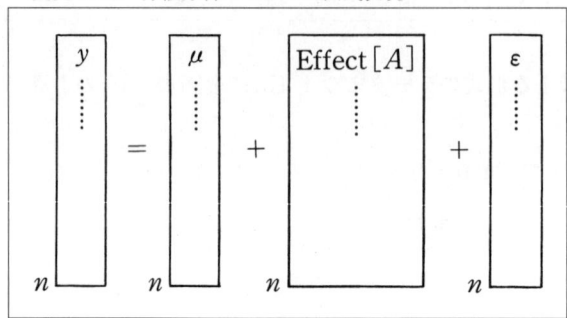

標本から求められる μ の推定値とは，すなわち y の平均，$\bar{y}$ である．また，Effect$[A]$ の推定値を $\widehat{\text{Effect}}[A]$ としよう．すると，y の予測値 $\hat{y}$ と，残差 e は，

$$\hat{y} = \bar{y} + \widehat{\text{Effect}}[A] \tag{7.21}$$
$$e = y - \hat{y}$$

と表すことができる．今の例では $\bar{y}$ が 22.375 で，それに，触媒 1 なら $\hat{\alpha}_1$，触媒 2 なら $\hat{\alpha}_2$，触媒 3 なら $\hat{\alpha}_3$ を加えた値がモデルから予測される収量 Y の予測値になる．各水準の繰り返し数が等しいので，誤差の 2 乗和が最も小さくなるような α を決めるのは非常に簡単である．触媒 1 の収量のモデルからの予測値は触媒 1 の収量の平均，同様に触媒 2, 3 についても予測値が平均に等しくなるようにすればよい．すると，この例の場合，触媒 1, 2, 3 の平均がそれぞれ 24.250, 19.250, 23.625 なので，$\hat{\alpha}_1 = 24.250 - 22.375 = 1.875, \hat{\alpha}_2 = -3.125, \hat{\alpha}_3 = 1.250$ になる．$\hat{\alpha}_1 + \hat{\alpha}_2 + \hat{\alpha}_3 = 0$ となっていることに注意してほしい．

最小 2 乗法による推定を行うと，$\widehat{\text{Effect}}[A]$，残差 e については，次の 3 つの重要な性質が成り立つ．

(1) $\text{SS}(y) = \text{SS}(\widehat{\text{Effect}}[A]) + \text{SS}(e) \tag{7.22}$
(2) $\widehat{\text{Effect}}[A]$ と残差 e は直交する
(3) 予測値 $\hat{y}$ と残差 e は直交する

SS( ) とは，回帰分析のところでも触れた**偏差平方和**（sum of squares）で，

$$\text{SS}(x) = \sum (x - \bar{x})^2$$

である．$\widehat{\text{Effect}[A]}$ の平均と e の平均はいずれも 0 になるので，

$$\text{SS}(y) = \sum (y - \bar{y})^2 \tag{7.23}$$

$$\text{SS}(\widehat{\text{Effect}[A]}) = \sum \widehat{\text{Effect}[A]}^2$$
$$= \sum_{j=1}^{m} n_j (\bar{y}_j - \bar{y})^2 \tag{7.24}$$

$$\text{SS}(e) = \sum e^2 = \sum (y - \bar{y}_j)^2 \tag{7.25}$$

となる．ここで，j $(1 \leqq j \leqq m)$ は A の各水準を表し，$\bar{y}_j$ はそれぞれの水準における y の平均，n_j は各水準のオブザベーション数（この例では等しく 8）を表す．

また，$\text{SS}(y)$ を**全体平方和**，$\text{SS}(\widehat{\text{Effect}[A]})$ を**級間平方和**，$\text{SS}(e)$ を**級内平方和**または**残差平方和**という．

全体平方和は全体の平均 $\bar{y}$ のまわりの個々の測定値 y のばらつきの大きさ

級間平方和は全体の平均 $\bar{y}$ のまわりの各水準の平均 $\bar{y}_j$ のばらつきの大きさ

級内平方和は各水準の平均 $\bar{y}_j$ のまわりの個々の測定値 y のばらつきの大きさ

を表している．

さて，分散分析ではある要因の効果が有意であるか，すなわち，標本における $\bar{y}_j$ の差が偶然のものではないとみなしてよいかを検定することに関心がある．これはすなわち，$\text{Effect}[A]$ のばらつきが十分大きいかどうかを検討することにほかならない．一般に，各水準における y の平均と分散がすべて等しく，かつ正規分布をしているという仮説のもとでは，

$$F = \frac{\text{SS}(\widehat{\text{Effect}[A]})/(m-1)}{\text{SS}(e)/(n-m)} \tag{7.26}$$

は，自由度 $(m-1, n-m)$ の F 分布をすることが知られている．したがって，測定値から算出した F 値以上の F が出現する確率が p 値となる．平方和をその自由度で割った値を**平均平方**（mean square）というが，式 (7.26) は**級内平均平方**（分母）に比べて**級間平均平方**（分子）が大きくなるほど F 値が高くなることを表している．すると，F 値が非常に高く（したがって p 値が非常に低く）なった場合には，要因 A の効果が存在すると判断できることになる．

それでは，データセット EXP を次のプログラムにかけてみよう．

```
proc glm data = exp;
   class   a;
   model   y = a / ss2;
   means   a;
run;
```

分散分析を行うためのプロシジャとして，SAS では **ANOVA** プロシジャと **GLM** プロシジャの2つが用意されている．前者は各水準の組み合わせごとの繰り返し数が一定のとき使用できるが，アンバランスな場合には後者を用いる必要がある．バランスがとれている場合は，前者も後者も同じ結果となる．したがって，基本的に GLM プロシジャを用いることにしておけば，例数のバランスがとれているかを気にする必要はなくなる．ここでは GLM プロシジャを用いた分散分析について説明する．

GLM プロシジャでは，分類変数を指定する CLASS ステートメントと，モデルを指定する MODEL ステートメントが必要である．MODEL ステートメントの SS2 オプションについては後で説明する．MEANS ステートメントは，分類変数の各水準ごとに Y の平均を出力するために使う．このプログラムの出力は図表 7.12 である．

GLM プロシジャの出力では，まず"分類変数の水準の情報"として，分類変数 A のとる値（水準）が表示される．次に，Model, Error, Corrected Total の行に，モデルからの予測値 $\hat{y}$，残差 e，従属変数 y の，自由度（DF），平方和（Sum of Squares），平均平方（Mean Square）が出力される．これがいわゆる分散分析表である．1 元配置の場合には説明変数が 1 つしかないので，予測値 $\hat{y}$ の偏差平方和（118.750）は Effect[A] の偏差平方和（その下の A の行に Type II 平方和）に等しい．予測値の偏差平方和（118.750）と残差平方和（526.875）の和が全体平方和（645.625）になっており，式 (7.22) が成立していることを確認してほしい．

要因 A の F 値（2.37）は，A の偏差平方和（118.750）を A の自由度（2）で割って平均平方とし，さらに残差の平均平方（25.09）で割った値である．これも，1 元配置のときには，モデルからの予測値の F 値（すなわち，予測値の平均平方を残差の平均平方で割った値）に等しい．これらの F 値に対応する p 値は 0.1183 で 5% の有意水準では有意でない．そこで，この標本に見られる収量に対する触媒の効果は偶然の範囲内であるとみなすことになる．なお，R 2 乗の値は，目的変数 y と予測値 $\hat{y}$ の相関係数の 2 乗である．回帰分析の場合と同様，モデルの適合が良いほど，R 2 乗は 1 に近づき，残差平方和（Error）は 0 に近づく．

7-2-2　2 元配置の分散分析

それでは次に，収量 Y に影響を及ぼす要因として，触媒 A と温度 B の 2 つを考慮したモデルを立ててみよう．このように 2 つの要因を考えた分散分析を **2 元配置**または **2 要因配置**の分散分析という．そして，2 つの要因の組み合わせごとに得られている測定値の数を繰り返しの数という．データセット EXP では，触媒（3）×温度（4）の 12 条件それぞれに割り当てられた 2 回という実験数が，繰り返し数ということになる．

ここでは，2 元配置で繰り返し数の等しいデータ（バランスデータ）の分散分析を扱う（アンバランスなデータについては，簡単な説明が 7-2-5 にある）．モデルとしては，

$$\text{収量} = [\text{全体の平均}] + [\text{触媒による主効果}] + [\text{温度による主効果}]$$
$$+ [\text{触媒と温度の交互作用による効果}] + [\text{誤差}] \quad (7.27)$$

という形を考える．**主効果**（main effect）とは，ある 1 つの要因が他の要因とは独立して目的変数

図表 7.12 GLM プロシジャによる 1 元配置分散分析の結果の出力

GLM プロシジャ

分類変数の水準の情報

分類	水準	値
a	3	1 2 3

読み込んだオブザベーション数	24
使用されたオブザベーション数	24

従属変数：y

要因	自由度	平方和	平均平方	F 値	Pr > F
Model	2	118.7500000	59.3750000	2.37	0.1183
Error	21	526.8750000	25.0892857		
Corrected Total	23	645.6250000			

R2 乗	変動係数	Root MSE	y の平均
0.183930	22.38624	5.008921	22.37500

要因	自由度	Type II 平方和	平均平方	F 値	Pr > F
a	2	118.7500000	59.3750000	2.37	0.1183

水準 a	N	y 平均	標準偏差
1	8	24.2500000	4.83292281
2	8	19.2500000	6.27352715
3	8	23.6250000	3.54310195

に対して与える影響である．たとえば，温度 B の 4 つの水準を無視して，触媒 A の水準ごとに求めた収量の平均の差が触媒 A の主効果に対応する．触媒 A の 3 つの水準を無視して，温度 B の各水準ごとに求めた収量の平均の差が温度 B の主効果に対応する．**交互作用**（interaction）とは，触媒 A のある水準と温度 B のある水準が組み合わさったときに，主効果からは予測されないような特別の効果が生じることをいう．一般に，交互作用とは，一方の要因の効果が，他方の要因の水準によって異なることと考えてよい．

図表 7.13 には仮想的ないくつかの例をあげ，要因 A（水準数 2）と要因 B（水準数 3）のそれぞれの水準の組み合わせごとに目的変数の平均を示し，主効果と交互作用がどのようなものかを摸式

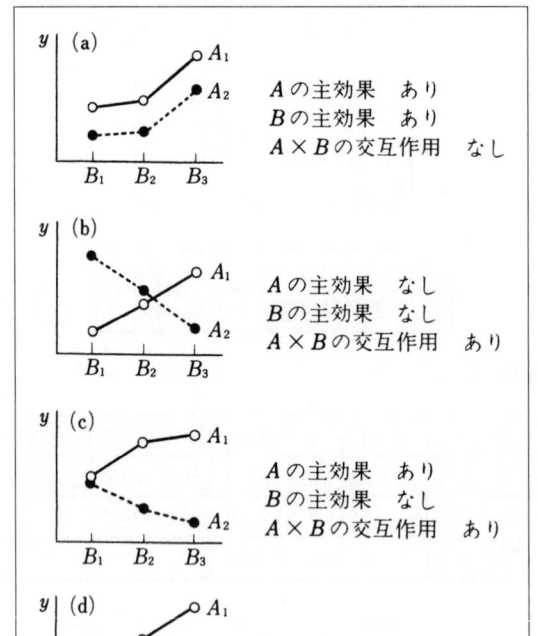

図表 **7.13** 2元配置の実験における要因の効果の例

(a)
Aの主効果　あり
Bの主効果　あり
A×Bの交互作用　なし

(b)
Aの主効果　なし
Bの主効果　なし
A×Bの交互作用　あり

(c)
Aの主効果　あり
Bの主効果　なし
A×Bの交互作用　あり

(d)
Aの主効果　あり
Bの主効果　あり
A×Bの交互作用　あり

的に表した．図表7.13の (a) の場合には，要因 B が y に与える効果は，A_1 においても A_2 においても同じであるので交互作用はない．(b) や (c) の場合には，要因 B が y に与える効果は，A_1 においてポジティブ（右上がり）だが，A_2 においてネガティブ（右下がり）であるので $A \times B$ の交互作用がある．(d) の場合には，要因 B が Y に与える効果は，A_1 においてポジティブだが，A_2 においては 0 であるのでやはり $A \times B$ の交互作用がある．

2元配置のモデルは，一般的に次のように表される．

$$y = \mu + \text{Effect}[A] + \text{Effect}[B] + \text{Effect}[A \times B] + \varepsilon \tag{7.28}$$

標本から求めたそれぞれの Effect[ ] の推定値を $\widehat{\text{Effect}}$[ ] とし，y の予測値を $\hat{y}$, 残差を e とすれば，

$$\hat{y} = \bar{y} + \widehat{\text{Effect}}[A] + \widehat{\text{Effect}}[B] + \widehat{\text{Effect}}[A \times B] \tag{7.29}$$
$$e = y - \hat{y}$$

となる．2元配置のモデル（ただし，ここで扱っているようなバランスデータの場合においてであるが）では次の性質が成り立つ．

(1) $\quad \text{SS}(y) = \text{SS}(\widehat{\text{Effect}}[A]) + \text{SS}(\widehat{\text{Effect}}[B]) + \text{SS}(\widehat{\text{Effect}}[A \times B]) + \text{SS}(e) \tag{7.30}$

(2)　　$SS(\hat{y}) = SS(\widehat{\text{Effect}}[A]) + SS(\widehat{\text{Effect}}[B]) + SS(\widehat{\text{Effect}}[A \times B])$ 　　　　　　(7.31)

(3)　$\widehat{\text{Effect}}[A], \widehat{\text{Effect}}[B], \widehat{\text{Effect}}[A \times B]$, 残差 e は相互に直交する

(4)　予測値 $\hat{y}$ と残差 e は直交する

そして，要因 A の水準数を p，要因 B の水準数を q，繰り返し数を r，全体のオブザベーション数を n (n は pqr に等しい) とすると，

全体平方和 SS (y) の自由度は $n-1$ (あるいは $pqr-1$)
$\widehat{\text{Effect}}[A]$ の平方和 SS($\widehat{\text{Effect}}[A]$) の自由度は $p-1$
$\widehat{\text{Effect}}[B]$ の平方和 SS($\widehat{\text{Effect}}[B]$) の自由度は $q-1$
$\widehat{\text{Effect}}[A \times B]$ の平方和 SS($\widehat{\text{Effect}}[A \times B]$) の自由度は $(p-1)(q-1)$
残差平方和 SS(e) の自由度は $pq(r-1)$

となる．A の主効果，B の主効果，$A \times B$ の交互作用を検定するには，それぞれの平方和を自由度で割って平均平方を算出し，その平均平方を残差の平均平方で割って F 値を求める．その F 値に対応する p 値をみればよいことになる．

データセット EXP に対して 2 元配置の分散分析を行うために次のプログラムにかけてみよう．

```
proc glm data = exp;
   class  a b;
   model  y = a b a*b / ss2;
   means  a b a*b;
run;
```

この出力は図表 7.14 に示されている．

"分類変数の水準の情報"では，分類変数 A と B の水準数ととる値が明示される．GLM プロシジャの分類変数とは，A, B, C というような値をとる文字変数でも，10, 20, 30, 40 のような値をとる数値変数でもさしつかえない．ただし，あやまって量的変数を CLASS ステートメントで指定してしまうと，異なる値がすべて水準とみなされて，何十，何百という水準数になり，メモリ不足のエラーになりかねないので注意しよう．分類変数は数値変数であってもよいが，あくまでも分類としての意味をもった数値でなくてはならない．

平方和と平均平方の意味は 1 元配置のときと同じである．モデルからの予測値の偏差平方和 (585.125) と残差平方和 (60.500) の和は，全体平方和 (645.625) に等しい．また，予測値の平均平方 (53.193) を残差の平均平方 (5.042) で割った値が F 値 (10.55) で，それに対応する p 値 (0.0001) はきわめて低い．すなわち，予測値の持つ変動は高度に有意である．

予測値の偏差平方和 (Model) (585.125) は，Type II 平方和の欄に示されるように，要因 A の偏差平方和 (118.750)，要因 B の偏差平方和 (414.458)，要因 A と B の交互作用の偏差平方和 (51.917) に分解される．また，予測モデルの自由度 (11) も，要因 A の自由度 (2)，要因 B の自由度 (3)，$A \times B$ の自由度 (6) に分解されることになる点に注目しよう．それぞれの偏差平方和を自由度で割ってから，さらに残差の平均平方 (5.0417) で割った値が F 値になっていることを

図表 7.14.1 GLM プロシジャによる 2 元配置分散分析の結果の出力

GLM プロシジャ

分類変数の水準の情報

分類	水準	値
a	3	1 2 3
b	4	1 2 3 4

読み込んだオブザベーション数	24
使用されたオブザベーション数	24

従属変数：y

要因	自由度	平方和	平均平方	F 値	Pr > F
Model	11	585.1250000	53.1931818	10.55	0.0001
Error	12	60.5000000	5.0416667		
Corrected Total	23	645.6250000			

R2 乗	変動係数	Root MSE	y の平均
0.906292	10.03515	2.245366	22.37500

要因	自由度	Type II 平方和	平均平方	F 値	Pr > F
a	2	118.7500000	59.3750000	11.78	0.0015
b	3	414.4583333	138.1527778	27.40	<.0001
a*b	6	51.9166667	8.6527778	1.72	0.2004

確認してほしい．F 値に対応する p 値を見ると，A の主効果に関しては $p = 0.0015$ で 1% の有意水準で有意である．B の主効果に関しては $p < 0.0001$ で高度に有意である．しかし，$A \times B$ の交互作用に関しては $p = 0.2004$ なので，5% の有意水準で考えるならば有意でないと考えてよい．交互作用が有意になった場合には，ある要因の効果は，他の要因の水準によって異なることになるので，図表 7.13 のようなグラフを描いて，それぞれの効果の意味を吟味する必要がある．

最後に，MEANS ステートメントによる出力として，A の水準ごとの平均値，B の水準ごとの平均，それらの水準の組み合わせごとの平均が与えられている．これを見ると，このデータは図表 7.13 の（a）に近いような傾向をもっていることがわかるだろう．

7-2-3　1 元配置と 2 元配置で何が変わるか

ある化合物の収量に影響を及ぼす要因として，触媒（A）と温度（B）という 2 つの要因を考え，分散分析を行ってきた．要因 A のみを考慮に入れた 1 元配置の分散分析では，A の効果は有意に

図表 **7.14.2** GLM プロシジャによる 2 元配置分散分析の結果の出力

GLM プロシジャ

水準 a	N	y 平均	標準偏差
1	8	24.2500000	4.83292281
2	8	19.2500000	6.27352715
3	8	23.6250000	3.54310195

水準 b	N	y 平均	標準偏差
1	6	17.1666667	4.70814896
2	6	20.5000000	3.61939221
3	6	23.3333333	2.33809039
4	6	28.5000000	2.34520788

水準 a	水準 b	N	y 平均	標準偏差
1	1	2	20.0000000	2.82842712
1	2	2	21.0000000	1.41421356
1	3	2	25.0000000	1.41421356
1	4	2	31.0000000	1.41421356
2	1	2	11.5000000	2.12132034
2	2	2	17.0000000	2.82842712
2	3	2	21.5000000	0.70710678
2	4	2	27.0000000	1.41421356
3	1	2	20.0000000	1.41421356
3	2	2	23.5000000	3.53553391
3	3	2	23.5000000	3.53553391
3	4	2	27.5000000	2.12132034

ならなかった．しかし A と B の両方の要因を考慮に入れた 2 元配置の分散分析では，A と B の主効果は両方とも 1%の有意水準で有意となり，A と B の交互作用は認められないという結果になった．要因 A については 1 元配置では有意でなかったものが，2 元配置分散分析では有意になるという矛盾した結果が得られた．どうしてこのようなことが起きたかを説明しよう．

1 元配置の分散分析としてはもう 1 つ B を要因とするものが考えられる．次のプログラムによって行ってみる．

```
proc glm data = exp;
    class  b;
    model  y = b / ss2;
    means  b;
run;
```

この出力は図表 7.15 である．要因 B の F 値（あるいは，予測値の F 値）が 11.95，p 値が 0.0001 で高度に有意である．

図表 7.15　B を分類変数とした 1 元配置分散分析の結果

GLM プロシジャ

分類変数の水準の情報		
分類	水準	値
b	4	1 2 3 4

読み込んだオブザベーション数	24
使用されたオブザベーション数	24

従属変数：y

要因	自由度	平方和	平均平方	F 値	Pr > F
Model	3	414.4583333	138.1527778	11.95	0.0001
Error	20	231.1666667	11.5583333		
Corrected Total	23	645.6250000			

R2 乗	変動係数	Root MSE	y の平均
0.641949	15.19444	3.399755	22.37500

要因	自由度	Type II 平方和	平均平方	F 値	Pr > F
b	3	414.4583333	138.1527778	11.95	0.0001

水準 b	N	y 平均	標準偏差
1	6	17.1666667	4.70814896
2	6	20.5000000	3.61939221
3	6	23.3333333	2.33809039
4	6	28.5000000	2.34520788

2元配置の分散分析では影響があると思われた要因 A が，1元配置の分散分析では影響がなかった．これは，要因 B の効果が非常に大きいために，A という要因を単独で考慮してもほとんど偏差平方和を説明するのには役立たないことを表している．言い換えると，B（温度）という要因の影響を差し引いた上でなら，A（触媒）も収量に影響を及ぼしていることになる．

それぞれの分析における偏差平方和の関係を理解するために，図表 7.12, 7.14, 7.15 の出力結果をよく比較してみよう．図表 7.14 における要因 A の偏差平方和（118.750）は，図表 7.12 における A の偏差平方和と同じである．図表 7.14 における B の偏差平方和（414.458）は，図表 7.15 の B の偏差平方和と同じである．2元配置の分散分析では，これらの偏差平方和はどちらも，モデルからの予測値の偏差平方和（図表 7.14 の 585.125）の一部となる．ところが，1元配置の分散分析では，考慮している要因以外の偏差平方和は，残差の一部として扱わざるをえない．このため，B によって説明される大きな偏差平方和（414.458）は，要因 A の 1元配置分散分析における残差平方和（図表 7.12 の 526.875）をきわめて大きくする結果となってしまうのである．

大きな影響をもつ要因がほかに存在する場合には，その影響を差し引かないと，分散分析における検出力は下がってしまう．このことは，他のモデルの場合にもいえることである．親子身長データセット HEIGHT で性差を考慮せずに STUDENT と FATHER との相関係数を求めると，非常に小さな値になってしまうことを思い起こしてほしい（138 ページ）．逆にいうと，いくつかの要因を同時に考慮した実験や調査をし，たがいの効果を差し引いた分析を行ったほうが，それぞれの要因の効果を鋭敏に検出できるのである．

7-2-4 GLM プロシジャのオプションとステートメント

GLM プロシジャの基本的な使い方について，ここでまとめておこう．

PROC GLM ステートメントのオプションとしては，入力する SAS データセットを指定する DATA = オプション（最後に作った SAS データセットを使うときは省略できる）がある．

CLASS ステートメントでは，

　　CLASS　分類変数のリスト；

の形式で，独立変数となる分類変数を指定する．

モデルを指定する MODEL ステートメントは，次の形式が基本である．

　　MODEL　目的変数=効果の並び；

たとえば，2元配置で交互作用を考慮しないモデルの場合，

```
model  y = a b;
```

とかけばよい．交互作用項は $a*b$ の形で，

```
model  y = a b a*b;
```

と表す．MODEL ステートメントは 1 つの GLM プロシジャに 2 つ以上あってはいけない．また，CLASS ステートメントは MODEL ステートメントより先に存在しなくてはならない．

分類変数の各水準ごとに y の平均を出力するために，MEANS ステートメントを使うことができる．たとえば，

```
means a b a*b;
```

とすれば，A の各水準ごとの平均，B の各水準ごとの平均，さらに，A と B を組み合わせた水準ごとの平均が出力される．MEANS ステートメントでは，主効果間の平均を比較・検定するためにオプションを指定して"多重比較（multiple comparison）"を行うことができる．これについては 7-2-6 で説明する．

```
GLM プロシジャ
書式  PROC  GLM  オプション;
         CLASS  分類変数のリスト;
         MODEL  目的変数 = 効果のリスト [ /オプション];
        [MEANS  効果のリスト/オプション;]
        [BY  変数のリスト;]
文例  proc glm data = data1;
         class a b;
         model syuryo = a b a*b;
         means a b a*b;
       run;
機能  分散分析を行う．
```

このほかにも，GLM プロシジャには，

- それぞれのオブザベーションを n 回出現したものとみなすための FREQ ステートメント
- 任意の項を誤差項として，ある効果を F 検定するための TEST ステートメント
- 同一の個体に測定を繰り返す実験計画のための REPEATED ステートメント

や，その他のステートメントが用意されているが，ここでは説明を省略する．また，ここで解説したような単純な要因配置ばかりではなく，GLM プロシジャはさまざまな実験計画のデータにも対応できるので，ぜひ一度，本シリーズ第 5 巻『SAS による実験データの解析』を参照されたい．

7-2-5 GLM プロシジャに関する注意
（1）アンバランスデータの分散分析

繰り返し数が水準ごとに異なるアンバランスなデータの場合の分散分析はやっかいである．実は，式 (7.31) のような平方和の分解公式が一意に決まらないのである．このためいくつかの流儀の平方和が存在し，SAS では Type I-IV までの平方和を出力する．それぞれ MODEL ステートメントのオプションで，SS1, SS2, SS3, SS4 と指定することによって計算される．先の例では SS2 と指定していたので，Type II の平方和が計算されていたわけである．この 4 種類のデータはバランスがとれていれば一致するが，そうでない場合には微妙に異なったものになる．本テキストでは Type I と Type II の平方和の違いのみを説明する．

簡単な例を用いて説明しよう．図表 7.16 は，それぞれ 2 水準からなる要因 A, B の 2 元配置データであるが，(A_1, B_1) という組み合わせの繰り返し数のみが 3 であり，残りは 2 というアンバラ

図表 7.16 アンバランスな 2 元配置データ

```
data exp;
 do a=1 to 3;
  do b=1 to 4;
   do r=1 to 2;
    input y @@;
     output;
     end;
   end;
  end;
cards;
18 22  20 22  26 24  30 32
10 13  19 15  22 21  28 26
21 19  21 26  26 21  29 26
;
```

ンスな配置となっている．このデータは，A_1 に + 2，A_2 に − 2，B_1 に + 1，B_2 に − 1 という効果を与える．その和によって誤差なしで再現でき，交互作用と残差の平方和は 0 となる．まず要因 B は無視して，要因 A のみを考慮して分散分析を行ってみよう．すると要因 A の主効果に対応する平方和は 39.2 となり，逆に要因 A を無視して要因 B の主効果の平方和を求めると 12.8 となる（各自確かめよ）．全体平方和は 48.0 であり，誤差が 0 であるから，この値は要因 A と B を共に考慮したときの予測値の平方和に一致する．すなわち，予測値の平方和がどちらの要因を先に考えるかで 2 通りの分解が可能なのである．要因 A を先に考慮したときの式が，

$$\mathrm{SS}(y) = \mathrm{SS}(\widehat{\mathrm{Effect}[A]}) + \mathrm{SS}(\widehat{\mathrm{Effect}[B|A]}) + \mathrm{SS}(e)$$
$$48.0 = \quad 39.2 \quad + \quad 8.8 \quad + \quad 0$$

である．右辺の第 2 項は，A という要因はすでにモデルに取り入れたという条件の下でさらに要因 B をモデルに取り入れることによって新たに説明される平方和である．要因 B を先に考慮したときの式が，

$$\mathrm{SS}(y) = \mathrm{SS}(\widehat{\mathrm{Effect}[B]}) + \mathrm{SS}(\widehat{\mathrm{Effect}[A|B]}) + \mathrm{SS}(e)$$
$$48.0 = \quad 12.8 \quad + \quad 35.2 \quad + \quad 0$$

である．バランスがとれている場合には，$\mathrm{SS}(\widehat{\mathrm{Effect}[B]})$ と $\mathrm{SS}(\widehat{\mathrm{Effect}[B|A]})$，$\mathrm{SS}(\widehat{\mathrm{Effect}[A]})$ と $\mathrm{SS}(\widehat{\mathrm{Effect}[A|B]})$ はそれぞれ等しく，両式の違いがなくなるのである．

さて，このデータに GLM プロシジャを適用しよう．プログラムは図表 7.16 にすでに含まれている．結果が図表 7.17 である．TYPE I, TYPE II として 2 種類の平方和が出力されている．TYPE I の平方和とは MODEL ステートメントで指定された順に要因をモデルに取りこんだときに計算される平方和であり，$\mathrm{SS}(\widehat{\mathrm{Effect}[A]})$ と $\mathrm{SS}(\widehat{\mathrm{Effect}[B|A]})$ に対応した出力がなされている．一方，（交互作用を考慮しない場合には，）TYPE II の平方和とは，上式の記法を用いれば，それぞれ $\mathrm{SS}(\widehat{\mathrm{Effect}[A|B]})$，$\mathrm{SS}(\widehat{\mathrm{Effect}[B|A]})$ である．

交互作用項を考慮すると事態はさらに複雑となる．交互作用を含めないなら（さらに，欠損になっている組み合わせがなければ），TYPE II 以降の平方和は完全に一致する．交互作用を含めたいなら，

図表 **7.17** GLM プロシジャによるアンバランスデータの分散分析

GLM プロシジャ

分類変数の水準の情報

分類	水準	値
a	2	1 2
b	2	1 2

読み込んだオブザベーション数	9
使用されたオブザベーション数	9

従属変数：y

要因	自由度	平方和	平均平方	F 値	Pr > F
Model	2	48.00000000	24.00000000	Infty	<.0001
Error	6	0.00000000	0.00000000		
Corrected Total	8	48.00000000			

R2 乗	変動係数	Root MSE	y の平均
1.000000	0	0	0.333333

要因	自由度	Type I 平方和	平均平方	F 値	Pr > F
a	1	39.20000000	39.20000000	Infty	<.0001
b	1	8.80000000	8.80000000	Infty	<.0001

要因	自由度	Type II 平方和	平均平方	F 値	Pr > F
a	1	35.20000000	35.20000000	Infty	<.0001
b	1	8.80000000	8.80000000	Infty	<.0001

```
proc glm;
   class  a b;
   model  y = a b a*b / ss2;
run;
```

というようにして TYPE II の平方和を使うことを一般にはすすめたい．計算される平方和は，$\mathrm{SS}(\widehat{\mathrm{Effect}}[A|B])$, $\mathrm{SS}(\widehat{\mathrm{Effect}}[B|A])$, $\mathrm{SS}(\widehat{\mathrm{Effect}}[A \times B|AB])$ である．

（2） 分散分析と GLM に関する注意

GLM プロシジャは数ある SAS のプロシジャの中でも最大級のものであり，さまざまな型の実験

データを解析することができる．GLM という名前は**一般線形モデル**（General Linear Model）に由来しており，説明変数として量的な変数と分類変数の双方を許し，線形モデルの枠組のなかで簡単な指定法で多様なモデルを想定することができる．説明変数がすべて量的な場合は回帰分析と呼ばれ，すべて分類変数である場合は分散分析と呼ばれる習慣であるが，理論的にはいずれも線形モデルに基づく解析法である．変数の型が混在しているときの解析法を**共分散分析**（analysis of covariance）と呼ぶ．たとえば，エサの種類の違いがネズミの体重増加に与える影響を調べるとき，初期体重で補正を行って解析するなど，量的な**共変量**（covariates）の値による補正を伴う分散分析のことである．

GLM は強力なプロシジャではあるが，計算の過程において，次元が説明変数の数に等しい行列を反転することに注意されたい．多元配置の場合，すべての交互作用を考慮すると説明変数の数は水準数の積になる．また，1 被験者に対し時点や評価者を変えて複数の測定がなされている**反復測定**（repeated measurements）データの解析において，被験者を要因と考えると，説明変数の数は被験者数の数倍となる．このような場合，生成される説明変数の次元が高くなりすぎ，膨大な CPU 時間を要したり，メモリー不足でエラーになってしまうことがある．

バランスがとれている場合には，行列反転を行わない **ANOVA** プロシジャを用いたほうがよい．また要因が多い多元配置では，せいぜい 2-3 次の交互作用にとどめるべきである．また，反復測定データに対してはオプション REPEATED を用いて解析することができる．

さて，GLM が取り扱える実験の型を次にまとめておく．それぞれについて詳しく説明する余裕はないので，わからない用語があれば，奥野・芳賀（1969），生沢（1977）などの実験計画法のテキストや『統計用語辞典』（芝他，1984）等を参照されたい．詳細については，本シリーズの第 5 巻で述べられている．

- データが多元配置の型で表される多要因実験（アンバランスでもよい）
- 多要因実験の一部実施（直交表による実験を含む）
- 分割（split-plot）型の実験
- 反復測定データ

多要因実験や分割型実験の場合は**多変量分散分析**（multivariate analysis of variance）も可能である．反復測定データに対しては多変量分散分析と分散分析の修正法が適用される．

また，GLM の特徴として次のような点がある．

- "変量モデル" および "混合モデル" を扱える
- 水準間の "多重比較（multiple comparison）" の機能がある

GLM を使いこなすためには，統計学の知識がかなり必要である．Freund et al.（1991）は，統計学の初心者のための ANOVA プロシジャと GLM プロシジャの入門書である．

なお，経時データを混合効果モデルで解析するために MIXED プロシジャが用意されている．

7-2-6 GLM プロシジャによる多重比較

SAS の GLM プロシジャによってダネット（Dunnett）とチューキー（Tukey）の多重比較を行う方法を示す．『毒性・薬効データの統計解析』（吉村編著，1987）の 58 ページに掲載されていたデータを図表 7.18 に示す．

図表 7.18 血中成分のデータ

第1群：対照	153	153	152	156	158	151	151	150	148	157
第2群：用量1	158	152	152	152	151	151	157	147	156	146
第3群：用量2	153	146	138	152	140	146	156	142	147	153
第4群：用量3	137	139	141	141	143	133	147	144	151	156
第5群：用量4	147	146	136	155	147	152	142	150	150	147

　このデータは，ラットを5群にランダムに分け，群ごとに薬物の投与量を変えて，ある血中成分の濃度を観測したものである．このデータは1元配置型のデータであり，7-2-1で紹介した1元配置分散分析を適用することが可能である．ところが分散分析では，平均的に有意な群間差があるかどうかしか結論を出すことができず，具体的にどの群とどの群との間で有意差があるかについてはわからない．このため多群の実験では，比較したい2群を取り出して，t検定など2群の有意差検定を繰り返し適用することが多かった．しかし，このような検定の反復使用は，誤って有意差を認める確率，すなわち**第1種の過誤**を有意水準よりはるかに大きくし，検定の意味を失わせてしまう．このような現象を"検定の多重性による第1種の過誤の上昇"という．

　検定の多重性の問題に対処するには，1つのデータに適用する群間差比較になっている一群の検定の組をまとめて1つの手法とみなし，その全体での第1種の過誤を有意水準以下に制御すればよい．1つのデータに適用する検定の集合を**多重比較**（multiple comparison）という．多重比較法というのは，多重比較の具体的な手法のことである．多重比較法には多くの手法が知られている．GLMプロシジャでも16種類の方法が可能である．このようにたくさんの多重比較法があるのにはそれなりの理由があるのだが，どれを適用すべきか迷う人も多いだろう．また多重比較法が誤用されている場合も多い．好ましくない例を2つあげる．

(1) ダンカン（Duncan）の多重比較法あるいはステューデント・ニューマン・キュールス（Student-Neuman-Keuls）の多重比較法を適用すること．これらは実験全体についての第1種の過誤を制御していない．

(2) 群間の対比較の問題にシェッフェ（Scheffe）の多重比較を適用すること．シェッフェ法を群間の対比較問題に適用すると検出力が落ちる．この問題には，シェッフェ法よりチューキー法を用いたほうがよい．

　ダンカン法もシェッフェ法もGLMプロシジャで可能ではあるが，適用は慎重に行う必要がある．このテキストでは，基本的な多重比較法であるダネット法とチューキー法についてのみ説明する．多重比較法の詳細については，本シリーズ第5巻を参照されたい．

ダネット（Dunnett）の多重比較

　ダネットの多重比較とは，ある群を基準として，その群と他の群の対比較に興味がある場合に用いられる手法である．動物試験などで，薬物を投与しない対照群と薬物投与群の比較を行うときなどによく用いられる．図表7.18のデータにダネット法を適用するプログラム例を示す．

```
    data rat;
    do group = 1 to 5;
      do i = 1 to 10;
         input  y @@;
         output;
         end;
      end;
       cards;
        153   153   152   156   158   151   151   150   148   157
        158   152   152   152   151   151   157   147   156   146
        153   146   138   152   140   146   156   142   147   153
        137   139   141   141   143   133   147   144   151   156
        147   146   136   155   147   152   142   150   150   147
        ;
    proc glm data = rat;
       class   group;
       model   y = group;
       means   group / dunnett ('1') nosort;
    run;
```

GLM プロシジャでは，多重比較を行うためには MEANS ステートメントで群を表す変数を指定し，/ の後でオプションによって，多重比較の方法を指定する．DUNNETT を指定すれば，ダネットの多重比較を両側検定で行える．('1') は 1 群との対比較を行うための指定である．この例では ('1') を省略してもかまわないが，標準的に指定したほうがよい．NOSORT オプションは平均の大きさの順に群を出力しないための指定である．出力結果を図表 7.19 に示す．分散分析の結果が先に出力されるが，ここでは省略している．

比較の対ごとに，群間の平均の差とその 95% 信頼区間が出力される．信頼区間が 0 を含まない場合には，有意ということで *** が出力される．この例では 1 群と 4 群の比較の結果が有意であることがわかる．デフォルトでは，検定の有意水準は 5% で，95% の信頼区間が出力される．有意水準を変更したければ，ALPHA = オプションで，有意水準を指定すればよい．

```
    means group / dunnett ('1') nosort alpha = 0.01;
```

たとえば，上のように MEANS ステートメントを指定すると検定の有意水準は 1% で，99% の信頼区間が出力される．

チューキー (Tukey) の多重比較

チューキーの多重比較とは，すべての群間の対比較に興味がある場合に，第 1 種の過誤を適切に制御する方法である．チューキー法を行いたい場合には，先のダネット法のプログラムで，MEANS

図表 7.19　ダネットの多重比較の結果

GLM プロシジャ

分類変数の水準の情報

分類	水準	値
group	5	1 2 3 4 5

読み込んだオブザベーション数	50
使用されたオブザベーション数	50

従属変数：y

要因	自由度	平方和	平均平方	F 値	Pr > F
Model	4	642.520000	160.630000	5.88	0.0007
Error	45	1229.800000	27.328889		
Corrected Total	49	1872.320000			

R2 乗	変動係数	Root MSE	y の平均
0.343168	3.518918	5.227704	148.5600

要因	自由度	Type I 平方和	平均平方	F 値	Pr > F
group	4	642.5200000	160.6300000	5.88	0.0007

要因	自由度	Type III 平方和	平均平方	F 値	Pr > F
group	4	642.5200000	160.6300000	5.88	0.0007

y における Dunnett 検定

Note: この検定は全処理群とコントロールの間の比較に対する第 1 種の過誤の確率を制御します。

アルファ	0.05
誤差の自由度	45
誤差の平均平方	27.32889
Dunnett の t の棄却値	2.53128
最小な有意差	5.9179

有意水準 0.05 で有意に差があることを *** で示しています。

group 比較	平均の差	同時 95% 信頼限界		
2 - 1	-0.700	-6.618	5.218	
3 - 1	-5.600	-11.518	0.318	
4 - 1	-9.700	-15.618	-3.782	***
5 - 1	-5.700	-11.618	0.218	

ステートメントを次のように変更すればよい．

    means group / tukey;

出力は図表 7.20.1-7.20.2 のようになる．

図表 **7.20.1** チューキーの多重比較の結果

GLM プロシジャ

分類変数の水準の情報

分類	水準	値
group	5	1 2 3 4 5

読み込んだオブザベーション数	50
使用されたオブザベーション数	50

従属変数：y

要因	自由度	平方和	平均平方	F 値	Pr > F
Model	4	642.520000	160.630000	5.88	0.0007
Error	45	1229.800000	27.328889		
Corrected Total	49	1872.320000			

R^2 乗	変動係数	Root MSE	y の平均
0.343168	3.518918	5.227704	148.5600

要因	自由度	Type I 平方和	平均平方	F 値	Pr > F
group	4	642.5200000	160.6300000	5.88	0.0007

要因	自由度	Type III 平方和	平均平方	F 値	Pr > F
group	4	642.5200000	160.6300000	5.88	0.0007

これがサンプルサイズが群間で等しい場合のデフォルトの出力である．ダネット法とは一見して結果の表現がずいぶん異なっている．平均の大きさの順に群が出力され，群平均の左側に AAA… と BBB… が記されている．この意味は AAA… で囲まれている 1, 2, 3, 5 群の群平均，BBB… で囲まれている 3, 5, 4 群の群平均の間には有意差がないことを示している．この例では 1-4 群間，2-4 群間は，同じ文字で囲まれていないので有意差があることがわかる．この表現の仕方は出力がコンパクトになるが，慣れないとわかりにくい．とくに結果が複雑な場合は読みにくくなる．このようなときにはダネット法の出力と同様に平均の差の信頼区間の形式で結果を出力すればよい．そのためには MEANS ステートメントで CLDIFF オプションを追加する．

図表 7.20.2　チューキーの多重比較の結果

GLM プロシジャ

y における Tukey のスチューデント化範囲 (HSD) 検定

Note: この検定は第1種の実験全体での過誤を制御しますが、一般的に第2種の過誤は REGWQ より高いです。

アルファ	0.05
誤差の自由度	45
誤差の平均平方	27.32889
スチューデント化範囲の棄却値	4.01842
最小な有意差	6.643

ラベルがすべての水準で同じ文字であるとき、どの対比較も統計的には有意ではありません。

	Tukey グループ		平均	N	group
		A	152.900	10	1
		A			
		A	152.200	10	2
		A			
B		A	147.300	10	3
B		A			
B		A	147.200	10	5
B					
B			143.200	10	4

```
means group / tukey cldiff nosort;
```

すべての対比較の組み合わせの平均の差とその信頼区間が出力され，有意差がある対は＊＊＊で示される．サンプルサイズが等しくない場合は，結果は信頼区間の形式で常に示される．

なお，ダネット法とチューキー法の p 値を出力するには MEANS 文ではなく LSMEANS 文で adj = dunnett と adj = tukey を指定すればよい．

ダネット法とチューキー法の多重比較に関する注意
(1) サンプルサイズが等しくない場合

統計学の教科書では，ダネット法とチューキー法はサンプルサイズが等しい場合にのみ使用できる方法であると書いてある場合があるが，GLM プロシジャでは，少々サンプルサイズが群間で異なっていても大丈夫な調整法を採用している．GLM プロシジャの（アンバランスな場合での）チューキー法は，正式にはチューキー・クラマー (Tukey-Kramer) の方法という．この方法はチューキー法をサンプルサイズがアンバランスな場合に拡張したもので，サンプルサイズがそろっていない場合でも有意水準が名義水準以下に保たれることが証明されている．ダネット法でサンプルサイズが異なる場合も，GLM プロシジャが採用している調整法で問題ないことがシミュレーションで示さ

れている.

(2) ノンパラメトリックな多重比較

ダネット法とチューキー法はもともと各群内の正規分布でかつ等分散であることを前提として生まれた方法であるが，その後，正規性を仮定しないノンパラメトリック版の方法がそれぞれの手法について提案されている．ダネット法に対応するのがスチール法，チューキー法に対応するのがスチール・ドワス法である．SASでは残念ながら現在のところノンパラメトリック版の多重比較法をプロシジャとして行うことはできない．しかしPROBMC関数を用いればノンパラメトリックな多重比較の棄却限界値を求めることができ，DATAステップと組み合わせることによって，ノンパラメトリックな多重比較を行うことができる．吉田・浜田（1992）にプログラム例がある．

第8章 主成分分析と因子分析

この章では，知能テストなどから選んだ 10 の認知課題を大学生に対して実施したデータ（Ichikawa, 1983）をもとに，**主成分分析**（principal component analysis）と**因子分析**（factor analysis）について簡単に紹介する．ここで用いる認知課題は次のようなものである．

1) 言語的記憶範囲課題（verbal memory span，変数名 VER_SPAN）
2) 視覚的記憶範囲課題（visual memory span，変数名 VIS_SPAN）
3) 単語関係把握課題（word relation，変数名 WORD_REL）
4) 迷路課題（maze，変数名 MAZE）
5) 加算課題（addition，変数名 ADDITION）
6) 図形系列完成課題（shape series，変数名 SHAPE_SR）
7) アナグラム課題（anagram，変数名 ANAGRAM）
8) 空間関係把握課題（space relation，変数名 SP_REL）
9) 数系列完成課題（number series，変数名 NUM_SR）
10) 心的回転課題（mental rotation，変数名 ROTATION）

図表 8.1 には，課題の簡単な説明があるので参照されたい．データは図表 8.2 に示した（原論文では 82 人であったが，スペースの都合上 50 人をランダムに選択した．分析結果は原論文と実質的に変わりがない）．このデータを以後 "認知課題データ" と呼び，COG_TASK という SAS データセットに格納してあるものとする．

COG_TASK のデータに対し，次のようなことを考えてみよう．

(1) 10 の課題成績を合成して，認知的能力を表す総合指標が作れないだろうか．作れるとすれば，総合指標はいくつ作ればよいのだろうか．それぞれの総合指標はどういう意味を持っているだろうか．

(2) 逆に，人間の認知的能力を表す少数の基本的な得点が仮定できたとすれば，それらを合成することで，10 の課題成績が説明（再現）できないか．どのような基本的得点を仮定して，どのように合成すればうまく説明できるだろうか．

(3) 課題の成績の間にはどのような関係があるのか．すなわち，相関関係から，どの課題は近い関係にあるというようなことが全体的に把握できないだろうか．

本章で解説する主成分分析と因子分析はそれぞれ (1) と (2) の問題を探るための有力な方法である．そして，(3) の問題にはどちらの手法もかかわっている．

図表 8.1 10種類の認知課題（Ichikawa, 1983）．(3) は田中（1958），(4)，(5)，(6)，(9) は田中（1962），(7) は寺岡（1961），(8)，(10) は牛島（1961）より抜粋．

(1) 一度見ただけで完全に覚えられる数系列の長さ

```
1 9 3 7 1 6
4 8 9 3 4 6 0
9 2 8 1 5 9 0 7
3 2 5 0 9 8 5 0 1
5 1 6 8 0 4 3 8 5 2
6 8 3 0 7 1 2 0 5 6 8
8 6 1 9 5 8 1 9 0 8 7 3
```

(2) 一度見ただけで完全に覚えられるパターンの点の数

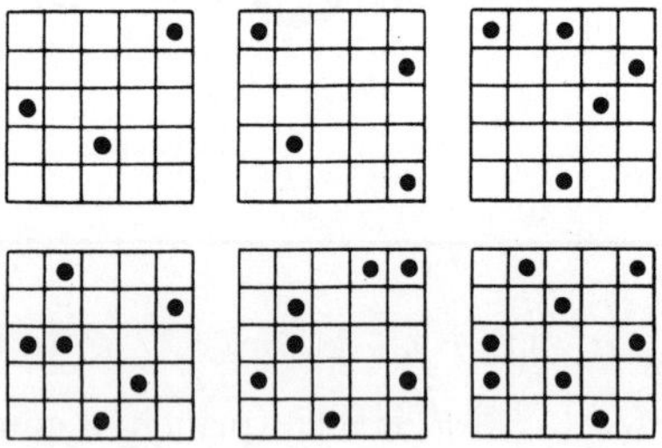

(3) 2つの語の関係が同じになるように4語の中から1つを選ぶ

   み　み　：　き　く　＝　め　　　　：　つむる　なみだ　みる　めがね

(4) 入口から出口まで線で結ぶ

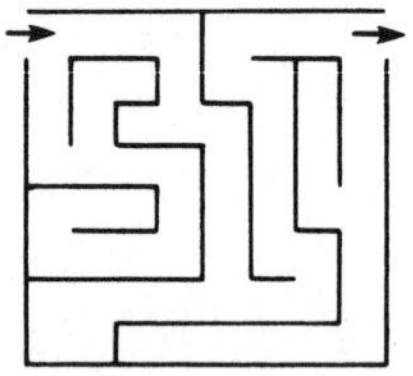

(5) 4個の数字の和を求める

```
9  5  9  5
8  8  6  7
7  6  8  8
5  7  5  4
─────────────
```

(6) 図形の系列を完成させる

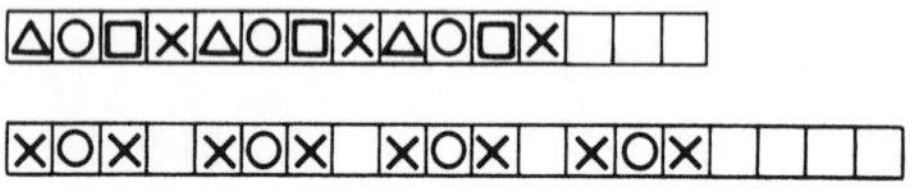

(7) 4文字から単語を作る

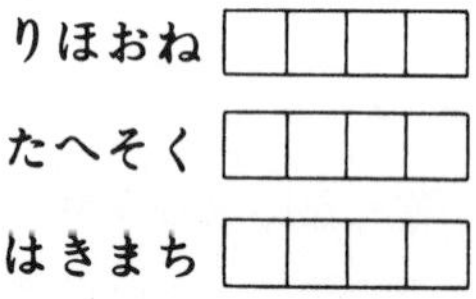

　りほおね
　たへそく
　はきまち

(8) DはCの右側，CはBの左側にいる．BはAのうしろにいる．Dはどれか．

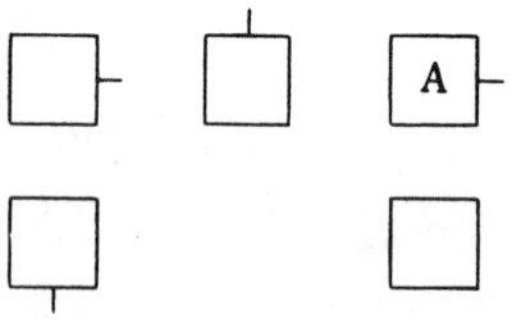

(9) 数字の系列を完成させる

　……8　1　6　1　4　1　―　―
　……3　7　11　15　19　23　―　―

(10) 回転しても左側の図形に重ならないものを1つ選ぶ

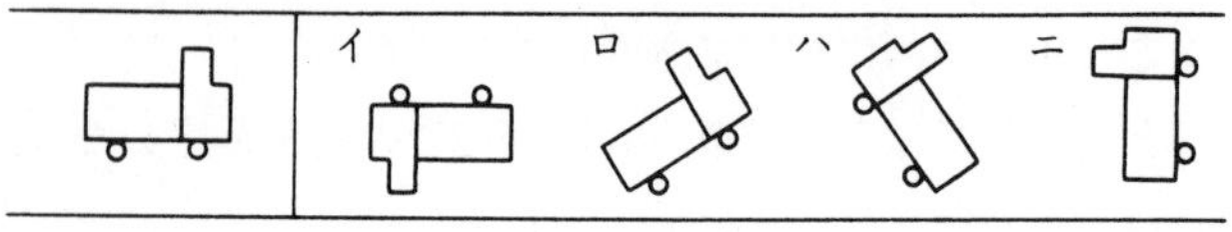

図表 8.2 PRINT プロシジャによる認知課題 COG_TASK の出力

OBS	VER_SPAN	VIS_SPAN	WORD_REL	MAZE	ADDITION	SHAPE_SR	ANAGRAM	SP_REL	NUM_SR	ROTATION
1	8.2	5.7	34	14	62	21	39	9	22	5
2	7.8	4.0	36	14	69	22	30	10	19	13
3	10.0	5.0	37	15	57	24	23	11	21	14
4	9.0	4.5	35	14	30	20	26	12	19	9
5	8.0	4.0	30	11	43	17	18	9	12	10
6	7.7	6.3	33	14	35	22	32	10	19	14
7	7.3	4.7	21	14	37	24	19	9	13	12
8	8.7	6.0	33	14	57	24	34	12	20	14
9	8.2	4.7	29	14	29	19	23	10	16	12
10	8.2	4.5	32	15	33	20	30	12	16	13
11	7.2	3.5	26	11	64	19	20	8	15	10
12	7.7	5.7	26	13	29	25	34	8	12	8
13	7.3	6.0	28	12	44	24	19	11	14	10
14	7.7	7.0	31	14	28	24	17	10	20	13
15	7.5	4.2	35	13	45	20	14	9	14	9
16	7.7	4.2	31	13	31	19	30	11	13	15
17	7.7	4.0	36	14	50	25	43	9	18	13
18	10.5	4.5	30	15	51	24	41	12	22	14
19	7.5	6.8	38	15	59	24	34	10	20	16
20	7.7	5.2	29	15	65	26	27	10	14	16
21	7.2	5.5	19	13	20	19	26	6	12	5
22	8.7	4.3	22	11	45	17	36	6	9	9
23	7.2	4.7	27	13	49	18	23	9	14	12
24	8.3	5.3	25	13	52	18	21	8	13	4
25	7.3	5.5	22	13	33	14	20	8	14	12
26	7.8	6.8	32	13	40	26	34	11	18	16
27	8.7	5.7	25	15	40	21	26	10	12	15
28	6.3	5.5	22	15	59	24	10	5	11	7
29	8.5	5.8	15	14	60	21	17	8	13	7
30	7.7	5.2	30	13	57	23	25	11	16	13
31	8.8	5.3	25	14	43	19	20	9	15	12
32	6.3	4.8	27	14	41	18	25	10	19	13
33	7.8	6.7	27	14	37	22	30	8	14	16
34	8.8	5.2	27	14	61	15	21	7	15	9
35	6.3	3.5	23	15	17	18	14	9	11	15
36	8.2	5.7	27	14	45	16	30	9	16	14
37	8.8	6.7	28	15	73	24	41	10	10	14
38	8.0	3.8	24	12	30	17	14	9	13	12
39	7.0	6.3	29	16	41	20	24	13	21	15
40	7.7	7.2	26	16	43	19	21	11	15	16
41	7.0	6.5	23	15	25	15	17	9	12	10
42	8.2	4.5	27	15	26	21	37	12	14	14
43	9.7	7.0	34	15	53	26	31	11	16	16
44	7.5	3.7	22	13	17	19	23	9	12	8
45	9.3	6.2	28	14	40	21	42	12	17	14
46	9.3	7.3	27	15	75	22	26	12	24	13
47	7.5	5.0	29	16	49	21	30	12	19	14
48	7.5	5.5	23	15	28	21	21	7	12	12
49	8.7	4.2	34	14	39	20	34	8	13	7
50	8.7	5.2	27	13	65	20	26	9	19	16

8-1 主成分分析（PRINCOMP プロシジャ）

8-1-1 主成分分析とは

　主成分分析は，いくつかの変数から，主成分（principal components）という互いに無相関な合成変数を作るための多変量解析の一手法である．いま，p 個の量的変数があるとすると，最大 p 個の主成分（第 1 主成分，第 2 主成分，…，第 p 主成分）を作ることができる．それぞれの主成分は，もとの変数の線形結合，すなわち各変数に重みをつけてたし合わせたものである．式でかけば，

主成分 z は,

$$\begin{aligned} z &= w_1 x_1 + w_2 x_2 + \cdots + w_p x_p \\ &= \sum_{j=1}^{p} w_j x_j \end{aligned} \tag{8.1}$$

ここで, w_j は変数 x_j にかかる重み係数であり,どのオブザベーションに対しても共通の値が使われる.オブザベーション数を n とすると,1 つの主成分は n 次の縦ベクトルとして考えることができる.個々の得点を**主成分得点**(principal component score)という.このような主成分ベクトルを m 個($1 \leqq m \leqq p$)並べた $n \times m$ の行列を $\boldsymbol{Z}$ とし,それぞれに対応する重み係数を並べた $p \times m$ の行列を $\boldsymbol{W}$ とすれば,

$$\boldsymbol{Z} = \boldsymbol{X}\boldsymbol{W} \tag{8.2}$$

と表現される.これを図示したのが図表 8.3 である.$\boldsymbol{X}$ は $n \times p$ のデータ行列であり,それぞれの変数は,平均 0,分散 1 に標準化してあるものとする.標準化を行うのは,主成分の計算に対する各変数の寄与分を等しくするためである.とくに,互いに単位の異なる変数を用いるときは,このように標準化を行うのが普通である.しかし,後で述べるように,もとの変数を標準化せずに主成分を計算する場合もある.

図表 8.3 主成分分析の図式的表現

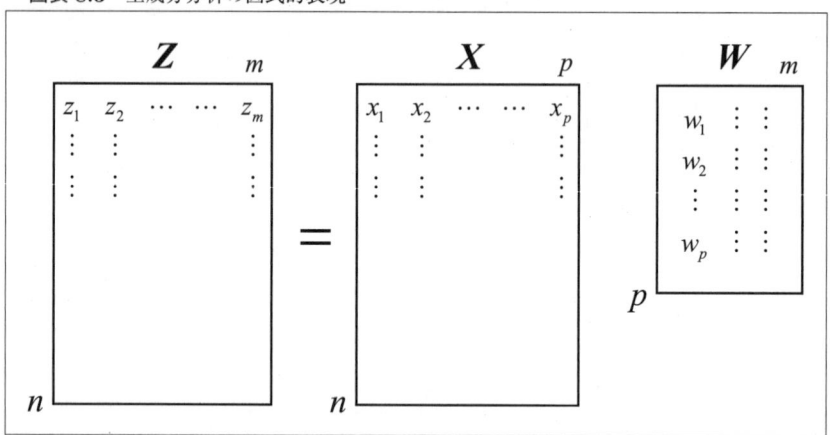

重み係数はデータの相関行列 $\boldsymbol{R}$(サイズは $p \times p$)の固有ベクトル(eigenvector)として求められる.この固有ベクトルは,習慣的にノルム(長さ)が 1,すなわち $\sum w_j^2 = 1$ になるようにしておく.そして,$\boldsymbol{R}$ の固有値(eigenvalue)を大きい順に並べたとき,

第 1 固有値 λ_1 に対応する固有ベクトルを重み係数として計算される主成分を第 1 主成分

第 2 固有値 λ_2 に対応する固有ベクトルを重み係数として計算される主成分を第 2 主成分

……

第 p 固有値 λ_p に対応する固有ベクトルを重み係数として計算される主成分を第 p 主成分

というのである.

このようにして定められる主成分は，次のような性質を持っている．

1) 主成分は互いに無相関である．これを，互いに"直交している"という．
2) 第 1 主成分の分散は第 1 固有値 λ_1 に等しくなる．この値は $\sum w_j^2 = 1$ という条件の下で w_j を変えて線形合成変数を作ったとき，達成しうる最大の分散に一致する．
3) 第 k 主成分の分散は第 k 固有値 k に等しい．この値は，$\sum w_j^2 = 1$ で，かつそれまで抽出された $k-1$ 個の主成分のどれとも直交するという条件を満たす線形合成変数の中で，最大の分散に一致する．
4) 線形合成変数ともとの変数との相関係数の 2 乗和を計算したとき，これを最大化するのが，第 1 主成分である．第 2 主成分以下も，それまでの主成分に直交するという条件の下でもとの変数との相関係数の 2 乗和を最大化する合成変数として特徴づけられる．
5) もとのデータ行列 $\boldsymbol{X}$ $(n \times p)$ に対して，

$$\boldsymbol{X} = \boldsymbol{P}\boldsymbol{Q} + \boldsymbol{E} \tag{8.3}$$

という回帰モデルを考える．ここで $\boldsymbol{P}$ は説明変数の値を並べた $n \times p$ の行列，$\boldsymbol{Q}$ は回帰係数を並べた $m \times p$ の行列，$\boldsymbol{E}$ は $n \times p$ の残差行列である．この m を固定して考えたとき，$\boldsymbol{E}$ の要素の 2 乗和を最小化する $\boldsymbol{P}$, $\boldsymbol{Q}$ は，最初の m 個の主成分，すなわち $\boldsymbol{P} = \boldsymbol{Z}$, $\boldsymbol{Q} = \boldsymbol{W}'$ ($\boldsymbol{W}'$ は重み係数を並べた $p \times m$ の行列で，$\boldsymbol{W}'$ は $\boldsymbol{W}$ の転置行列) によって与えられる．
6) p 次元の (ユークリッド) 空間に，$\boldsymbol{X}$ の値を座標値とする n 点が布置されていると考える．m 次元の部分空間 ($p=3$, $m=2$ ならば，図表 8.4 のように 3 次元空間中の平面) を考え，各点からこの空間に垂線をおろす．この垂線の長さの 2 乗和は，データ点に対するこの部分空間の当てはまりの尺度と考える．これを最小にするのが主成分で張られる部分空間である．すなわち，最適な部分空間への垂線の足 (射影 projection) の座標が主成分得点となる．
7) もとの p 次元空間での点 i と点 j の間のユークリッド距離を d_{ij}, m 次元の部分空間内での両者の射影の距離を $\hat{d}_{ij}$ とする．直角三角形の斜面は他の 2 辺より長いことから，常に $d_{ij} \geqq \hat{d}_{ij}$ が成立つ．ここで，

$$\sum_{i \neq j} (d_{ij}^2 - \hat{d}_{ij}^2)$$

を最小にする (すなわち，ユークリッド距離を最もよく保存する) のが主成分で張られる部分空間である．
8) 重み係数のベクトルは互いに直交する (これは各主成分が直交することとは異なるので注意されたい)．また，幾何学的に言うと，もとの p 次元空間の座標軸を，軸の間の角度を 90° に保ったまま回転したときの新しい座標値が主成分得点となっている．

要するに，主成分分析とは，もとの変数群の持つばらつきを最もよく表現するような合成変数を次々に求めていく手法と考えることができる．あるいは幾何学的には，元の p 次元空間の点の布置を最もよく保存する低次元の空間布置を求めることと考えてもよい．

第 k 主成分の表現するばらつきは分散 λ_k であるが，これが，もとの変数群の持つ分散の総和 (それぞれの変数が分散 1 に標準化されていれば，分散の総和は変数の数 p に等しい) に対して占める

図表 8.4　部分空間への放射と主成分

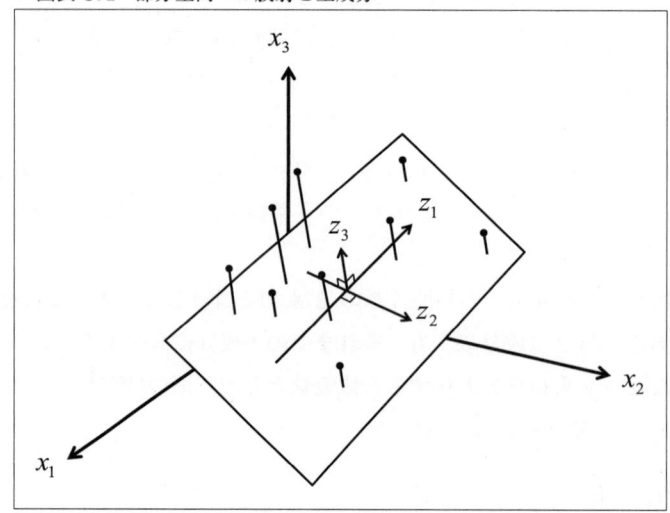

比を寄与率（contribution）という．また，第 1 主成分から第 k 主成分までの寄与率の和を，**累積寄与率**（cumulative contribution）という．主成分をどこまで採用するかは，

- 累積寄与率が十分大きい（扱う問題によるが，たとえば 80%）とみなされるところまで
- 主成分の分散が 1（すなわち，元の変数 1 個の分散）より大きいところまで
- 固有値の大きさが急に小さくなる手前まで

という基準のどれかによることが多い．

8-1-2　認知課題データの主成分分析

認知課題データ COG_TASK を，次のプログラムにかけてみよう．その出力を見ながら，主成分分析が何をするための手法なのかを具体的に説明していく．

```
proc princomp data = cog_task out = out_prin;
run;
proc means data = out_prin;
run;
proc corr nosimple noprob data = out_prin;
   var  prin1 - prin10;
run;
proc plot data = out_prin;
   plot  prin1*prin2 / vref = 0 href = 0;
run;
```

（1）　**PRINCOMP** プロシジャの出力

PRINCOMP プロシジャの出力は図表 8.5 と図表 8.6 である．図表 8.5 はそれぞれの変数の要約統計量と相関行列である．そして，図表 8.6 には，固有値（eigenvalue）と固有ベクトル（eigenvectors）

第 8 章　主成分分析と因子分析

図表 8.5　PRINCOMP プロシジャの出力（要約統計量と相関行列）

PRINCOMP プロシジャ

オブザベーション数	50
変数の数	10

単純統計量

	VER_SPAN	VIS_SPAN	WORD_REL	MAZE	ADDITION	SHAPE_SR
Mean	8.008000000	5.302000000	28.12000000	13.92000000	44.42000000	20.76000000
StD	0.887288923	1.041876251	4.97192116	1.20948631	14.68456082	3.05433783

単純統計量

	ANAGRAM	SP_REL	NUM_SR	ROTATION
Mean	26.36000000	9.600000000	15.56000000	12.00000000
StD	8.08061424	1.784285142	3.55803202	3.23248814

相関行列

	VER_SPAN	VIS_SPAN	WORD_REL	MAZE	ADDITION	SHAPE_SR
VER_SPAN	1.0000	0.1331	0.2903	0.0995	0.3305	0.1980
VIS_SPAN	0.1331	1.0000	0.0240	0.4115	0.2006	0.3279
WORD_REL	0.2903	0.0240	1.0000	0.1510	0.2693	0.4038
MAZE	0.0995	0.4115	0.1510	1.0000	0.0720	0.2820
ADDITION	0.3305	0.2006	0.2693	0.0720	1.0000	0.3167
SHAPE_SR	0.1980	0.3279	0.4038	0.2820	0.3167	1.0000
ANAGRAM	0.4493	0.1344	0.4413	0.1450	0.1906	0.3699
SP_REL	0.3230	0.1991	0.5093	0.4010	0.0626	0.3116
NUM_SR	0.3205	0.2678	0.5983	0.3236	0.3559	0.3056
ROTATION	0.1117	0.2715	0.3175	0.4072	0.0838	0.2956

相関行列

	ANAGRAM	SP_REL	NUM_SR	ROTATION
VER_SPAN	0.4493	0.3230	0.3205	0.1117
VIS_SPAN	0.1344	0.1991	0.2678	0.2715
WORD_REL	0.4413	0.5093	0.5983	0.3175
MAZE	0.1450	0.4010	0.3236	0.4072
ADDITION	0.1906	0.0626	0.3559	0.0838
SHAPE_SR	0.3699	0.3116	0.3056	0.2956
ANAGRAM	1.0000	0.3372	0.3130	0.2461
SP_REL	0.3372	1.0000	0.6114	0.5838
NUM_SR	0.3130	0.6114	1.0000	0.3247
ROTATION	0.2461	0.5838	0.3247	1.0000

図表 8.6 PRINCOMP プロシジャの出力（固有値と固有ベクトル）

PRINCOMP プロシジャ

相関行列の固有値

	固有値	差	比率	累積
1	3.72039752	2.32921582	0.3720	0.3720
2	1.39118170	0.25031355	0.1391	0.5112
3	1.14086816	0.30627412	0.1141	0.6252
4	0.83459403	0.05013926	0.0835	0.7087
5	0.78445477	0.19408225	0.0784	0.7871
6	0.59037252	0.06584802	0.0590	0.8462
7	0.52452450	0.06183762	0.0525	0.8986
8	0.46268687	0.14001941	0.0463	0.9449
9	0.32266746	0.09441500	0.0323	0.9772
10	0.22825246		0.0228	1.0000

固有ベクトル

	Prin1	Prin2	Prin3	Prin4	Prin5	Prin6	Prin7	Prin8	Prin9	Prin10
VER_SPAN	0.269120	-.400184	0.114225	0.478269	0.472611	0.116943	0.082863	-.438537	0.245263	-.171076
VIS_SPAN	0.228446	0.379517	0.554399	0.129647	0.100284	-.231195	-.583299	0.073436	0.213230	0.158136
WORD_REL	0.365062	-.264247	-.299572	-.295633	-.213905	-.219054	-.013172	0.088150	0.694600	0.188701
MAZE	0.273936	0.502815	0.121256	0.091313	0.152189	-.206294	0.740938	0.147116	0.112148	0.012940
ADDITION	0.223136	-.343126	0.523203	-.426825	0.134863	0.428411	0.175903	0.239244	-.126429	0.265831
SHAPE_SR	0.322693	-.007815	0.281499	-.026481	-.689448	-.037480	0.107558	-.522576	-.176840	-.152302
ANAGRAM	0.312581	-.302356	-.054711	0.560833	-.270929	-.107262	-.020657	0.580791	-.264046	0.031219
SP_REL	0.395793	0.156857	-.392451	-.006351	0.181333	0.038598	-.110109	-.283990	-.387436	0.622441
NUM_SR	0.395607	-.066357	-.106789	-.399328	0.300846	-.350027	-.150481	0.080418	-.326412	-.565280
ROTATION	0.319830	0.367352	-.231843	0.042373	-.085709	0.722410	-.161330	0.134614	0.160325	-.328845

が出力されている．固有値の差は，その固有値と1つ下の固有値との差であり，比率は寄与率，累積は累積寄与率である．固有ベクトルは，ある主成分を求めるときにそれぞれの変数にかかる重みを表していることはすでに述べたとおりである．固有ベクトルはノルムが1，すなわち，要素の2乗和が1（正確にいえば要素の2乗和の平方根がノルムだが，この場合は1なので平方根をとっても等しい）になっていることを電卓などで確かめてみよう．

(2) 重み係数からみた主成分の意味

　固有ベクトル，すなわち重み係数をみれば，それぞれの主成分がどのような意味を持つ指標かということがわかってくる．第1主成分の重み係数は，すべての変数に対してほぼ同じような値である．すると，この主成分得点は，ある個人がもとの変数（といっても，平均0，分散1に基準化された変数のことであるが）でとっている値の平均点とほぼ等しい意味を持つ（重み係数がすべて等しければ，まさに平均点と完全な比例関係にある）．したがって，この例の第1主成分は，利用されたすべての認知課題を使っての認知的能力の総合指標というような意味を持つといえる．

第1主成分に対する重み係数がすべて正であること，各主成分に対する重みのベクトルは直交することから，第2主成分以後の重み係数は，正・負まじったものとなることがわかる．第2主成分は，迷路課題（MAZE），視覚的記憶範囲課題（VIS_SPAN），心的回転課題（ROTATION）などに正の重みが高く，言語的記憶範囲課題（VER_SPAN），加算課題（ADDITION），アナグラム（ANAGRAM），単語関係把握課題（WORD_REL）などに負の重みが高い．すると，この主成分は，認知的能力が視覚–空間型か言語型かを表しているといえそうである．すなわち，この主成分の値が高い人は視覚–空間型であり，低い人が言語型ということになる．

ここで，第2主成分得点は，第1主成分得点と無相関であることに注意しよう．すなわち第2主成分は，第1主成分で表される総合的能力を，いわば差し引いた上で，その個人の認知的なタイプを表現していることになる．したがって，第2主成分の高い人は，"視覚–空間的能力が高い人"と解釈するべきではなく，"その人の言語的能力に比べて，（相対的に）視覚–空間的能力のほうが高い人"と解釈するべきなのである．この表現はわかりにくいかもしれないが，あとで因子分析における回転後の因子との比較として，もう一度詳しく説明する．

また，重み係数をみることによって，どの課題どうしが互いに近い関係にあるかが把握できる（ただしこの目的には，FACTOR プロシジャの出力する因子負荷量のプロットをみるほうが便利である）．第2主成分への重みが高い課題どうしは，それらが視覚–空間的認知能力を測定しているという意味で互いに似ている．第2主成分への重みが低い課題どうしは，それらが言語的認知能力を測定しているという意味で互いに似ている（重みが 0 に近い場合は，どちらの能力も測定していると解釈できるときと，どちらの能力も測定していないと考えられるときがある．これは，因子分析の共通性の説明のところを参照されたい）．すると，課題を分類して，似ている課題があまりにも多くある場合には，それらの中からいくつかだけを選択して，より簡便でむだのないテストバッテリー（いくつかの種類のテストのセット）を構成することができる．

また，あるテストの妥当性（validity）——本当に作成者の意図したような能力を測定しているといえるか——を他のテストとの関係から吟味することもできる．たとえば，認知課題データの空間関係把握課題（変数名 SP_REL）は，その名称にもかかわらず，第2主成分への重み係数がほとんど 0 である．そこで，もとの課題について考えてみると，問題の説明文が非常に長く，これを頭に入れつつ問題を解くのはかなりの言語的認知能力も必要とされるのではないかと推察される．すると，この課題は空間関係把握能力を純粋に測っているとはいえないことになる．

(3) PRINCOMP の入力・出力データセット

PROC PRINCOMP ステートメントには DATA = オプションと OUT = オプションを指定できる．DATA = オプションは入力データの入った SAS データセットを指定するもので，直前に作られた SAS データセットが対象のときは省略してよい．また，データの基準化は，PRINCOMP プロシジャ内部で自動的に行われるので，入力データは素データでかまわない．OUT = オプションは素データおよび主成分得点の入った新しい SAS データセットを作るためのものである．OUT = で指定された名前の SAS データセットにこれらの値が出力される．出力された SAS データセットの中で，主成分得点には自動的に PRIN1, PRIN2, ……という変数名がつけられる．もし，永久 SAS データセットとして保存したければ，2 レベルの SAS データセット名にし，前もってその第 1

レベル名をファイル参照名としておく必要がある．

(4) 主成分得点の統計的性質

MEANSプロシジャの出力が図表8.7である．最後に作られたSASデータセットであるOUT_PRINが，MEANSプロシジャの処理の対象になっている．主成分得点PRIN1, PRIN2, …の平均は0,標準偏差は固有値の平方根になっていることを確認してほしい．CORRプロシジャの出力は図表8.8である．主成分得点は互いに直交している．すなわち，無相関であることがわかる．さらに，PLOTプロシジャの出力は図表8.9である．これは，50人の被験者それぞれのもつ第1主成分得点（PRIN1）と第2主成分得点（PRIN2）のプロットである．平均0，分散1に標準化されたもとの変数に重み係数をかけてたし合わせることによって，これらの値が得られていることを理解していただきたい．

図表 8.7　OUT_PRIN を MEANS プロシジャにかけたときの出力

MEANS プロシジャ

変数	平均	分散
VER_SPAN	8.0080000	0.7872816
VIS_SPAN	5.3020000	1.0855061
WORD_REL	28.1200000	24.7200000
MAZE	13.9200000	1.4628571
ADDITION	44.4200000	215.6363265
SHAPE_SR	20.7600000	9.3289796
ANAGRAM	26.3600000	65.2963265
SP_REL	9.6000000	3.1836735
NUM_SR	15.5600000	12.6595918
ROTATION	12.0000000	10.4489796
Prin1	$-5.77316\text{E}-17$	3.7203975
Prin2	$-2.9976\text{E}-16$	1.3911817
Prin3	$-3.30846\text{E}-16$	1.1408682
Prin4	$5.839773\text{E}-16$	0.8345940
Prin5	$7.638334\text{E}-16$	0.7844548
Prin6	$2.708944\text{E}-16$	0.5903725
Prin7	$2.997602\text{E}-16$	0.5245245
Prin8	$-2.58682\text{E}-16$	0.4626869
Prin9	$6.27276\text{E}-17$	0.3226675
Prin10	$-1.11022\text{E}-17$	0.2282525

8-1-3　PRINCOMP プロシジャのオプション

PROC PRINCOMP プロシジャには，前述した DATA = オプションと OUT = オプションの他にもいくつかのオプションがあるが，よく使われるものだけを紹介しよう．まず，

　　　N = 値　　計算する主成分の数を指定する
　　　COV　　　相関行列ではなく，分散共分散行列を主成分分析する
　　　NOINT　　COVと同時に用いると，平均を引かずに，元データから計算される平方和積和の行列を主成分分析する
　　　STD　　　OUT = で出力される主成分を平均0，分散1に基準化する

というオプションがある．後述するように，元データを平均0，分散1に基準化せずに主成分分析

第 8 章 主成分分析と因子分析

図表 8.8 OUT_PRIN を CORR プロシジャにかけたときの出力

CORR プロシジャ

10 変数: Prin1 Prin2 Prin3 Prin4 Prin5 Prin6 Prin7 Prin8 Prin9 Prin10

Pearson の相関係数, N = 50

	Prin1	Prin2	Prin3	Prin4	Prin5	Prin6	Prin7	Prin8	Prin9	Prin10
Prin1	1.00000	0.00000	0.00000	0.00000	0.00000	0.00000	0.00000	0.00000	0.00000	0.00000
Prin2	0.00000	1.00000	0.00000	0.00000	0.00000	0.00000	0.00000	0.00000	0.00000	0.00000
Prin3	0.00000	0.00000	1.00000	0.00000	0.00000	0.00000	0.00000	0.00000	0.00000	0.00000
Prin4	0.00000	0.00000	0.00000	1.00000	0.00000	0.00000	0.00000	0.00000	0.00000	0.00000
Prin5	0.00000	0.00000	0.00000	0.00000	1.00000	0.00000	0.00000	0.00000	0.00000	0.00000
Prin6	0.00000	0.00000	0.00000	0.00000	0.00000	1.00000	0.00000	0.00000	0.00000	0.00000
Prin7	0.00000	0.00000	0.00000	0.00000	0.00000	0.00000	1.00000	0.00000	0.00000	0.00000
Prin8	0.00000	0.00000	0.00000	0.00000	0.00000	0.00000	0.00000	1.00000	0.00000	0.00000
Prin9	0.00000	0.00000	0.00000	0.00000	0.00000	0.00000	0.00000	0.00000	1.00000	0.00000
Prin10	0.00000	0.00000	0.00000	0.00000	0.00000	0.00000	0.00000	0.00000	0.00000	1.00000

図表 8.9 第 1 主成分得点 (PRIN1) と第 2 主成分得点 (PRIN2) の散布図

プロット：Prin1＊Prin2　凡例：A=1obs, B=2obs, …

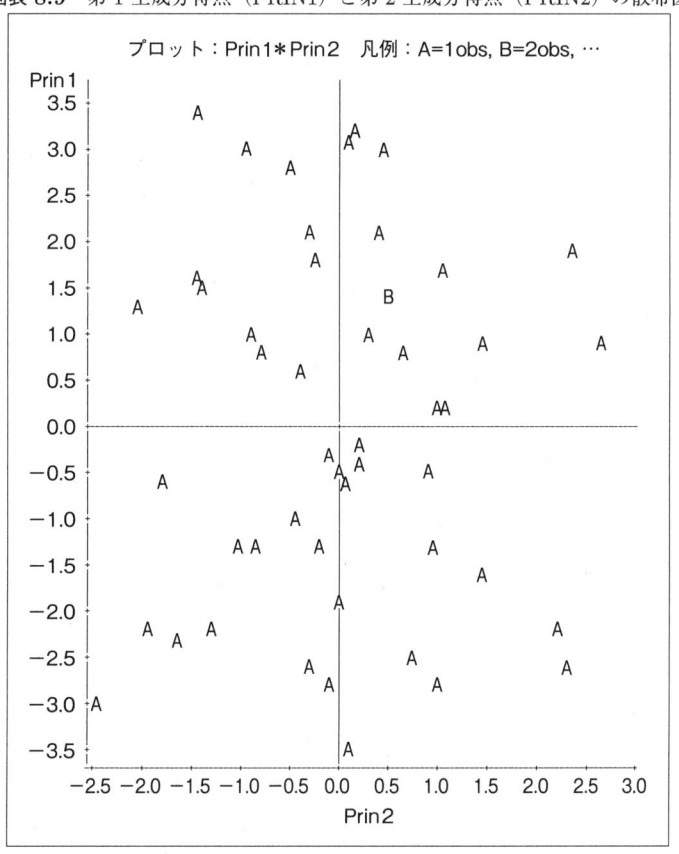

を行う場合があるが，COV オプションや NOINT オプションはそのための指定である．また，

  OUTSTAT = SAS データセット名

というオプションによって，PRINCOMP プロシジャの実行結果の入った特殊 SAS データセットを出力することができる．この SAS データセットは，通常は CORR 型といわれるものになるが，COV オプションを指定したときには COV 型となる．認知課題データを，

  proc princomp data = cog_task out = out_prin outstat = st_prin;
  run;

というステートメントで PRINCOMP プロシジャにかけ，

  proc print data = st_prin;

によって印刷すると，図表 8.10 の出力が得られる．ST_PRIN のオブザベーションはさまざまな種類の統計量を含んでいるが，それらは _TYPE_ という変数によって次のように識別される．

  MEAN   それぞれの変数の平均
  STD   それぞれの変数の標準偏差
  N   オブザベーション数（すべての変数で等しい）
  CORR   それぞれの変数と _NAME_ 変数で指定される変数との相関係数
  EIGENVAL 固有値
  SCORE   固有ベクトル（重み係数）

この SAS データセットを利用して，SCORE プロシジャで主成分得点を算出することができるが，詳しくは SAS マニュアルを参照されたい．

 最後に，PRINCOMP プロシジャの欠損値処理について触れておこう．PRINCOMP プロシジャでは，処理の対象となる変数のうち，どれか 1 つでも欠損値があるオブザベーションは除外される．したがって，欠損が多いような変数がある場合には，むしろその変数を落とすことも考慮すべきである．もし，欠損値のあるオブザベーションを処理に加えたければ，あらかじめ DATA ステップにおいて，欠損値のところに何らかの値（たとえば，平均などの比較的中性的な意味をもった数値）を入れておくことになる．ただし，どのような観点から見ても中性的な値というのはなかなかないものである．やむを得ない場合を除き，一般的には，欠損値にある値を代入して分析を行うことはすすめられない．

PRINCOMP プロシジャ
 書式 PROC PRINCOMP オプション；
    [VAR 変数名の並び；]
    [BY 変数名の並び；]
 文例 proc princomp data = data1 out = outp;
    var kokugo suugaku eigo rika shakai;
   run;
 機能 主成分分析を行う．

図表 8.10.1 CORR 型 SAS データセット ST_PRIN の内容

OBS	_TYPE_	_NAME_	VER_SPAN	VIS_SPAN	WORD_REL	MAZE	ADDITION
1	MEAN		8.0080	5.3020	28.1200	13.9200	44.4200
2	STD		0.8873	1.0419	4.9719	1.2095	14.6846
3	N		50.0000	50.0000	50.0000	50.0000	50.0000
4	CORR	VER_SPAN	1.0000	0.1331	0.2903	0.0995	0.3305
5	CORR	VIS_SPAN	0.1331	1.0000	0.0240	0.4115	0.2006
6	CORR	WORD_REL	0.2903	0.0240	1.0000	0.1510	0.2693
7	CORR	MAZE	0.0995	0.4115	0.1510	1.0000	0.0720
8	CORR	ADDITION	0.3305	0.2006	0.2693	0.0720	1.0000
9	CORR	SHAPE_SR	0.1980	0.3279	0.4038	0.2820	0.3167
10	CORR	ANAGRAM	0.4493	0.1344	0.4413	0.1450	0.1906
11	CORR	SP_REL	0.3230	0.1991	0.5093	0.4010	0.0626
12	CORR	NUM_SR	0.3205	0.2678	0.5983	0.3236	0.3559
13	CORR	ROTATION	0.1117	0.2715	0.3175	0.4072	0.0838
14	EIGENVAL		3.7204	1.3912	1.1409	0.8346	0.7845
15	SCORE	Prin1	0.2691	0.2284	0.3651	0.2739	0.2231
16	SCORE	Prin2	−0.4002	0.3795	−0.2642	0.5028	−0.3431
17	SCORE	Prin3	0.1142	0.5544	−0.2996	0.1213	0.5232
18	SCORE	Prin4	0.4783	0.1296	−0.2956	0.0913	−0.4268
19	SCORE	Prin5	0.4726	0.1003	−0.2139	0.1522	0.1349

OBS	SHAPE_SR	ANAGRAM	SP_REL	NUM_SR	ROTATION
1	20.7600	26.3600	9.6000	15.5600	12.0000
2	3.0543	8.0806	1.7843	3.5580	3.2325
3	50.0000	50.0000	50.0000	50.0000	50.0000
4	0.1980	0.4493	0.3230	0.3205	0.1117
5	0.3279	0.1344	0.1991	0.2678	0.2715
6	0.4038	0.4413	0.5093	0.5983	0.3175
7	0.2820	0.1450	0.4010	0.3236	0.4072
8	0.3167	0.1906	0.0626	0.3559	0.0838
9	1.0000	0.3699	0.3116	0.3056	0.2956
10	0.3699	1.0000	0.3372	0.3130	0.2461
11	0.3116	0.3372	1.0000	0.6114	0.5838
12	0.3056	0.3130	0.6114	1.0000	0.3247
13	0.2956	0.2461	0.5838	0.3247	1.0000
14	0.5904	0.5245	0.4627	0.3227	0.2283
15	0.3227	0.3126	0.3958	0.3956	0.3198
16	−0.0078	−0.3024	0.1569	−0.0664	0.3674
17	0.2815	−0.0547	−0.3925	−0.1068	−0.2318
18	−0.0265	0.5608	−0.0064	−0.3993	0.0424
19	−0.6894	−0.2709	0.1813	0.3008	−0.0857

図表 8.10.2 CORR 型 SAS データセット ST_PRIN の内容

OBS	_TYPE_	_NAME_	VER_SPAN	VIS_SPAN	WORD_REL	MAZE	ADDITION
20	SCORE	Prin6	0.1169	-0.2312	-0.2191	-0.2063	0.4284
21	SCORE	Prin7	0.0829	-0.5833	-0.0132	0.7409	0.1759
22	SCORE	Prin8	-0.4385	0.0734	0.0882	0.1471	0.2392
23	SCORE	Prin9	0.2453	0.2132	0.6946	0.1121	-0.1264
24	SCORE	Prin10	-0.1711	0.1581	0.1887	0.0129	0.2658

OBS	SHAPE_SR	ANAGRAM	SP_REL	NUM_SR	ROTATION
20	-0.0375	-0.1073	0.0386	-0.3500	0.7224
21	0.1076	-0.0207	-0.1101	-0.1505	-0.1613
22	-0.5226	0.5808	-0.2840	0.0804	0.1346
23	-0.1768	-0.2640	-0.3874	-0.3264	0.1603
24	-0.1523	0.0312	0.6224	-0.5653	-0.3288

このほかにも，PRINCOMP プロシジャには，

- それぞれのオブザベーションを n 回出現したものとみなすための FREQ ステートメント
- それぞれのオブザベーションの相対的なウェイトを与えるための WEIGHT ステートメント
- 特定の変数の影響を除去した偏相関行列や共分散行列を分析するときの PARTIAL ステートメント

などが用意されているが，ここでは説明を省略する．

8-1-4 主成分分析における注意

主成分分析の結果，とくに，導出された主成分をどこまで"解釈"するべきかは，専門家の意見の大きく分かれるところである．主成分分析は単なる次元の縮小であり，データ点の布置を視点を変えて見ることにすぎないという立場が一方の極である．主成分に積極的に意味づけをし，さらに，後述するような回転を施してデータの構造を探ろうとする立場がもう一方の極である．一般に，統計学者は，主成分に無理な意味づけをすることは危険であるという立場をとる傾向があり，行動科学者は意味づけを重視する立場をとる．いずれかを非と断ずることはもちろんできないが，解釈を行う場合には次のような点に留意すべきであろう．

1) しばしば外れ値が主成分を決定することがある．すなわち，ある少数のオブザベーションの得点のみが大きくなるような主成分が得られることがある．このような場合，外れ値を除くか否かによって解析の結果は大きく変わり，主成分に一般的な意味づけをすることはできない．
2) できれば，オブザベーションの選択に対する結果の安定性を調べるべきである．データを分割して解析を繰り返すのが最も簡単な方法である．
3) 相関行列，分散共分散行列，平方和積和行列のうちどれを用いるか，さらには後二者の場合には各変数の測定単位をどうするかというようなことによって解析結果は変化する．どの方法を用いるかは解析の目的次第であり，研究者の考え方に依存する．

4) もし，同じ変数を次々に重複させ付け加えていくと，第1主成分得点は，この変数に収束していく．このように，主成分は用いる変数の選び方にも大きく依存する．

5) 主成分得点を散布図にプロットしてみることによって，個々の変数の視察では見出せなかった外れ値が明らかになることがある．最終的な結論を導くというより，データの予備的吟味として主成分分析を利用することは，無難でかつ有力方法である．

ここで，3)の問題について少し説明を加えておこう．主成分得点の線形結合で元の変数の値が近似的に再現されることはすでに述べた．標準化していない元のデータ行列を X，平均0に標準化した変数を X^+，平均0，分散1に標準化した変数を X^{++} として，主成分得点を用いた線形回帰式によってそれらの予測を行うことにする．このとき，X^{++} の残差平方和を最小化するのが相関行列から出発する主成分分析，X^+ の残差平方和を最小化するのがオプション COV を指定したときの主成分分析，X の残差平方和を最小化するのが COV と NOINT を指定したときの主成分分析である．しかし，主成分分析を適用する場面で，明確な目的をもって各変数の原点や分散の大きさに意味をもたせることはむしろ少ないであろう．そこで1つの便法として，すべての変数を平均0，分散1に基準化することが通常行われているのである．

主成分分析の適用事例を知るには，奥野他 (1981) の第 III 章を参照するとよい．分散共分散行列から出発する例，平均を引かない平方和積和行列から出発する例なども紹介されている．標準的な教科書としては，Kendall (1980) や Chatfield & Collins (1980) が良いであろう．

8-2 因子分析（FACTOR プロシジャ）

8-2-1 因子分析とは
(1) 因子分析の基本モデル

因子分析においては，平均0，分散1に標準化された j 番目 ($1 \leqq j \leqq p$) の変数 x_j は，次のモデル式で表されることを仮定する．

$$x_j = a_{j1}f_1 + a_{j2}f_2 + \cdots + a_{jm}f_m + d_j u_j \tag{8.4}$$

ここで $f_1, f_2, \cdots, f_m$ は**共通因子得点** (common factor score) と呼ばれ，どの変数 x_j に対しても共通である．通常，因子といえばこの共通因子のことをさす．共通因子 $f_1, f_2, \cdots, f_m$ はそれぞれ平均0，分散1であり，通常は互いに無相関であることを仮定する（この無相関の仮定を置くとき直交因子モデルといい，無相関という仮定を置かないモデルを斜交因子モデルという．本書では直交因子モデルのみを考えることにする）．共通因子が各変数に対して持つ重み $a_{j1}, a_{j2}, \cdots, a_{jm}$ は，**因子負荷量** (factor loading) と呼ばれる．また，u_j は共通の因子で説明されないいわば x_j の独自の変動であり，共通因子に対して**独自因子得点** (unique factor score) と呼ばれる．独自因子も平均0，分散1で，$f_1, f_2, \cdots, f_m$ とは無相関，また変数が異なれば互いに無相関であると仮定される．d_j は独自因子の負荷量である．式 (8.4) を行列で表現すれば，

$$X = FA' + UD$$

となり，これを図示したのが図表 8.11 である．すなわち，因子分析のモデルとは，直接には観測されない因子得点に，負荷量という適当な重み係数をかければ，観測される変数の値が予測されるということを表すものである．

図表 8.11　因子分析の基本モデルの図式的表現

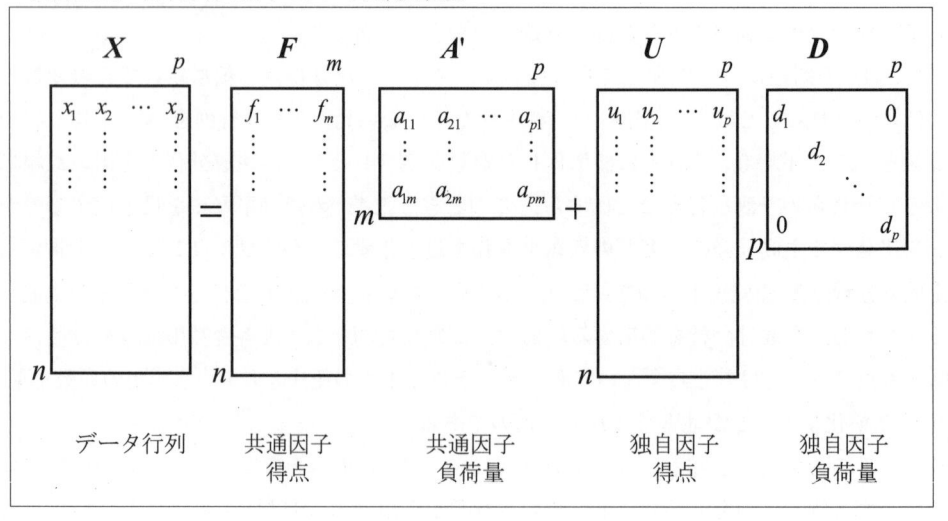

[図：データ行列 X (n×p) = 共通因子得点 F (n×m) × 共通因子負荷量 A' (m×p) + 独自因子得点 U (n×p) × 独自因子負荷量 D (p×p)]

式 (8.4) と上に述べた仮定から，x_j の分散 1 が，

$$1 = \sum_{k=1}^{m} a_{jk}^2 + d_j^2 \tag{8.5}$$

と分解されることが容易に示される．共通因子で説明される割合，すなわち $h_j^2 = \sum_{k=1}^{m} a_{jk}^2$ のことを**共通性**（communality）と呼ぶ．共通性が高いほど，その変数は，共通因子のみの線形結合で良く近似されることを表す．また，x_i と x_j の相関係数は，

$$r_{ij} = \sum_{k=1}^{m} a_{ik} a_{jk} \tag{8.6}$$

となることもわかる．式 (8.5)，(8.6) をまとめて行列で表現すれば，

$$\boldsymbol{R} = \boldsymbol{A}\boldsymbol{A}' + \boldsymbol{D}^2 \tag{8.7}$$

となる．ただし，$\boldsymbol{R}$ は $x_1, x_2, \cdots, x_p$ の相関行列，$\boldsymbol{A}$ は因子負荷量 a_{jk} を並べた $p \times m$ 行列，$\boldsymbol{D}^2$ は d_j^2 を対角要素とする $p \times p$ 対角行列（対角要素以外は 0 の行列）である．また，a_{jk} は変数 x_j と共通因子 f_k の相関係数となることもわかる．

(2)　主因子解と主成分解

式 (8.7) の左辺 $\boldsymbol{R}$ はデータから計算される量であり，右辺はすべて未知数からなっている．これを連立方程式と考えれば，相関行列の対称性より，式の数は $p(p+1)/2$，未知数の数は $p(m+1)$ となる．p に比べ m を十分小さくしない限り，因子分析のモデルを想定する意味はないし，実際 $p(p+1)/2 < p(m+1)$ ならば，1 つの相関行列 $\boldsymbol{R}$ に対して本質的に異なる解が無限に存在することになる（これを "識別不可能" という）．このような場合に解を解釈することにはまったく意味が

ない.実は,m は少なくとも $p+1/2 - \sqrt{(8p+1)/2}$ 以下でなければ,因子分析の解は一意に定まらないことがわかっている.以下では,p に比べ十分小さな m を想定したと仮定しよう.

式の数に比べ未知数の数が少ないのであるから,式 (8.7) を完全に満足させることは一般には不可能である.そこで,$AA' + D^2$ が何らかの意味で R に近くなるようにすることを考える.もし D^2 がわかっているならば,この問題は,

$$R^* = R - D^2 \tag{8.8}$$

という行列を,$p \times m$ 行列 A を用いて,

$$R^* \fallingdotseq AA' \tag{8.9}$$

と近似する問題に帰着する.R^* は相関行列 R の対角要素を共通性すなわち $h_j^2 = 1 - d_j^2$ で置き換えた行列である.このとき,R^* の (i,j) 要素を r_{ij}^* とすれば,左辺と右辺の対応する要素の差の2乗和,

$$\sum\sum_{i,j}(r_{ij}^* - \sum_{k=1}^m a_{ik}a_{jk})^2$$

を最小にする解は,R^* の固有値,固有ベクトルによって与えられることが知られている.すなわち,R^* の固有値を大きさの順に $\lambda_1^* \geqq \lambda_2^* \geqq \cdots \geqq \lambda_m^*$ とし,それぞれに対応するノルム1の固有ベクトルを $w_1, w_2, \cdots, w_m$ としたとき,

$$(\sqrt{\lambda_1^*}w_1, \sqrt{\lambda_2^*}w_2, \cdots \sqrt{\lambda_m^*}w_m)$$

を因子負荷行列 A とすればよい.このようにして得た解を**主因子解**(principal factor solution)と呼ぶ.ただし,共通性の大きさはあらかじめわかっているわけではないので,何らかの推定値を入れることになる.共通性の推定方法は従来からいろいろなものが提案されているが,しばしば使われる方法は,

1) はじめ適当な値(1でもよい)を R^* の対角要素に入れて因子負荷量を求める
2) その因子負荷量から計算される共通性の値を R^* の対角要素に入れてまた因子負荷量を求める
3) その因子負荷量から計算される共通性の値を R^* の対角要素に入れてまた因子負荷量を求める
4) ……

ということを,共通性の値が収束するまで行う方法である.これを,**共通性の反復推定**と呼んでいる.しかし,シミュレーション実験の結果などから,こうして得られた収束値が正しい共通性の値と一致するとは限らないことがわかっている.

さて,もう1つの考え方は**主成分**(principal components)を解とするものである.式 (8.3) から,もとの変数 x_j は,主成分 $z_1, z_2, \cdots, z_m$ を用いて,

$$x_j = w_{j1}z_1 + w_{j2}z_2 + \cdots + w_{jm}z_m + e_j \tag{8.10}$$

と表現することができる．e_j は z_m までの主成分では説明しきれない残差の部分であり，w_{jk} は第 k 主成分に対する第 j 変数の重みである．もし p 個すべての主成分を使えば，

$$e_j = w_{j,m+1}z_{m+1} + w_{j,m+2}z_{m+2} + \cdots + w_{jp}z_p$$

と表現することができる．主成分 z_k の分散は対応する固有値 λ_k に等しいから，分散1に標準化した主成分得点，

$$z'_k = z_k/\sqrt{\lambda_k}$$

を用いて式 (8.10) を書き換えれば，

$$x_j = a_{j1}z'_1 + a_{j2}z'_2 + \cdots + a_{jm}z'_m + e_j \tag{8.11}$$

となる．ここで，

$$a_{jk} = \sqrt{\lambda_k}w_{jk} \tag{8.12}$$

である．標準化した主成分得点 z'_k の分散は1であり，これらは互いに無相関である．しかも残差 e_j とも無相関である．そこで，式 (8.11) は因子分析のモデル (8.4) に形式的に類似したものとなる．唯一異なる点は，$i \neq j$ に対して，e_i と e_j の相関が必ずしも0とはならないことである．実際，e_i と e_j の共分散は，

$$\sum_{k=m+1}^{p} a_{ik}a_{jk} = \sum_{k=m+1}^{p} \lambda_k w_{ik} w_{jk}$$

となることが示される．ただし，この絶対値は $\sum_{k=m+1}^{p} \lambda_k$ より小さいので，$\lambda_{m+1}, \lambda_{m+2}, \cdots, \lambda_p$ が十分小さければ式 (8.10) をモデル式 (8.4) の近似解と考えることが可能である．さらにこの解は，

$$\sum_{i,j}\sum (r_{ij} - \sum_{k=1}^{m} a_{ik}a_{jk})^2$$

を最小にする解にもなっている．このように，分散を固有値に基準化するか，1に基準化するかの違いだけで，主成分と因子とを実質的に同じものとみなしてしまうのが"主成分解"の考え方である．この考え方から，主成分分析においても固有値の平方根をかけた重み (8.12) のことを因子負荷量と呼ぶことが多い．

主因子解は共通性の推定という面倒な問題を含んでいる．一方，主成分解は数学的に明快な解であるが，"2つ以上の変数に共通に関与する因子"という，文字どおりの意味での共通因子を抽出する解には必ずしもなっておらず，これを因子分析には含めない場合さえある．これらの問題はあとで改めて論じることにする．

(3) 因子の回転

因子分析の基本モデルを満たす1つの解 $\boldsymbol{A}$, $\boldsymbol{D}$ が求められたとしよう．今，共通因子に次のよ

うな直交変換を行って新しい変数 $g_1, g_2, \cdots, g_m$ を合成してみる.

$$\begin{aligned}
g_1 &= t_{11}f_1 + \cdots + t_{1m}f_m \\
g_2 &= t_{21}f_1 + \cdots + t_{2m}f_m \\
&\cdots \\
&\cdots \\
g_m &= t_{m1}f_1 + \cdots + t_{mm}f_m
\end{aligned} \tag{8.13}$$

直交変換とは，変換を表す行列 $\boldsymbol{T} = (t_{ij})$ が直交行列，すなわち，

$$\boldsymbol{TT}' = \boldsymbol{T}'\boldsymbol{T} = \boldsymbol{I} \ (m \times m \ \text{の単位行列})$$

であるような変換のことである．このとき，f を g で表す式も，

$$\begin{aligned}
f_1 &= t_{11}g_1 + \cdots + t_{1m}g_m \\
f_2 &= t_{21}g_1 + \cdots + t_{2m}g_m \\
&\cdots \\
&\cdots \\
f_m &= t_{m1}g_1 + \cdots + t_{mm}g_m
\end{aligned} \tag{8.14}$$

のようにして得られる．式 (8.14) を式 (8.4) に代入すると，

$$x_j = b_{j1}g_1 + \cdots + b_{jm}g_m + d_j u_j \tag{8.15}$$

という別のモデルが得られる．ここで b_{jk} は，

$$\boldsymbol{B} = \boldsymbol{AT}' \tag{8.16}$$

という行列の (j, k) 要素で，もとの変数 x_j と因子 g_k との相関係数であり，やはり因子負荷量となっている．式 (8.7) の分解に対しては，

$$\begin{aligned}
\boldsymbol{BB}' + \boldsymbol{D}^2 &= (\boldsymbol{AT}')(\boldsymbol{AT}')' + \boldsymbol{D}^2 \\
&= \boldsymbol{AT}'\boldsymbol{TA}' + \boldsymbol{D}^2 \\
&= \boldsymbol{AA}' + \boldsymbol{D}^2 \\
&= \boldsymbol{R}
\end{aligned}$$

という表現が可能である．すなわち，ある相関行列 $\boldsymbol{R}$ に対して式 (8.7) の分解が可能であるとき，因子負荷量 $\boldsymbol{A}$ は一意に定まらず，直交回転の自由度が残っているのである（前に述べた因子の数に対する制約は，この自由度は別として存在するものである）．

因子の解釈を行う場合には，図表 8.13 のように，因子負荷量の値を座標としてもとの変数をプロットすることがしばしばある．上記の因子の回転とは，この図上で軸を回転することにほかならない．主因子解や主成分解は，すべての変数の負荷量（の絶対値）が高くなるような解であるので，

そのままでは因子の解釈がしにくいことが多い．そこで，主因子解や主成分解を回転して解釈しやすい解を求める手続きがとられることになる．最も一般的な回転方法はバリマックス回転（Varimax rotation）といわれるものである．これは，各因子における因子負荷量の2乗の分散の総和が最大になるような回転を求める方法である．回転の結果，一般には，ある変数群はある因子に高く負荷し，別の変数群はまた別の因子に高く負荷しているような解が得られる．

(4) 因子得点の推定

各オブザベーションの共通因子得点の推定に関してはいくつかの方法が知られている（芝，1979）．しかし，このような潜在的な得点を推定すべきか否かについては議論も多い（Kendall, 1980）．非常によく使われており，SASのFACTORプロシジャでも使われている方法は，回帰推定法と呼ばれるものである．これは，潜在的な因子得点を従属変数，$x_1, x_2, \cdots, x_p$ を説明変数と考えて，重回帰分析の考え方を適用する方法である．平均0，分散1に標準化したデータ行列を X とすると，X の相関行列は R，X と潜在的な共通因子との相関行列は A で与えられるので，因子得点行列 F は，

$$F = XR^{-1}A \tag{8.17}$$

と推定される．推定された因子得点の分散共分散は，

$$A'R^{-1}RR^{-1}A = AR^{-1}A$$

となり，その対角要素，すなわち分散は一般に1より小さくなる．この分散は，潜在的因子得点がもとの変数から再現できる割合（重相関係数の2乗）となっている．また，モデルがデータに完全に当てはまらない限り，推定された因子得点相互の相関は0とはならない．ただし，主成分解およびその回転解を用いる場合には，推定された因子得点の分散は1，相互の相関は0となる．

また，分散がこのように1より縮小するため，もとの変数と推定された因子得点の間の相関係数は因子負荷量とは一致しない．実際，k 番目の因子得点推定値の分散を $v_k (\leqq 1)$ とすると，もとの変数 x_j との相関は $a_{jk}/\sqrt{v_k}$ となる．

8-2-2 認知課題データの主成分解とその回転解

先に用いた認知課題データ COG_TASK を次のプログラムにかけてみよう．PRINCOMPプロシジャの場合と同様，入力データ行列を変数ごとに標準化しておく必要はなく，FACTORプロシジャによって自動的に標準化される．

```
proc factor data = cog_task out = out_fac1
            nfact = 2 rotate = varimax preplot plot;
run;
proc corr noprob data = out_fac1;
run;
proc plot data = out_fac1;
   plot  factor2*factor1 / vref = 0 href = 0;
run;
```

(1) 固有値と初期解

FACTOR プロシジャの算出する初期解は，とくに指定をしない限り，主成分解が計算される．すなわち，対角要素に 1 の入った通常の相関行列 R の固有値，固有ベクトルが求められる．図表 8.12 に，10 個の相関行列の固有値が大きさの順に出力されているが，これらは PRINCOMP プロシジャの出力結果（図表 8.6）と等しい値である．固有値は，その因子が説明する分散に等しい．比率はデータ行列のもつ分散（それぞれの変数が分散 1 に基準化されているので，変数の数 m に等しい）に対する，その因子の説明する分散（すなわち，固有値の大きさ）の比で，因子の**寄与率**という．第 k 因子までの寄与率の総和が**累積寄与率**で，累積のところに示されている．

"因子パターン"として示されているのが因子負荷行列である．PROC FACTOR ステートメントの NFACT = オプションで "NFACT = 2" と指定したので，2 因子解となっている．Factor1 に対する 10 個の因子負荷量の 2 乗和が第 1 固有値になっていること，Factor2 に対する 10 個の因子負荷量の 2 乗和が第 2 固有値になっていることを確認してほしい．また，因子負荷量を固有値の平方根で割れば，主成分分析の重み係数（図表 8.6 の固有ベクトル）と同じになる．

次は，"最終的な共通性の推定値"が各変数ごとに示されている．たとえば，変数 VER_SPAN に対する最終的な共通性推定値とは，VER_SPAN の 2 つの因子への負荷量（0.51909 と − 0.47201）の 2 乗和である．これは，基準化された VER_SPAN のもつ分散（すなわち 1）のうち，2 つの因子によって説明される分散を表している．そこで，この値の小さい変数は，これら 2 つの因子では説明されないばらつきを多く含むことになる．すべての変数にわたる共通性の推定値の和（5.111579）は，各因子が説明する分散の和（3.720398 + 1.391182）と等しいことにも注目してほしい．

図表 8.13 は，初期解の因子負荷量のプロットである．これは，PROC FACTOR ステートメントの PREPLOT オプションによって出力される（PRINCOMP プロシジャにはこのプロット機能がない）．どの変数が近い関係にあるかということがよく把握できる．ただし，因子負荷プロットをみるとき注意すべき点は，それぞれの変数の間の距離の近さが変数間の近さ（すなわち相関係数）を表すと考えるべきではなく，内積の大きさで判断すべきだということである．たとえば，VIS_SPAN と ROTATION の因子負荷ベクトルの内積は，

$$0.44063 \cdot 0.61690 + 0.44763 \cdot 0.43329 = 0.46578$$

であるが，これが両変数の相関係数の近似値になっている．実際の相関係数は 0.2715 なので，あまり良い近似とはいえないが，これが式 (8.9) の表す意味である．すると，2 つの変数のプロット点が原点近くにあるときには，距離は近いが内積は小さいので相関は低いものと考えられる．原点からある変数のプロット点までの距離の 2 乗は，その変数の共通性に等しい．原点近くの変数は，独自性が高く，共通因子では説明されないばらつきを多く含む変数なのである．

(2) 回転後の因子負荷量

図表 8.14 には，まず，バリマックス回転を行うための変換行列 T' が，"直行変換行列"として示されている．図表 8.12 の "因子パターン"（因子負荷行列）にこの変換行列を式 (8.16) の形で右からかけたものが，"回転後の因子パターン"である．回転後，各因子の説明する分散が "因子の分散"である．回転前に比べると，総和は変わっていないが，それぞれの因子が説明する分散の割合

図表 8.12　FACTOR プロシジャによる因子分析の主成分解

```
           FACTOR プロシジャ
       初期因子抽出法：主成分解

       事前共通性の推定値：ONE
```

相関行列の固有値：合計 = 10　平均 = 1

	固有値	差	比率	累積
1	3.72039752	2.32921582	0.3720	0.3720
2	1.39118170	0.25031355	0.1391	0.5112
3	1.14086816	0.30627412	0.1141	0.6252
4	0.83459403	0.05013926	0.0835	0.7087
5	0.78445477	0.19408225	0.0784	0.7871
6	0.59037252	0.06584802	0.0590	0.8462
7	0.52452450	0.06183762	0.0525	0.8986
8	0.46268687	0.14001941	0.0463	0.9449
9	0.32266746	0.09441500	0.0323	0.9772
10	0.22825246		0.0228	1.0000

2 因子が NFACTOR 基準により示されます。

因子パターン

	Factor1	Factor2
VER_SPAN	0.51909	-0.47201
VIS_SPAN	0.44063	0.44763
WORD_REL	0.70414	-0.31168
MAZE	0.52838	0.59306
ADDITION	0.43039	-0.40471
SHAPE_SR	0.62242	-0.00922
ANAGRAM	0.60292	-0.35662
SP_REL	0.76342	0.18501
NUM_SR	0.76306	-0.07827
ROTATION	0.61690	0.43329

因子の分散

Factor1	Factor2
3.7203975	1.3911817

最終的な共通性の推定値：合計 = 5.111579

VER_SPAN	VIS_SPAN	WORD_REL	MAZE	ADDITION	SHAPE_SR	ANAGRAM
0.49224484	0.39453483	0.59295936	0.63090464	0.34902895	0.38749378	0.49068851

SP_REL	NUM_SR	ROTATION
0.61703651	0.58838719	0.56830061

(すなわち寄与率)は変化する.主成分解や主因子解では,因子の寄与率の差が大きいが,バリマックス回転後の解では,寄与率が一般に平均化(水準化)される.最終的な共通性の推定値は回転前と同じである.図表8.15のプロットをみてもわかるように,因子の回転を行っても,原点とプロット点との距離(これがすなわち共通性の大きさを表す)は変化しない.また,座標軸を回転してもベクトルの内積は不変だから,"因子負荷ベクトルの内積が変数間の相関係数の内積の近似値になっている"という性質は回転後も失われていない.

図表8.15をみて,因子の解釈をしてみよう.第1因子(縦軸)にとりわけ負荷が高いのは,単語関係把握課題(WORD_REL),言語的記憶範囲課題(VER_SPAN),アナグラム課題(ANAGRAM)などで,言語的認知能力の因子といってさしつかえないだろう.第2因子にとりわけ負荷が高いのは,迷路課題(MAZE),心的回転課題(ROTATION),視覚的記憶範囲課題(VIS_SPAN)などで,これは視覚–空間的認知能力の因子といえそうである.バリマックス回転後の因子には,絶対値の高い負荷量をもつ変数と,0に近い負荷量をもつ変数とが極端な形で現れるので,解釈がしやすくなる.

図表 8.13 初期解の因子負荷プロット

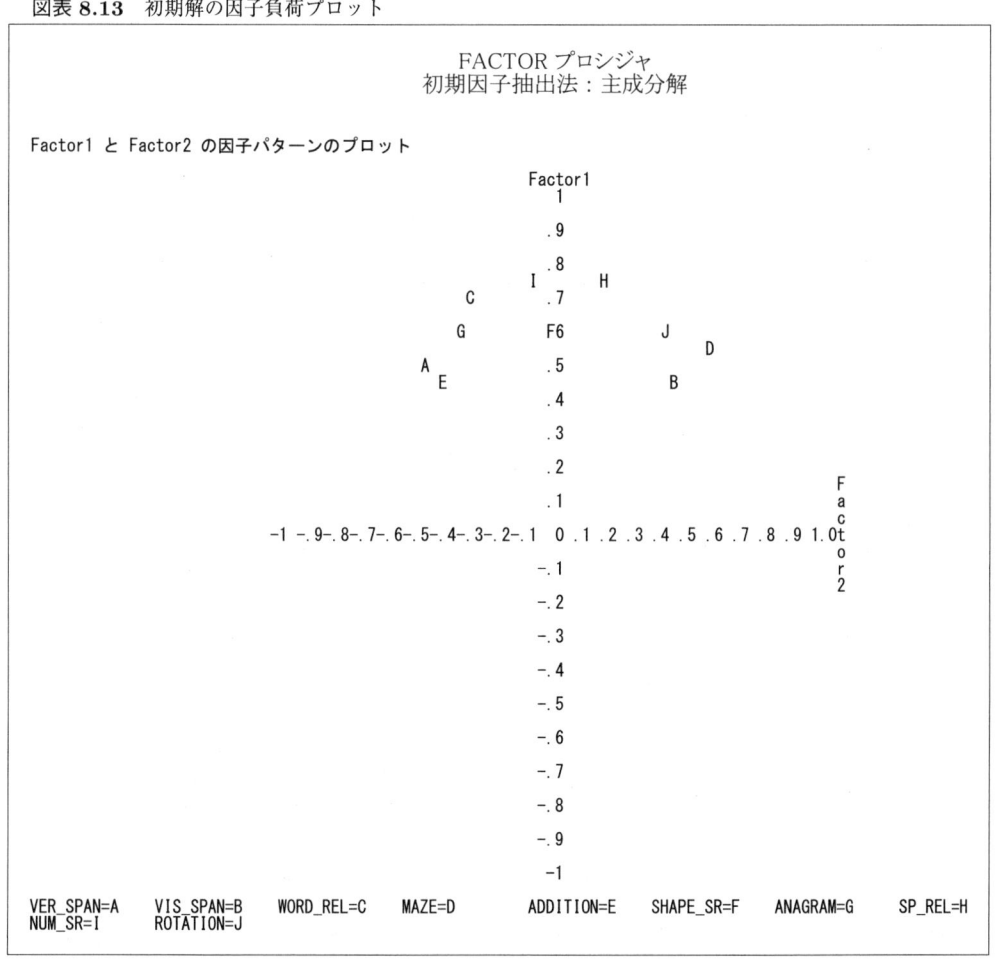

図表 8.14.1 バリマックス回転の実行と因子得点の推定

FACTOR プロシジャ
回転方法：Varimax

直交変換行列

	1	2
1	0.74343	0.66881
2	-0.66881	0.74343

回転後の因子パターン

	Factor1	Factor2
VER_SPAN	0.70159	-0.00373
VIS_SPAN	0.02820	0.62749
WORD_REL	0.73193	0.23923
MAZE	-0.00384	0.79429
ADDITION	0.59064	-0.01302
SHAPE_SR	0.46889	0.40943
ANAGRAM	0.68674	0.13811
SP_REL	0.44381	0.64813
NUM_SR	0.61963	0.45216
ROTATION	0.16883	0.73471

因子の分散

Factor1	Factor2
2.6785116	2.4330676

最終的な共通性の推定値：合計 = 5.111579

VER_SPAN	VIS_SPAN	WORD_REL	MAZE	ADDITION	SHAPE_SR	ANAGRAM
0.49224484	0.39453483	0.59295936	0.63090464	0.34902895	0.38749378	0.49068851

SP_REL	NUM_SR	ROTATION
0.61703651	0.58838719	0.56830061

なお，因子得点の推定値を求めるための重み係数も，図表 8.16 には出力されている．これを，標準化したデータ行列 X にかけたものが，因子得点の推定値になる．重み係数の算出は前述した回帰推定法による．

(3) 因子得点を含む出力データセット

PROC FACTOR ステートメントの OUT = オプションにより，元データと因子得点を含む SAS データセットが作成される．ここでは，それに OUT_FAC1 という名前がつけられ，CORR プロシジャと PLOT プロシジャの入力になっている．因子得点に対する変数名は自動的に，FACTOR1, FACTOR2, … とつけられる．これらの出力（図表 8.16, 8.17）の次のような点に注目してほしい．

図表 8.14.2 バリマックス回転の実行と因子得点の推定

FACTOR プロシジャ
回転方法：Varimax

回帰による因子スコア係数の推定

変数群と各因子の重相関係数の2乗	
Factor1	Factor2
1.0000000	1.0000000

標準化因子スコア係数	Factor1	Factor2
VER_SPAN	0.33065	-0.15892
VIS_SPAN	-0.12715	0.31842
WORD_REL	0.29054	-0.03997
MAZE	-0.17953	0.41191
ADDITION	0.28057	-0.13890
SHAPE_SR	0.12881	0.10697
ANAGRAM	0.29193	-0.08219
SP_REL	0.06361	0.23611
NUM_SR	0.19011	0.09535
ROTATION	-0.08503	0.34244

- 因子得点は，因子ごとに平均 0，分散 1 になっている．
- 因子得点と各変数との相関係数は，図表 8.14 にある因子負荷量に等しい．
- 因子得点どうしの相関は 0 になっている．

ただし，これらは主成分解を初期解にしたために現れた特徴である．次の主因子解を初期解とした場合と比較されたい．

8-2-3　主因子解にすると何が変わるか

次に，初期解を主因子解にすると，どのように結果が変わるものかみてみよう．プログラムは，

```
proc factor data = cog_task out = out_fac2 method = prinit
        nfact = 2 rotate = varimax preplot plot;
run;
proc corr data = out_fac2 noprob;
run;
```

とする．PROC FACTOR ステートメントの "METHOD = PRINIT" というオプションによって，"共通性の反復推定による主因子解" が指定される．そのほかのオプションは，さきほどの主成分解を求めるときと同じにしてある．

230　　　　　　　　　　　　　第II部　データ解析入門

図表 8.15　回転解の因子負荷プロット

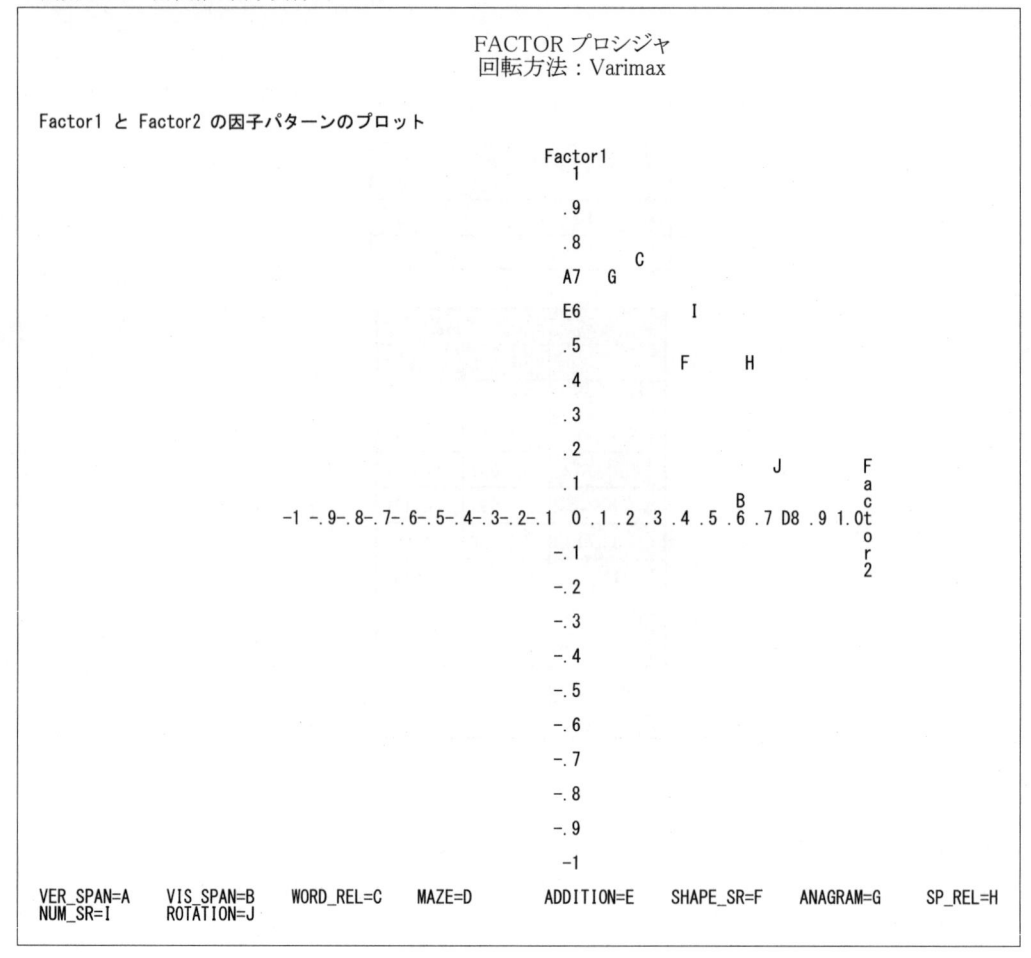

```
                        FACTOR プロシジャ
                        回転方法：Varimax

Factor1 と Factor2 の因子パターンのプロット
                                      Factor1
                                        1
                                       .9
                                       .8
                                       A7    G    C
                                       E6         I
                                       .5        F    H
                                       .4
                                       .3
                                       .2                        F
                                       .1              J        a
                                                    B           c
        -1 -.9-.8-.7-.6-.5-.4-.3-.2-.1  0 .1 .2 .3 .4 .5 .6 .7 D8 .9 1.0 t
                                      -.1                        o
                                      -.2                        r
                                      -.3                        2
                                      -.4
                                      -.5
                                      -.6
                                      -.7
                                      -.8
                                      -.9
                                      -1

VER_SPAN=A    VIS_SPAN=B    WORD_REL=C    MAZE=D    ADDITION=E    SHAPE_SR=F    ANAGRAM=G    SP_REL=H
NUM_SR=I      ROTATION=J
```

（1）　共通性の反復推定と初期解

　図表 8.18 に示されるように，共通性の推定値はすべての変数に対してはじめ 1 が使われ，反復を繰り返すうちに収束していく．"反復"は反復の回数，"変化"は共通性の総和の変化，"共通性"は，そのつど因子負荷量から計算された各変数の共通性で，この値を相関行列の対角要素に入れて次の因子負荷量が求められる．第 1 回目の反復における共通性は，図表 8.12 の"最終的な共通性の推定値"に等しいこと，第 9 回目の反復における共通性は，図表 8.19 の"最終的な共通性の推定値"に等しいことを確認してほしい．第 8 回目の共通性を推定値として用いて得られた結果が，図表 8.18 の固有値と図表 8.19 の因子パターン（因子負荷行列）である．相関行列の対角成分に 1 以外の値を入れると，その固有値には負の値も出現することがある．負の固有値は因子分析のモデルにとって明らかに矛盾であるので，それ以上の固有値，固有ベクトルを求めて因子負荷量を算出することは意味がない．そこで，正の固有値の数を因子数の上限と考えることができるが，因子数の決定のしかたについては改めて説明する．なお，図表 8.19，図表 8.20 をみると，主因子解では第 2 因子の寄与率（分散説明率）が，主成分解の第 2 因子に比べるとかなり低いが，負荷量の値の

第 8 章 主成分分析と因子分析

図表 **8.16.1** OUT_FAC1 を CORR プロシジャにかけたときの出力

```
                          CORR プロシジャ

 12 変数  VER_SPAN VIS_SPAN WORD_REL MAZE    ADDITION SHAPE_SR ANAGRAM  SP_REL  NUM_SR  ROTATION
 :       Factor1 Factor2
```

		要約統計量				
変数	N	平均	標準偏差	合計	最小値	最大値
VER_SPAN	50	8.00800	0.88729	400.40000	6.30000	10.50000
VIS_SPAN	50	5.30200	1.04188	265.10000	3.50000	7.30000
WORD_REL	50	28.12000	4.97192	1406	15.00000	38.00000
MAZE	50	13.92000	1.20949	696.00000	11.00000	16.00000
ADDITION	50	44.42000	14.68456	2221	17.00000	75.00000
SHAPE_SR	50	20.76000	3.05434	1038	14.00000	26.00000
ANAGRAM	50	26.36000	8.08061	1318	10.00000	43.00000
SP_REL	50	9.60000	1.78429	480.00000	5.00000	13.00000
NUM_SR	50	15.56000	3.55803	778.00000	9.00000	24.00000
ROTATION	50	12.00000	3.23249	600.00000	4.00000	16.00000
Factor1	50	0	1.00000	0	−2.30684	2.14435
Factor2	50	0	1.00000	0	−2.58063	2.13010

大小関係は全体として主成分解とよく似ていることがわかるだろう．

(2) 回転解と因子得点

図表 8.21 には，まずバリマックス回転のための変換行列 T' と，回転された因子負荷行列が出力されている．図表 8.22 は，回転解の因子負荷プロットである．説明される分散が主成分解の場合より小さい（したがって，共通性の値も小さい）ので，プロット点が全体的に原点に近くなっているが，パターン全体としては図表 8.13 と大きく変わらない．VIS_SPAN と ROTATION について，因子負荷ベクトルの内積を再び計算してみると，

$$0.37479 \cdot 0.29185 + 0.57091 \cdot 0.32490 = 0.29487$$

となり，主成分解を初期解としたときに比べると，実際の相関係数 0.2715 に近くなっている．

因子得点の推定のための重み係数（標準化因子スコア係数）は，図表 8.21 に示されている．この値も，大小関係は図表 8.14 の重み係数とあまり変わらない．ただし，因子得点をもとの変数に回帰させたときの"重相関係数の 2 乗"は，初期解が主因子解の場合，一般に 1 にはならない．また，図表 8.23 をみるとわかるように，この平方根は因子得点の推定値の標準偏差と一致する．さらに，因子得点推定値間の相関係数（FACTOR1 と FACTOR2 の相関係数）もちょうど 0 にはなっていない点に注意しよう．これらは主成分解を初期解とした場合とは異なる点である．

8-2-4 FACTOR プロシジャのオプション

FACTOR プロシジャのオプションやステートメントは非常に多いが，ここでは，ごく一部の基本

図表 **8.16.2** OUT_FAC1 を CORR プロシジャにかけたときの出力

CORR プロシジャ

Pearson の相関係数, N = 50

	VER_SPAN	VIS_SPAN	WORD_REL	MAZE	ADDITION	SHAPE_SR	ANAGRAM
VER_SPAN	1.00000	0.13310	0.29030	0.09950	0.33054	0.19802	0.44932
VIS_SPAN	0.13310	1.00000	0.02398	0.41149	0.20056	0.32787	0.13445
WORD_REL	0.29030	0.02398	1.00000	0.15095	0.26932	0.40376	0.44134
MAZE	0.09950	0.41149	0.15095	1.00000	0.07202	0.28197	0.14500
ADDITION	0.33054	0.20056	0.26932	0.07202	1.00000	0.31671	0.19064
SHAPE_SR	0.19802	0.32787	0.40376	0.28197	0.31671	1.00000	0.36988
ANAGRAM	0.44932	0.13445	0.44134	0.14500	0.19064	0.36988	1.00000
SP_REL	0.32304	0.19914	0.50932	0.40096	0.06262	0.31156	0.33716
NUM_SR	0.32048	0.26780	0.59832	0.32362	0.35593	0.30558	0.31297
ROTATION	0.11171	0.27147	0.31746	0.40716	0.08384	0.29559	0.24611
Factor1	0.70159	0.02820	0.73193	-0.00384	0.59064	0.46889	0.68674
Factor2	-0.00373	0.62749	0.23923	0.79429	-0.01302	0.40943	0.13811

Pearson の相関係数, N = 50

	SP_REL	NUM_SR	ROTATION	Factor1	Factor2
VER_SPAN	0.32304	0.32048	0.11171	0.70159	-0.00373
VIS_SPAN	0.19914	0.26780	0.27147	0.02820	0.62749
WORD_REL	0.50932	0.59832	0.31746	0.73193	0.23923
MAZE	0.40096	0.32362	0.40716	-0.00384	0.79429
ADDITION	0.06262	0.35593	0.08384	0.59064	-0.01302
SHAPE_SR	0.31156	0.30558	0.29559	0.46889	0.40943
ANAGRAM	0.33716	0.31297	0.24611	0.68674	0.13811
SP_REL	1.00000	0.61142	0.58383	0.44381	0.64813
NUM_SR	0.61142	1.00000	0.32472	0.61963	0.45216
ROTATION	0.58383	0.32472	1.00000	0.16883	0.73471
Factor1	0.44381	0.61963	0.16883	1.00000	0.00000
Factor2	0.64813	0.45216	0.73471	0.00000	1.00000

的なものだけをまとめておく．PROC FACTOR ステートメントにおける，出力に関するオプションとしては，次のようなものを知っておくとよい．

SIMPLE	各変数の平均と標準偏差
CORR	相関行列
SCREE	固有値の大きさの変化を表すスクリープロット
EV	固有ベクトル
RES	相関行列の残差行列
PREPLOT	初期解の因子負荷プロット
PLOT	回転解の因子負荷プロット

図表 8.17　回転解に対応する因子得点推定値の散布図

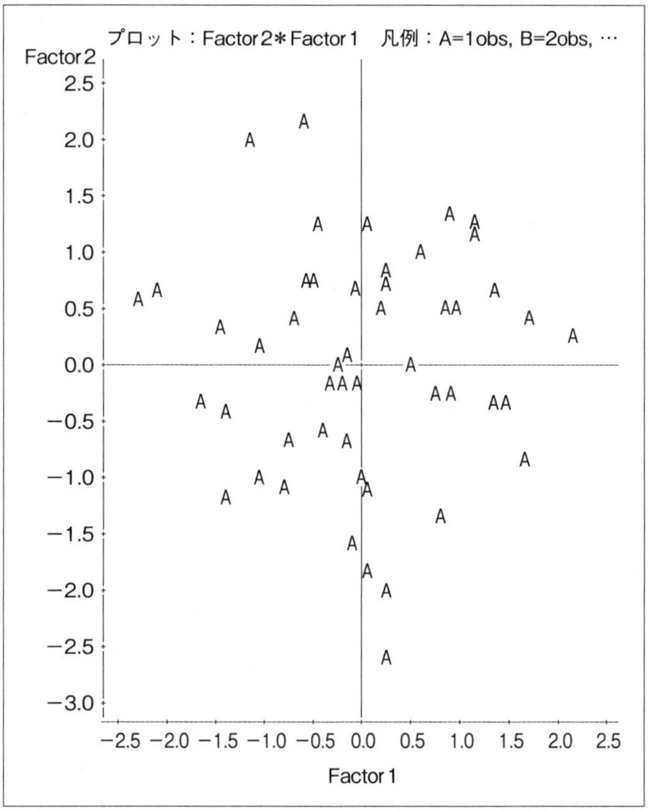
プロット：Factor 2＊Factor 1　凡例：A=1obs, B=2obs, …
Factor 2
Factor 1

NPLOT = 値	因子負荷プロットをする場合の因子数（指定しないと，すべての因子の組み合わせにつきプロットが出力される）
REORDER	因子負荷行列における変数の並べ替え
SCORE	相因子得点推定の重み係数（OUT = オプションがあるときは不要）
ALL	因子負荷プロットを除くオプション出力のすべて

REORDER オプションを指定すると，同じ因子に負荷が高い変数がまとまって印刷されるので，因子の解釈を行うときに便利である．各変数は，どの因子に負荷量の絶対値が最も高いかで分類される．第 1 因子に負荷が高い変数の中では，第 1 因子負荷量が高い変数から低い変数へと並べられる．第 2 因子に負荷が高い変数の中では，第 2 因子負荷量が高い変数から低い変数へと並べられる．……といったぐあいである．

因子の抽出や回転については，次のようなオプションがある．

METHOD = 名前	初期解を抽出する方法の指定（指定しないと主成分解）
PRIORS = 名前	共通性の推定方法の指定（指定しないとすべて 1）
NFACT = 値	抽出する因子数の指定（指定しないと変数の数）
ROTATE = 名前	回転方法の指定（指定しないと回転しない）

図表 8.18　共通性の反復推定の課程

FACTOR プロシジャ
初期因子抽出法：反復主因子分析

事前共通性の推定値：ONE

固有値の初期値：合計 = 10　平均 = 1

	固有値	差	比率	累積
1	3.72039752	2.32921582	0.3720	0.3720
2	1.39118170	0.25031355	0.1391	0.5112
3	1.14086816	0.30627412	0.1141	0.6252
4	0.83459403	0.05013926	0.0835	0.7087
5	0.78445477	0.19408225	0.0784	0.7871
6	0.59037252	0.06584802	0.0590	0.8462
7	0.52452450	0.06183762	0.0525	0.8986
8	0.46268687	0.14001941	0.0463	0.9449
9	0.32266746	0.09441500	0.0323	0.9772
10	0.22825246		0.0228	1.0000

2 因子が NFACTOR 基準により示されます。

反復	変化	共通性								
1	0.6510	0.49224	0.39453	0.59296	0.63090	0.34903	0.38749	0.49069	0.61704	0.58839	0.56830
2	0.1407	0.36179	0.25386	0.53709	0.54840	0.21126	0.30544	0.39268	0.56265	0.53568	0.46802
3	0.0401	0.32173	0.22760	0.53533	0.52239	0.18881	0.29677	0.37144	0.55830	0.53275	0.44122
4	0.0137	0.30798	0.22402	0.54000	0.51152	0.18530	0.29624	0.36559	0.55974	0.53460	0.43361
5	0.0055	0.30278	0.22428	0.54382	0.50602	0.18457	0.29628	0.36347	0.56095	0.53584	0.43151
6	0.0031	0.30064	0.22489	0.54623	0.50293	0.18429	0.29629	0.36253	0.56158	0.53642	0.43107
7	0.0019	0.29970	0.22530	0.54763	0.50106	0.18414	0.29627	0.36208	0.56190	0.53666	0.43113
8	0.0012	0.29928	0.22553	0.54841	0.49988	0.18407	0.29626	0.36185	0.56206	0.53676	0.43131
9	0.0008	0.29908	0.22565	0.54882	0.49911	0.18404	0.29625	0.36173	0.56216	0.53679	0.43149

収束基準は満たされました。

縮退相関行列の固有値：合計 = 3.94539993
平均 = 0.39453999

	固有値	差	比率	累積
1	3.16162942	2.37812827	0.8013	0.8013
2	0.78350115	0.30492578	0.1986	0.9999
3	0.47857536	0.25932049	0.1213	1.1212
4	0.21925487	0.07242358	0.0556	1.1768
5	0.14683130	0.14140341	0.0372	1.2140
6	0.00542789	0.11739626	0.0014	1.2154
7	−.11196837	0.04971504	−0.0284	1.1870
8	−.16168342	0.07760684	−0.0410	1.1460

第 8 章 主成分分析と因子分析

図表 8.19 共通性の反復推定によって得られた因子分析の解

```
                    FACTOR プロシジャ
                初期因子抽出法：反復主因子分析
```

縮退相関行列の固有値：合計 = 3.94539993
平均 = 0.39453999

	固有値	差	比率	累積
9	-.23929026	0.09758775	-0.0607	1.0854
10	-.33687801		-0.0854	1.0000

因子パターン

	Factor1	Factor2
VER_SPAN	0.45377	-0.30525
VIS_SPAN	0.37479	0.29185
WORD_REL	0.67423	-0.30698
MAZE	0.49664	0.50245
ADDITION	0.35952	-0.23405
SHAPE_SR	0.54406	-0.01562
ANAGRAM	0.53940	-0.26605
SP_REL	0.73689	0.13840
NUM_SR	0.72723	-0.08903
ROTATION	0.57091	0.32490

因子の分散

Factor1	Factor2
3.1616294	0.7835011

最終的な共通性の推定値：合計 = 3.945131

VER_SPAN	VIS_SPAN	WORD_REL	MAZE	ADDITION	SHAPE_SR	ANAGRAM
0.29908205	0.22564683	0.54882332	0.49910621	0.18403842	0.29624678	0.36173497

SP_REL	NUM_SR	ROTATION
0.56216474	0.53679292	0.43149433

それぞれの方法を解説することは本書の範囲を越えるので，あとに掲げる参考書を参照していただきたい．

FACTORプロシジャの出力するSASデータセットには，2種類ある．1つはすでに説明したように，元データと因子得点推定値の入ったSASデータセットで，OUT = オプションにより出力される．もう1つは，OUTSTAT = オプションによって出力されるFACTOR型（TYPE = FACTOR）の特殊SASデータセットで，変数ごとの平均，標準偏差，変数間の相関係数，因子負荷量，因子得点推定のための重み係数，その他のさまざまな結果が格納されている．これをあらためてFACTORプロシジャの入力として用いて，さまざまな回転方法を試みたり，SCOREプロシジャで用いて因子得点を算出したりできる．具体例はSASマニュアルを参照されたい．

図表 8.20 初期解の因子負荷プロット

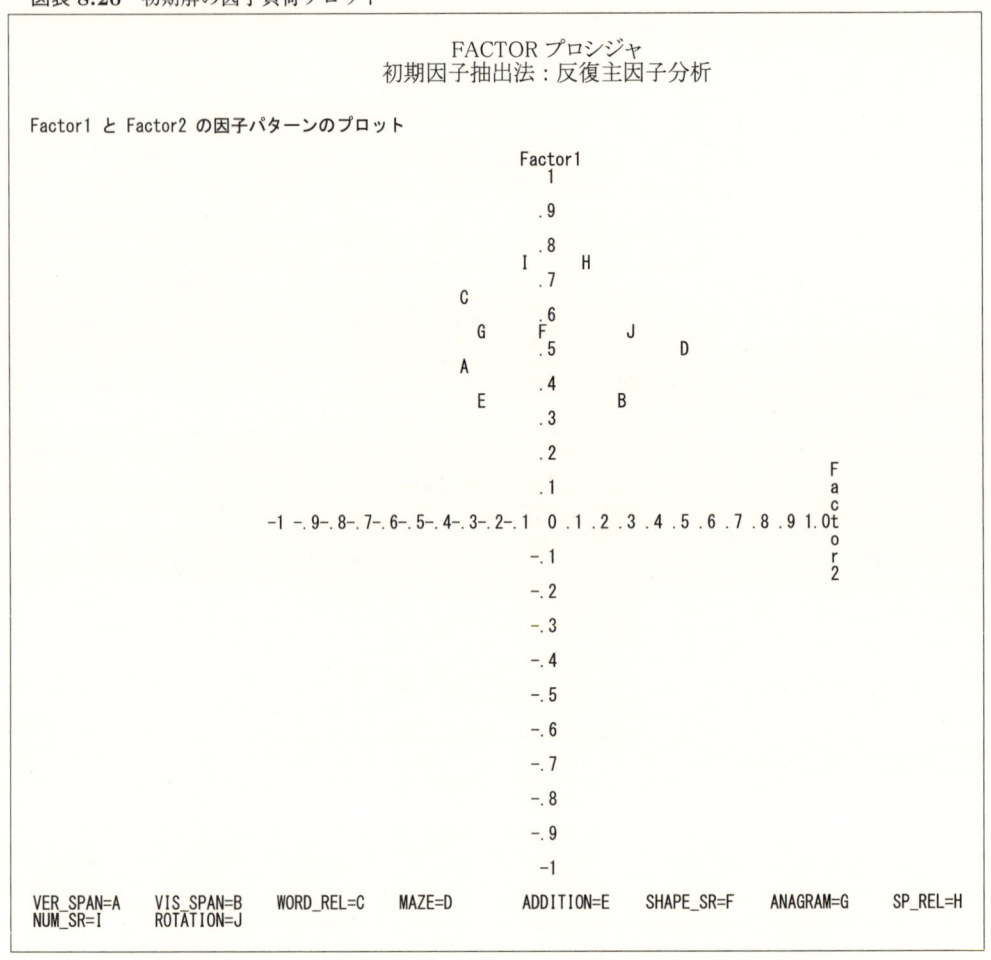

```
                          FACTOR プロシジャ
                      初期因子抽出法：反復主因子分析

Factor1 と Factor2 の因子パターンのプロット
                                    Factor1
                                      1
                                     .9
                                     .8
                                  I  .7  H
                                     .6
                               C     .5
                               G  F     J
                              A      .5     D
                                     .4
                               E     .3  B
                                     .2
                                     .1                              F
                                                                     a
     -1 -.9-.8-.7-.6-.5-.4-.3-.2-.1 0 .1 .2 .3 .4 .5 .6 .7 .8 .9 1.0 c
                                    -.1                              t
                                    -.2                              o
                                    -.3                              r
                                    -.4                              2
                                    -.5
                                    -.6
                                    -.7
                                    -.8
                                    -.9
                                    -1

  VER_SPAN=A   VIS_SPAN=B   WORD_REL=C   MAZE=D   ADDITION=E   SHAPE_SR=F   ANAGRAM=G   SP_REL=H
  NUM_SR=I     ROTATION=J
```

なお，FACTOR プロシジャの欠損値処理は，PRINCOMP プロシジャと同様で，処理の対象となる変数のうちどれか1つでも欠損値があるオブザベーションは分析から除外される．

FACTOR プロシジャ

書式　PROC　FACTOR　オプション；
　　　　［VAR　変数名の並び;］
　　　　［BY　変数名の並び;］

文例　proc factor data = d1 method = prinit nfact = 4
　　　　　　　 reorder preplot plot;
　　　var x1 - x10 y1 - y8;
　　run;

機能　因子分析を行う．

このほかにも，FACTOR プロシジャには，

図表 8.21.1　バリマックス回転の実行と因子得点の推定

FACTOR プロシジャ
回転方法：Varimax

直交変換行列

	1	2
1	0.75622	0.65432
2	-0.65432	0.75622

回転後の因子パターン

	Factor1	Factor2
VER_SPAN	0.54288	0.06608
VIS_SPAN	0.09245	0.46594
WORD_REL	0.71073	0.20902
MAZE	0.04680	0.70492
ADDITION	0.42502	0.05825
SHAPE_SR	0.42165	0.34418
ANAGRAM	0.58199	0.15175
SP_REL	0.46669	0.58682
NUM_SR	0.60820	0.40852
ROTATION	0.21914	0.61925

因子の分散

Factor1	Factor2
2.1434620	1.8016686

最終的な共通性の推定値：合計 = 3.945131

VER_SPAN	VIS_SPAN	WORD_REL	MAZE	ADDITION	SHAPE_SR	ANAGRAM
0.29908205	0.22564683	0.54882332	0.49910621	0.18403842	0.29624678	0.36173497

SP_REL	NUM_SR	ROTATION
0.56216474	0.53679292	0.43149433

- それぞれのオブザベーションを n 回出現したものとみなすための FREQ ステートメント
- それぞれのオブザベーションの相対的なウェイトを与えるための WEIGHT ステートメント
- 特定の変数の影響を除去した偏相関行列や共分散行列を分析するときの PARTIAL ステートメント

などが用意されているが，ここでは説明を省略する．

8-2-5　因子分析における注意

ここでは，因子分析を行う上で，あるいは，因子分析を使った他者の研究をみる上での基本的な問題をいくつか指摘しておこう．

図表 8.21.2　バリマックス回転の実行と因子得点の推定

```
FACTOR プロシジャ
回転方法：Varimax
```

回帰による因子スコア係数の推定

変数群と各因子の重相関係数の2乗	
Factor1	Factor2
0.73342825	0.70327718

標準化因子スコア係数

	Factor1	Factor2
VER_SPAN	0.21374	−0.09171
VIS_SPAN	−0.02079	0.15164
WORD_REL	0.35539	−0.09651
MAZE	−0.16614	0.41676
ADDITION	0.12620	−0.02669
SHAPE_SR	0.09517	0.07710
ANAGRAM	0.21652	−0.04509
SP_REL	0.07394	0.26230
NUM_SR	0.21546	0.07463
ROTATION	−0.04940	0.26246

（1）主因子解がよいのか，主成分解がよいのか

　現実のデータでは，主因子解と主成分解で解が大きく異なることはほとんどないであろう．また，主因子解では共通性推定の問題がつきまとうが，反復推定を行う限り，はじめに相関行列の対角要素に何を入れておくかはあまり問題にならない．数学的手続きの明瞭性や，因子得点推定値のもつ統計的性質の好ましさ（分散が1であることや，相互に正確に直交すること等）からいえば，主成分解をすすめたい．

　しかし，主因子解と主成分解がどのようなデータの場合に大きな違いを生ずるのかを把握しておくことも必要である．たとえば，10個の変数のうち9個の変数 X_1–X_9 は1つの共通因子で説明され，残り1個の変数 X_{10} は X_1–X_9 のどれとも無相関であるようなデータがあったとしよう．主因子解ではこの X_{10} を説明するような共通因子は当然抽出されないが，主成分解では X_{10} 自身が1つの因子を形成する．主因子解は，少なくとも2つ以上の変数に共通に関与する共通因子を抽出するものであるが，主成分解は，データ行列を説明するためには，たとえ1つの変数にしか関与しない因子でも抽出する．どちらの方法が好ましいかは，このことを承知した上で決めるべきである．Comrey (1973) は，因子分析の応用では変数間の関係を捉えることが興味の中心であり，そこで抽出されるべき分散は共通分散だけであるとして，主成分解の使用に否定的である．しかし，ある変動が共通分散であるかどうかは，ほかに似たような変数がたまたまあるかどうかだけの問題であるとも考えられる．実質的には，ある変数のセットがどれだけの基本的因子を想定することで説明

図表 8.22 回転解の因子負荷プロット

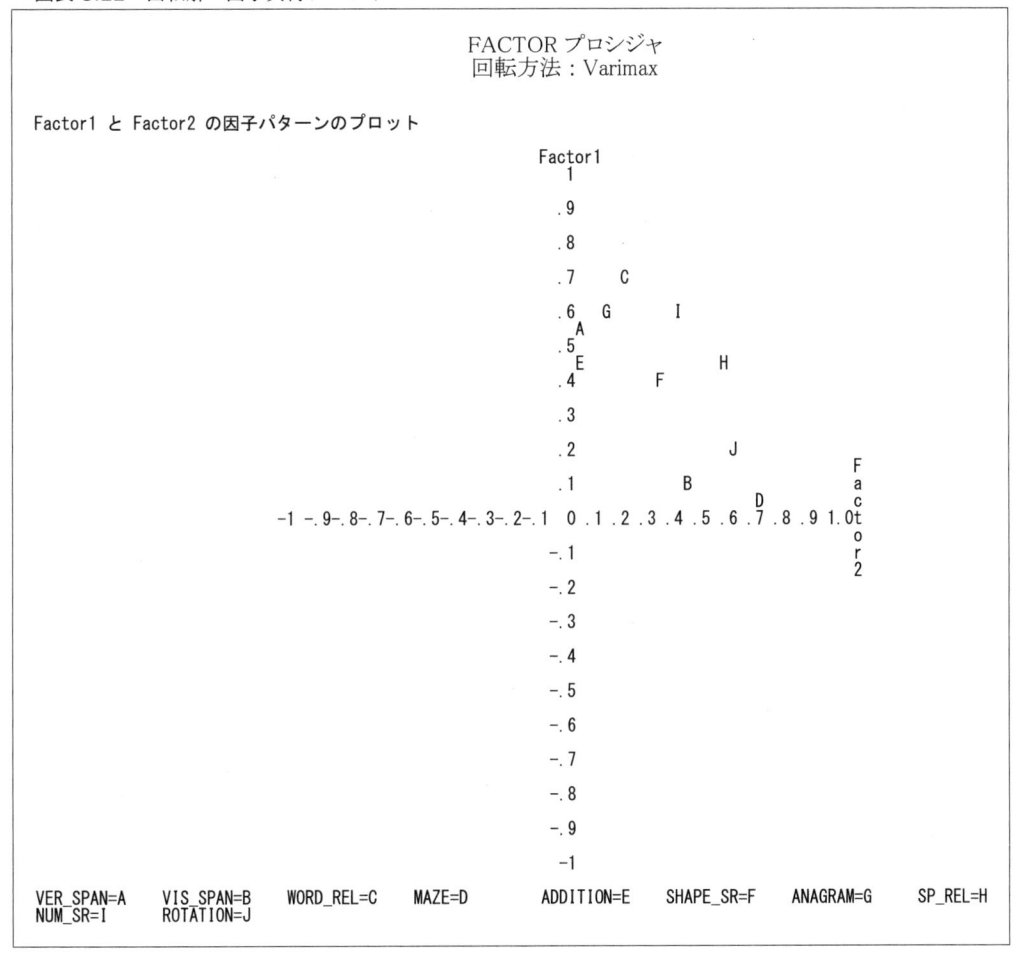

```
                              FACTOR プロシジャ
                              回転方法：Varimax

 Factor1 と Factor2 の因子パターンのプロット
                                    Factor1
                                       1
                                      .9
                                      .8
                                      .7    C
                                      .6 G     I
                                         A
                                      .5
                                         E        H
                                      .4     F
                                      .3
                                      .2            J
                                                          F
                                      .1      B          a
                                                    D    c
    -1 -.9-.8-.7-.6-.5-.4-.3-.2-.1  0 .1 .2 .3 .4 .5 .6 .7 .8 .9 1.0 t
                                    -.1                   o
                                                          r
                                    -.2                   2
                                    -.3
                                    -.4
                                    -.5
                                    -.6
                                    -.7
                                    -.8
                                    -.9
                                    -1

  VER_SPAN=A    VIS_SPAN=B   WORD_REL=C   MAZE=D   ADDITION=E   SHAPE_SR=F   ANAGRAM=G   SP_REL=H
  NUM_SR=I      ROTATION=J
```

されるかが因子分析をする場合の関心なのであり，共通変動のみを抽出することにこだわる必要はないというのが我々の考えである．

（2）因子数の決定

因子数をいくつにするかは，因子分析の結果，およびその解釈に大きな影響を与える．主成分分析では寄与率の大きな主成分から順次抽出していくので，変数の数だけの主成分を出力してしまい，どこまで採用するかをそこで決めればよいが，因子分析で因子の回転という操作が入った場合にはそうはいかない．因子数をどうやって決定するかについては，従来次のような考え方がある．

1) 相関行列 R の固有値が 1 以上の次元まで
2) R の対角成分に共通性推定値を入れた R^* の固有値が正である次元まで
3) 固有値が大きく下がる手前の次元まで
4) 累積寄与率が一定の基準（これは，50%とか80%とか，扱う問題により非常にまちまちである）に達する次元まで

しかし，どのような問題に対しても有効な一般的決定方法というのは存在しないといっても過言で

図表 8.23 OUT_FAC2 を CORR プロシジャにかけたときの出力

<table>
<tr><td colspan="2">CORR プロシジャ</td></tr>
<tr><td>12 変数:</td><td>VER_SPAN VIS_SPAN WORD_REL MAZE   ADDITION SHAPE_SR ANAGRAM SP_REL   NUM_SR   ROTATION Factor1 Factor2</td></tr>
</table>

要約統計量

変数	N	平均	標準偏差	合計	最小値	最大値
VER_SPAN	50	8.00800	0.88729	400.40000	6.30000	10.50000
VIS_SPAN	50	5.30200	1.04188	265.10000	3.50000	7.30000
WORD_REL	50	28.12000	4.97192	1406	15.00000	38.00000
MAZE	50	13.92000	1.20949	696.00000	11.00000	16.00000
ADDITION	50	44.42000	14.68456	2221	17.00000	75.00000
SHAPE_SR	50	20.76000	3.05434	1038	14.00000	26.00000
ANAGRAM	50	26.36000	8.08061	1318	10.00000	43.00000
SP_REL	50	9.60000	1.78429	480.00000	5.00000	13.00000
NUM_SR	50	15.56000	3.55803	778.00000	9.00000	24.00000
ROTATION	50	12.00000	3.23249	600.00000	4.00000	16.00000
Factor1	50	0	0.85640	0	-1.88950	1.61099
Factor2	50	0	0.83862	0	-2.16485	1.80676

Pearson の相関係数, N = 50

	VER_SPAN	VIS_SPAN	WORD_REL	MAZE	ADDITION	SHAPE_SR	ANAGRAM
VER_SPAN	1.00000	0.13310	0.29030	0.09950	0.33054	0.19802	0.44932
VIS_SPAN	0.13310	1.00000	0.02398	0.41149	0.20056	0.32787	0.13445
WORD_REL	0.29030	0.02398	1.00000	0.15095	0.26932	0.40376	0.44134
MAZE	0.09950	0.41149	0.15095	1.00000	0.07202	0.28197	0.14500
ADDITION	0.33054	0.20056	0.26932	0.07202	1.00000	0.31671	0.19064
SHAPE_SR	0.19802	0.32787	0.40376	0.28197	0.31671	1.00000	0.36988
ANAGRAM	0.44932	0.13445	0.44134	0.14500	0.19064	0.36988	1.00000
SP_REL	0.32304	0.19914	0.50932	0.40096	0.06262	0.31156	0.33716
NUM_SR	0.32048	0.26780	0.59832	0.32362	0.35593	0.30558	0.31297
ROTATION	0.11171	0.27147	0.31746	0.40716	0.08384	0.29559	0.24611
Factor1	0.63390	0.10796	0.82990	0.05464	0.49629	0.49235	0.67957
Factor2	0.07879	0.55560	0.24924	0.84058	0.06946	0.41041	0.18095

Pearson の相関係数, N = 50

	SP_REL	NUM_SR	ROTATION	Factor1	Factor2
VER_SPAN	0.32304	0.32048	0.11171	0.63390	0.07879
VIS_SPAN	0.19914	0.26780	0.27147	0.10796	0.55560
WORD_REL	0.50932	0.59832	0.31746	0.82990	0.24924
MAZE	0.40096	0.32362	0.40716	0.05464	0.84058
ADDITION	0.06262	0.35593	0.08384	0.49629	0.06946
SHAPE_SR	0.31156	0.30558	0.29559	0.49235	0.41041
ANAGRAM	0.33716	0.31297	0.24611	0.67957	0.18095
SP_REL	1.00000	0.61142	0.58383	0.54494	0.69975
NUM_SR	0.61142	1.00000	0.32472	0.71018	0.48713
ROTATION	0.58383	0.32472	1.00000	0.25589	0.73842
Factor1	0.54494	0.71018	0.25589	1.00000	0.18851
Factor2	0.69975	0.48713	0.73842	0.18851	1.00000

図表 8.24 平面における長方形の配置と座標軸の設定

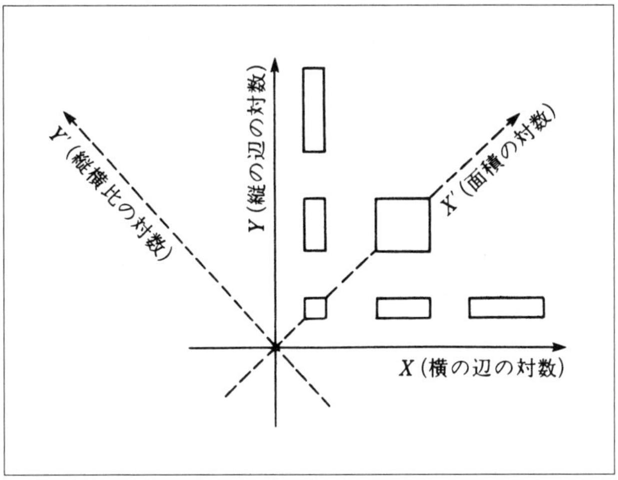

はない．また，あらかじめ用意した因子からシミュレーションによってデータを作成し，そのデータから逆に因子を"発見する"という実験を通じて，"正しい"因子数推定の方法について吟味が行われているが，そうした人工データの分析で得られた有効な方法が現実のデータ解析でもそのまま役に立つとは限らない．実際には，何か1つの基準によって機械的に因子数を決定するよりは，さまざまな因子数の初期解をそのつど回転しては解釈し，どの因子数ではどのような因子が現れるのかを把握しておくことが重要である．とくに，仮説を構成する段階では，解釈できる限り最大数の因子を抽出しておくのがよいと思われる．

(3) 回転による因子の解釈の違い

因子を回転しても，データに対する説明力（すなわち，説明される分散）は変わらないが，因子の解釈は大きく変わる．どちらの解が本当の解かということは，因子分析自身によって決められるべき問題ではない．因子分析の解の不定性は，あるデータをどのように眺めるかという観点の違いを反映していることにあたるのである．

座標軸の回転によって異なる意味づけが可能になる簡単な例をあげよう．図表 8.24 は，いろいろな長方形を平面上にプロットしたものである．実線のように座標系をとった場合，それぞれの軸は長方形の横の辺の長さ X と，縦の辺の長さ Y と対応した意味をもっている．ところが，点線のような座標系をとると，面積を表す軸と縦横の辺の長さの比を表す軸になる．異なる座標系は長方形に対する異なる記述の仕方を提供するが，どちらが本当かということは決められない．

認知課題データの初期解と回転解にも同じことがあてはまる．初期解は総合的認知能力の因子と言語型か視覚-空間型かの因子を表すものであった．これはいわば，上記の長方形の面積の軸と縦横比の軸にあたる．回転解は言語的認知能力の因子と視覚-空間的認知能力の因子を表すものであった．これは，長方形の横の長さの軸と縦の長さの軸に相当する．

こうしてみてくると，因子分析の解というものが非常に実体性の乏しいものに思えてくるかもしれない．しかし，もともと因子分析はあるデータを説明するための仮説的構成概念を提供する目的で使うものであり，それらの概念の有効性や妥当性は因子分析以外の方法で実証的に検討していく

べきなのである．

　因子分析は手法のバラエティが非常に多く，その理論，適用の仕方などについても，多くの研究や議論を生んできた．さまざまな問題点を含んでいるにもかかわらず，行動科学を中心に，最も広く使われている多変量解析の方法の1つでもある．テキストとしては，芝 (1979)，Comrey (1973) などが標準的であるが，Chatfield & Collins (1980) や Kendall (1980) 等も参照して，さまざまな立場の存在を知っておく必要がある．

付　　録

1　SASの主な統計関係プロダクト

2　SASシステム統計関係プロダクトのプロシジャ一覧（SAS 9.2）

3　SAS関連のソフトウェア

4　SASのマニュアル一覧

5　日本語の関連書籍

付録1　SASの主な統計関係プロダクト

　SASシステムは，統計解析のためのプログラム集ではなく，データへのアクセス・管理・解析・プレゼンテーションを包括した巨大な総合的アプリケーション開発システムとなっている．近年では，「ビジネス・インテリジェンス（BI）」と呼ばれるビジネス上の意思決定を支援するソフトウェアや，ビジネス業界ごとに特化したソリューション群を提供している．ユーザーの目的に応じて選択できるように，機能別にプロダクトが構成されている．現在発表されているプロダクトには，次のようなものがある．

Base SAS
　SASの利用に最小限必要な基本的機能．本書の説明しているDATAステップや基本統計プロシジャはこのプロダクトに入っている．他のプロダクトはオプションであり，必要に応じて選択する．

SAS/STAT
　統計解析機能．本書が含まれている「SASで学ぶ統計的データ解析」シリーズの他の本で紹介されているプロシジャの多くは，このプロダクトに入っている．

SAS/GRAPH
　高解像度のグラフィックスのためのプロダクト．本書のグラフの多くはこのプロダクトを利用して作成している．

SAS/ETS
　時系列分析やそれに基づく予測，また計量分析やシステム・モデリングのためのプロダクト．

SAS/IML
　対話型行列演算言語．変数1つが行列を表し，線形代数の表現にきわめて近いコーディング法でアルゴリズムが表現できる．

SAS/INSIGHT
　対話型で視覚的なデータ解析．グラフィカルユーザーインターフェースを駆使して，データの性質を直観的に理解する．

SAS/OR
　オペレーションズ・リサーチのためのプロダクト．プロジェクト管理の機能や，線形計画法，および非線形計画法に対応したプロシジャが用意されている．

SAS/QC
　統計的品質管理のためのソフトウェア．管理図を描いたり，実験計画を構築したりする．実験の設計から解析までを一貫してメニュー操作で行うシステムがついている．

SAS/ACCESS
　データベースインターフェース．中間ファイルを介することなく，データベースを共通形式で直接アクセスする．

SAS/CONNECT
　異機種のコンピュータ間でSASのデータやアプリケーションを相互に交換して運用するシステム．

SAS/GENETICS
　遺伝統計学の分野で使われる統計的手法をサポートしたプロダクト．

付録2　SASシステム統計関係プロダクトのプロシジャ一覧（SAS 9.2）

SASシステム統計関係プロダクトのプロシジャ一覧（SAS 9.2）には，以下のようなものがある．

1　Base SAS に含まれる主なプロシジャ

初等統計

CORR	相関係数の計算．Pearson の積率相関係数，Spearman の順位相関，Kendall の τ，Hoeffding の D，それらの偏相関係数など．Cronbach の α 係数も計算できる．
FREQ	頻度の集計．クロス集計．連関の尺度の計算・検定など．詳しくは SAS/STAT のカテゴリカルデータ解析の項参照．
MEANS, SUMMARY	1変量数値データに対する基本的な統計量（平均・標準偏差など）の計算．サブグループ解析もできる．
TABULATE	クロス集計の頻度やサブグループ別の統計量を自由に設計した表形式に表示する．多重回答の集計もできる．
UNIVARIATE	1変量数値データの詳細な記述統計．モーメント系統計量（平均・分散など），母平均 $=0$ の検定（t 検定・符号付順位和検定・符号検定），正規性の検定 (Shapiro-Wilk)，パーセント点の計算，外れ値の表示，幹葉表示，正規確率プロット，層別箱ひげ図など．

レポーティング

CHART	棒グラフ（ヒストグラム），ブロックチャート，円グラフ，スターチャートを，文字キャラクタを使った低解像度で描く．
PLOT	2変数間の散布図・等高線図を，文字キャラクタを使った低解像度で描く．Release6.07 からは，座標の位置に第3の変数の値を表示する機能も加わった．
PRINT	SAS データセットの表示．
REPORT	TABULATE のような作表をさらに自由に行うレポート言語．ウィンドウ環境で会話的に作表することもできる．
TIMEPLOT	縦軸をオブザベーションの並び，横軸を他の変数の座標値とした時系列のグラフを描く．

スコアリング

RANK	変数の順位，正規スコア，指数スコアを計算する．小数順位や，任意の個数にグループ化した順位付け（パーセンタイル値など）も可能．
STANDARD	変数の値が指定した平均と標準偏差になるように標準化する．

ユーティリティ

APPEND	ある SAS データセットの後に別の SAS データセットを追加する．DATA ステップより効率的．
CATALOG	SAS のカタログ中のエントリを管理・編集する．
CIMPORT	CPORT で作った転送ファイルを元の形式に逆変換する．
COMPARE	2 つのデータセット，または同一データセット中の 2 つの変数を比較する．対応のある t 検定を含む様々な比較ができる．
CONTENTS	SAS データセット中の情報を表示し，SAS データセットに落とす．
COPY	SAS データライブラリ（SAS データセットを含む SAS ファイルの集合）の全体または一部のコピー．
CPORT	SAS データセットまたは SAS カタログを転送ファイルに変換する．CIMPORT と組み合わせて，異なる OS 間でデータの転送ができる．
DATASETS	APPEND，CONTENTS，COPY の各プロシジャの機能を含む SAS データライブラリの管理．SAS データセットの INDEX の作成．INDEX を使うと，あらかじめソートしないで BY 処理を行うことができる．
DCUMENT	ドキュメント形式の SAS 出力を管理する．
EXPORT	SAS データセットを様々なタイプの外部ファイルへ書き出す．書き出すためには別プロダクトのライセンスが必要なファイルタイプもある．
FCMP	ユーザー定義の関数を作成する．その関数は，プログラムステートメントがサポートされている分析プロシジャで使用できる．
FORMAT	ユーザー定義フォーマット・インフォーマットの作成．フォーマットライブラリの表示もできる．
FONTREG	SAS 出力で利用できるように，システムフォントを SAS レジストリに登録する．
IMPORT	様々なタイプの外部ファイルから，SAS データセットとして読み込む．読み込むためには別プロダクトのライセンスが必要なファイルタイプもある．
OPTIONS	SAS システムオプションの現在値の表示．
PMENU	アクションバー・プルダウンメニュー・ダイアログボックスなど，ウィンドウ環境でコマンド行の代わりに使うメニューシステムを定義する．
PRINTTO	SAS プロシジャの出力先を変更する．
PROTO	C や C++で作成した関数を SAS で利用できるように登録を行う．その関数は，プログラミングステートメントがサポートされている分析プロシジャで使用できる．
SORT	SAS データセットのオブザベーションを，ある変数（群）の順に並べ替える．
SQL	データ管理のための標準的言語 SQL を SAS システムで使えるようにしたもの．
TRANSPOSE	SAS データセットの転置を行う．

2　SAS/STAT に含まれる主なプロシジャ

　SAS/STAT ソフトウェアは多くのデータ解析者に使用されている SAS システムのコンポーネントであり，専門的な分析ニーズとエンタープライズレベルの分析ニーズの両方を満たすツールにより，広範にわたる統計機能を提供する．SAS/STAT ソフトウェアには，すぐに使用できるプロシジャが多数用意されており，幅広い統計分析を扱うことができる．

回帰分析

GENMOD	一般化線形モデルの当てはめを行う．ロジスティック回帰，ポアソン回帰などを含む．
GLMSELECT	質的変数を含む回帰分析における変数選択を行う．AIC などの統計量やクロスバリデーションに基づいて変数の組み合わせを選ぶことが可能．
LOGISTIC	ロジスティック回帰分析専用のプロシジャである．変数選択や診断統計量計算の機能もある．
NLIN	非線形回帰分析を行う．最適化法には，最急降下法・Newton 法・Gauss-Newton 法・Marquardt 法・DUD 法（微分式必要なし）がある．
ORTHOREG	条件の悪いデータに対する正確な回帰係数の計算を行う．
PLS	PLS（Partial Least Squares）回帰を行う．その他にも，主成分回帰や縮小ランク回帰にも対応．
QUANTREG	分位点回帰を行う．
REG	線形回帰分析を扱う．予測値・残差・信頼区間の計算，総当たり法（leaps and bounds）や逐次法による変数選択，モデルまたはデータの会話的選択，データ・統計量の散布図の会話的作成，共線性統計量・診断統計量の計算，線形仮説・多変量仮説の検定，線形式によるパラメタの制約，など．リッジ回帰もできる．
ROBUSTREG	線形モデルにおけるロバスト回帰を扱う．M 推定，S 推定および LTS 推定などが実行できる．
RSREG	2 次の反応曲面回帰分析，最適水準の推定，リッジ方向の決定などを扱う．
TRANSREG	回帰分析・正準相関分析・分散分析などのモデルに対して F.Young 流の交互最小自乗法を使って非線形な最適変数変換を行う．名義・順序・間隔・比例の各尺度の混在したデータに適切な処理が行える．たとえば分散分析モデルに最適変換を適用すると Kruskal 流のコンジョイント分析ができる．メトリックまたはノンメトリックのベクトル選好回帰または理想点選好回帰もできる．スプラインスムージングを使った最適変換は，Breiman and Friedman の ACE と類似した結果を与える．

分散分析

ANOVA	下記 GLM のバランスデータ専用版である．
GLM	線形モデル解析のための汎用プロシジャである．様々な実験計画の分散分析・共分散分析・回帰分析を実行する．多変量分散分析や反復測定分散分析も可能である．アンバランスデータに対応する 4 種類の平方和が計算できる．1 元配置の群間比較には多重比較法（Tukey, Dunnett など）が用意されている．変量効果をモデルに取り入れることもできる．
GLMMOD	GLM 流のモデル指定による計画行列のデータセット出力を行う．
LATTICE	格子法計画に対する分散分析を行う．サプリメンタルライブラリからの移植．
MULTTEST	様々な多重検定問題に対する標本再抽出法による調整済み p 値の計算．t 検定，Cochran-Armitage, Freeman-Tukey, Peto, Fisher の各検定，およびそれらの Mantel-Haenszel 流層別解析が実行できる．
NESTED	枝分かれ（階層型）実験の変量効果の分散分析または共分散分析を行う．

NPAR1WAY	1元配置データのノンパラメトリックな分散分析を扱う．Wilcoxon スコア検定（Kruskal-Wallis 検定），メディアンスコア検定（Brown-Mood 検定），正規スコア検定（Van der Waerden 検定），指数スコア検定（Savage 検定），通常の分散分析の4種類ができる．経験分布関数による群間比較（Kolmogorov-Smirnov, Cramer-von Mises, Kuiper）もできる．
PLAN	各種実験計画に対してランダムな割付けを発生する．
TTEST	2群間の対応のない t 検定（Welch 流の検定も含む）を扱う．対応のある t 検定も実行可能．
VARCOMP	分散成分の推定を行う．推定法はモーメント法・MIVQUE・ML・REML の4種である．

混合モデル

GLMMIX	一般化線形混合モデルのための汎用プロシジャである．
MIXED	線形混合モデルのための汎用プロシジャである．分散共分散行列に適当な構造を仮定して Newton-Raphson 法による REML または ML 法によって未知パラメタを推定する．
NLMIXED	非線形混合モデルのための汎用プロシジャである．尤度関数に含まれる変量効果に起因した積分項を Adaptive Gaussian 求積法や Taylor 展開などに基づいて近似し，パラメータ推定を行う．

ノンパラメトリックな手法に基づく回帰分析

GAM	一般化加法モデル（Generalized Additive Models）を扱う．結果変数は連続変数だけでなくカテゴリカル変数も用いることができる．
LOESS	局所重み付き平滑化（Locally Weighted Scatterplot Smoother）によるノンパラメトリック回帰を行う．
TSPLINE	薄板平滑化スプライン（Thin Plate Spline）に基づく回帰を行う．

カテゴリカルデータ解析

CATMOD	カテゴリカルデータに対する広範囲なモデリングを扱う．応答頻度の適当な関数に線形モデルを当てはめる．Grizzle-Starmer-Koch 流の重み付き最小自乗法，対数線形モデル，ロジスティック回帰，反復測定分析などが実行できる．指定方法が柔軟であるため，難解でもある．
FREQ	連関の測度と検定（Pearson のカイ自乗など）を扱う．$r \times c$ 分割表の直接検定がネットワーク・アルゴリズムにより計算できる．層別分割表に対しては，CMH（Cochran-Mantel-Haenszel）統計量・共通オッズ比推定・Breslow-Day 統計量も計算できる．
PROBIT	バイオアッセイのプロビット分析を最尤法で実行する．逆推定（LD50）と信頼区間の計算，自然死の考慮も可能である．ロジスティック回帰も実行できる．

検出力とサンプルサイズ

GLMPOWER 分散分析における様々な対比に対して，検出力の算出や適切なサンプルサイズの同定を行う．

POWER 回帰分析における F 検定，Pearson の相関係数に関する検定，2 項検定，McNemar 検定，2×2 表に対する Pearson のカイ 2 乗検定，および Fisher の正確検定，平均に対する t 検定，および生存時間解析で使用される検定など，様々な仮説検定における検出力（検定力）を計算できる．

多変量解析

CALIS 共分散構造分析を扱う．パスモデルまたは構造方程式を指定してパラメタを推定する．測定誤差モデル・パス解析・同時方程式モデル・確証的因子分析・3 相因子分析など，様々な潜在変数モデルに応用できる．本書を含むシリーズの第 3 巻『SAS による共分散構造分析』に詳しい説明がある．

CANCORR 正準相関分析，正準冗長性分析を扱う．

CORRESP （多重）コレスポンデンス分析を行う．数量化 III 類を包含する．

FACTOR 因子分析を扱う．因子（成分）抽出法には，主成分分析，主因子法，共通性反復推定主因子法，最尤法，最小自乗法，アルファ因子分析，Harris の成分分析，イメージ法などがある．回転法には，QUARTMAX，VARIMAX，EQUAMAX，ORTHMAX，PROMAX，Harris-Kaiser case II，PROCRUSTES が使える．

MDS 多次元尺度構成法のための汎用プロシジャである．2 元または 3 元（個人差 MDS）のデータに対して，メトリックまたはノンメトリックな MDS を実行する．サプリメンタルライブラリにもあった有名なプログラム ALSCAL や MLSCAL の機能をほぼ実現している．

PRINCOMP 主成分分析を扱う．

PRINQUAL F.Young 流の交互最小自乗法を使って非線形な最適変数変換を行う．名義尺度や順序尺度の混在した質的データの主成分分析である．非線形関係の発見・ノンメトリック多次元選好分析（MDPREF）や多変量データの欠損値推定などに利用できる．

判別分析

CANDISC 正準判別分析を行う．次元の減少を伴う多群の判別分析である．入力データをダミー変数にすれば数量化 II 類と等価である．

DISCRIM 線形判別分析・2 次判別分析・ノンパラメトリック判別分析（k 最近隣法と核関数法）を行う．分散共分散行列の等質性の検定，相互検証法による誤判別率の推定，事後確率（密度）の計算もできる．

STEPDISC 判別分析における逐次法的な変数選択を行う．

クラスター分析

ACECLUS 群内共分散行列の推定によるクラスター分析の前処理を行う．

CLUSTER 階層凝集型のクラスター分析を行う．群平均法・Ward 法などの標準的手法からノンパラメトリックな密度推定による方法まで 11 の手法がある．距離行列から直接スタートすることもできる．

FASTCLUS	k-means 法による非階層的クラスタリングを行う．文字通り"速い"クラスタリングであり，大量データに適している．
MODECLUS	ノンパラメトリックな密度推定によるクラスタリングを行う．クラスター数に関する近似検定を行い，有意でないクラスターを融合する．
TREE	CLUSTER または VARCLUS の階層的クラスタリングの結果をデンドログラムに表す．デンドログラムをあるレベルで切ったときの分類結果をデータセットに出力する機能もある．
VARCLUS	変数のクラスター分析を行う．各クラスターの第 1 主成分または重心成分によって元の変数の分散を最もよく説明するように変数を分類する．SAS 独自の手法であり，k-means 法と双対の関係にある．

生存時間データ解析

LIFEREG	打ち切り（センサリング）を伴う生存時間データにパラメトリックな加速故障モデルを当てはめる．打ち切りには右側・左側・区間の 3 通りを処理できる．
LIFETEST	右側打ち切りを含む生存時間データの生存関数を actuarial 法または Kaplan-Meier 法でノンパラメトリックに推定する．推定した生存関数の群間比較のために，ログランク検定・Gehan-Wilcoxon 検定・指数分布を仮定した尤度比検定を行う．共変量の効果の順位検定も行える．
PHREG	Cox 流の比例ハザードモデルによる共変量の評価（回帰分析）を行う．変数選択の機能がある．時間依存性共変量を扱え，ベースライン生存関数の推定が可能．マッチングを行ったケース・コントロール研究のデータに条件付きロジスティック回帰を行うこともできる．SAS 9.2 より，CLASS ステートメントが追加され，説明変数にカテゴリカル変数を利用可能にした．

不完全データの分析

MI	多重代入（Multiple imptation）法を行う．
MIANALYZE	MI プロシジャが作成した疑似データセットをもとに分析プロシジャを適用後，その結果に基づいてパラメタ推定を行う．

調査データの分析

SURVEYFREQ	標本調査データに対し，分割表を作成し，度数や比率などを求める．
SURVEYLOGISTIC	標本調査データに対し，ロジスティック回帰分析を行う．
SURVEYMEANS	標本調査データに対し，母集団における平均・分散などの要約統計量を求める．
SURVEYREG	標本調査データに対し，線形回帰分析を行う．
SURVEYSELECT	標本調査データのサンプリングを行う．

2 次元の空間統計

KRIGE2D	2 次元の空間データに対して，（セミ）バリオグラムを計算する．
SIM2D	2 次元の空間データに対して，通常のクリギングを行う．
VARIOGRAM	2 次元正規確率場に対するシミュレーションを行う．

その他

BOXPLOT	箱ひげ図を描く.
DISTANCE	様々な距離（類似度）を計算する.
KDE	1変量または2変量のカーネル密度推定と結果のグラフ表示を行う.
INBREED	近交係数を計算する．サプリメンタルライブラリからの移植を行う.
OUTPUT	統計プロシジャが計算した出力を切り出して表示したり，SAS データセット化したりする．Output Delivery System の一部である.
SCORE	係数値を含んだ SAS データセットとデータ行列を含んだ SAS データセットとから線形結合のスコアを計算する．たとえば，因子分析のスコア係数から因子スコアの推定値を計算したり，回帰係数から回帰予測値を計算できる.
STDIZE	変数の標準化・基準化を行う．SAS/BASE の STANDARD プロシジャを大幅に拡張したもの.
TEMPLATE	統計プロシジャの出力体裁を定義する．Output Delivery System の一部である.

3 SAS/GRAPH に含まれるプロシジャ

グラフ作成

GAREABAR	幅を制御する変数を与えて棒グラフを描く.
GBARLINE	棒グラフと折線グラフを重ねて描く.
GCHART	CHART プロシジャのグラフィック版．棒グラフ（ヒストグラム）・ブロックチャート・円グラフ・スターチャートを高解像度で描く.
GCONTOUR	PLOT プロシジャ CONTOUR オプションのグラフィック版．等高線図を高解像度で描く.
GPLOT	PLOT プロシジャのグラフィック版．散布図を描く．スプラインスムージングや多項式回帰などで補間する機能もある.
GRADAR	レーダーチャートの作成を行う.
G3D	3次元の曲面プロットまたは3次元散布図を作成する.
G3GRID	3次元のデータ補間を行い，G3D または GCONTOUR へ与えるためのグリッド上のデータを作成する.

複数のグラフの重ね合わせ

SGPLOT	さまざまな種類の2次元プロットを1枚に重ねて描く．散布図や箱ひげ図など，同種類のグラフのみを重ね合わせてグラフを描画できる.
SGSCATTER	複数の散布図を並べて1枚に描く．主として散布図の作成に注力している.
SGPANEL	複数のグラフをパネル状に表示する.

地図出力

GMAP	地図データを基に地図を描く．色の塗り分けまたは3次元的な方法で領域別の統計量を表現することができる．地図用データとして，世界地図や日本地図などが提供されている.

GPROJECT	経度と緯度で表現された地図座標のデータを投影して，GMAP 用の SAS データセットに変換する．
GREDUCE	GMAP 用地図座標データの簡約を行う．
GREMOVE	GMAP 用地図座標データの領域境界を除いた新しいデータを作る．
MAPIMPORT	ESRI 社のシェープファイルから地図情報を SAS へ取り込む．

文字表現

GPRINT	テキストファイル（たとえば統計プロシジャの出力）の内容を変換してグラフィックに出力する．
GSLIDE	文字情報を美しいフォントで出力する．

ユーティリティ

GANNO	ANNOTATE データセット（細かいグラフ出力を指定したデータ）の内容をタイトル等を描かないで表示する．
GDEVICE	SAS がもっているグラフィックデバイスを一覧する．新しいデバイスパラメタを指定して登録することもできる．
GFONT	ユーザー定義の新フォントを作成する．その表示も行う．
GIMPORT	CGM（Computer Graphics Metafile）を SAS/GRAPH のグラフィックスとして表示し，グラフカタログを作成する．CGM は ANSI の標準形式であり，他のソフトウェアとグラフ出力の相互交換ができる．
GKEYMAP	キーボードや出力デバイスのキャラクタセット（ASCII や EBCDIC）の整合をとる．
GOPTIONS	現在指定されているグラフィックスオプションとグローバルステートメントをリストする．
GREPLAY	過去に作成したグラフの再表示．複数のグラフの任意の位置に重ねて描くこともできる．
GTESTIT	テストパターンの出力．

4 SAS/ETS に含まれるプロシジャ

時系列データのモデル化と予測

AUTOREG	誤差項に自己回帰過程で生成されるような系列的相関があるときの重回帰分析を扱う．Release 6.08 からは ARCH タイプのモデリングも可能．
ARIMA	Box-Jenkins 流の ARIMA モデルの解析を行う．伝達関数モデル・干渉モデル・分布ラグモデルなども含まれる．
FORECAST	指数平滑化法・WINTERS 法（季節調整つき指数平滑化法）・ステップ自己回帰法（自己回帰モデルを自動的に決定）などの，1 変量時系列の簡単な予測を行う．
PDLREG	分布ラグが多項式で表現される重回帰分析を行う．さらに誤差項が自己回帰過程で生成される場合も可能．
SPECTRA	スペクトル解析を行う．ペリオドグラムまたは平滑化したスペクトル密度推定値を計算する．

STATESPACE	赤池流の状態空間モデルによる多変量時系列データの解析を行う.
TIMESERIES	トランザクションタイプの時系列データに対して，予測・分析を行う.
TSCSREG	時系列とクロスセクションとを同時に含むデータの回帰分析を扱う.
UCM	Unobserved Components Model に基づくモデリングと予測を扱う.
VARMAX	多変量 ARMA モデルの解析を行う．多変量 GARCH モデルもサポートしている.
X11	センサス局法による四半期または月次データの季節調整を行う．Release 6.08 からは X11-ARIMA 法もサポートしている.
X12	米国センサス局による X-12-ARIMA 法に基づく季節調整を行う.

構造方程式の推定とシミュレーション

MODEL	非線形構造方程式の推定とシミュレーション．パラメタの推定には，OLS, SUR, 2SLS, 3SLS, またはそれらの反復版が利用できる．Release 6.08 からは FIML と一般化モーメント法も可能．予測またはシミュレーションのために方程式を解くことも同一プロシジャ内で実行できる.
SIMLIN	線形構造方程式によるシミュレーション．構造方程式の係数（多くの場合 SYSLIN プロシジャで計算されたもの）を読み込み，誘導形を求める．入力データが与えられた場合はその誘導形を使って予測値を求める.
SYSLIN	線形構造方程式の推定．パラメタの推定法には，OLS, 2SLS, 3SLS, IT3SLS, FIML, SUR, ITSUR, LIML, MEL0, k-class がある.

その他

CITIBASE	CITIBASE ファイルから時系列データを読みとり SAS データセットに変換する．DATASOURCE プロシジャに統合される.
COMPUTAB	財務レポートを作成する.
DATASOURCE	各種データファイルから時系列データを抽出する.
EXPAND	時系列データの周期を変換する．アグリゲーションまたは補間を行う．欠損データのスプライン補間にも利用できる.
ENTROPY	一般化最大エントロピー法に基づいた各種推定を行う.
LOAN	可変レートを含むローンの計算．プランの比較．スケジュール作成を扱う.
MDC	各種の離散選択モデルを扱う.
QLIM	従属変数が制限された値のみをとりうる様々なモデリングを行う.

5 SAS/IML の数学関数とサブルーチンの例

DESIGN	計画行列の作成.
DET	行列式の値を算出.
EIGEN	対称行列の固有値と固有ベクトルの計算.
GINV	一般化逆行列.
GSORTH	グラム－シュミットの直交化.
HALF	コレスキー分解.

INV	逆行列の計算.
IPF	Iterative Proportional Fit（カテゴリカル解析で使う）.
LCP	線形相補計画問題（2次計画で使う）.
LP	線形計画問題.
ODE	常微分方程式.
ORPOL	直交多項式の計算.
OPSCAL	質的データ（名義または順序）の最適尺度変換.
QR	QR分解.
QUAD	数値積分.
RANK	行列要素の順位を求める.
SOLVE	連立一次方程式の解（逆行列より効率的）.
SVD	特異値分解.
SWEEP	掃き出し計算.

付録3　SAS関連のソフトウェア

1　SAS Enterprise Miner
蓄積された膨大なデータを使用して，データの選択，探索，およびモデルの構築を行い，以前には認識されていなかったパターンを明らかにするソフトウェア．

2　SAS Forecast Server
対話的な操作により，大規模な時系列データに対して適切な時系列モデルを選択し，予測を行うソフトウェア．

3　SAS Enterprise Guide
GUI 操作によって，データ加工，統計解析，およびレポートの作成を行う Windows クライアント．

4　JMP
デスクトップ環境用の統計的発見のためのソフトウェア．Windows，Macintosh，および Linux 上で使用される．

付録 4　SAS のマニュアル一覧

　SAS の仕様や利用方法を詳しく知るためには，マニュアルを参照しなければならない．SAS を契約すると，以前は電話帳のような厚いマニュアルが段ボール箱でまとめて送られてきたので，どれから読んだらよいのか困ってしまったが，近年はすべてオンラインドキュメントとして提供されている．すなわち，正しく SAS をインストールすると，すべてのマニュアルがその時点でアクセス可能となる．その一方で，マニュアルは書籍形態のほうが読みやすいことも多い．以下に，Base SAS, SAS/STAT, SAS/GRAPH, SAS/ETS, SAS/IML の各プロダクトの SAS 9.2 に対応した主要なマニュアルを紹介する．これらは，書籍として購入することができる．購入問い合わせ先は，SAS Institute Japan のマニュアル担当である．下記の Web サイトを参照のこと．http://www.sas.com/japan/manual/index.html

Base SAS

マニュアル

SAS 9.2 Language Reference: Concepts, Second Edition（英語）
　　SAS 言語の一般概念の解説．

SAS 言語：解説編 V8
　　対応リリースが SAS 8 と古いが，その時点における前記書籍の日本語訳．

SAS 9.2 Language Reference: Dictionary, Third Edition（英語）
　　SAS 言語のステートメントや関数，入力・出力形式の参照マニュアル．

SAS 言語：リファレンス編 V8
　　対応リリースが SAS 8 と古いが，その時点における前記書籍の日本語訳．

Base SAS 9.2 Procedures Guide（英語）
　　Base SAS に含まれるプロシジャの参照マニュアル．

SAS 9.2 Macro Language: Reference（英語）
　　マクロ言語の参照マニュアル．

SAS 9.2 National Language Support（NLS）: Reference Guide（英語）
　　各言語版 SAS における固有機能の解説．

SAS 9.2 SQL Procedure User's Guide（英語）
　　SAS の SQL プロシジャの利用方法に関する解説．

SAS 9.2 Output Delivery System: User's Guide（英語）
　　SAS 8 以降で追加されたアウトプットデリバリシステム（ODS）の機能に関する参照マニュアル．

参考書

　Base SAS の機能を解説した書籍は数多く存在する．前述の Web サイトから，目的に合致する書籍を確認することができる．

SAS/STAT

マニュアル

SAS/STAT 9.2 User's Guide（英語）

 SAS/STAT の参照マニュアル

  : Power Analysis

  : Statistical Graphics Using ODS

  : Survey Data Analysis

  : Survival Analysis

  : The FREQ Procedure

  : The GENMOD Procedure

  : The GLIMMIX Procedure

  : The GLM Procedure

  : The LOGISTIC Procedure

  : The MIXED Procedure

  : The PHREG Procedure

  : The REG Procedure

SAS プロシジャリファレンス バージョン 8（SAS/STAT ソフトウェア）（日本語）

 対応リリースが SAS 8.2 と古いが，GENMOD, NLMIXED, TTEST, および FREQ プロシジャの日本語による簡易な解説を含む．

参考書

Step-by-Step Basic Statistics Using SAS: Student Guide and Exercises（英語）

 SAS を使った初等的統計の参考書．

A Step-by-Step Approach to Using SAS for Univariate and Multivariate Statistics, Second Edition（英語）

 SAS を使った基本的な統計手法の参考書．多変量分散分析や，主成分分析等も扱っている．

SAS System for Regression, Third Edition（英語）

 SAS で回帰分析を実行するための参考書．

SAS for Linear Models, Fourth Edition（英語）

 回帰分析・分散分析・一般化線形モデルの参考書．

Categorical Data Analysis Using the SAS System, Second Edition（英語）

 SAS でカテゴリカルデータの解析を行うための参考書．

SAS/GRAPH

マニュアル

SAS/GRAPH 9.2: Reference（英語）

 SAS/GRAPH の参照マニュアル．まだ発売されていないが Second Edition がある（2011/11/1）．

SAS プロシジャリファレンス バージョン 8（SAS/GRAPH ソフトウェア）（日本語）

 対応リリースが SAS 8.2 とやや古いが，SAS/GRAPH に含まれるプロシジャの解説を網羅的に含む．

SAS/ETS

マニュアル

SAS/ETS 9.2 User's Guide（英語）

    SAS/ETS の参照マニュアル．

SAS プロシジャリファレンス バージョン 8（SAS/ETS ソフトウェア）

    対応リリースが SAS 8.2 と古いが，ARIMA，AUTOREG，FORECAST，X11，および X12 プロシジャの日本語による簡易な解説を含む．

参考書

SAS for Forecasting Time Series, Second Edition（英語）

    SAS/ETS による時系列解析の参考書．

Using SAS in Financial Research（英語）

    金融，財務データに対する SAS を用いた統計分析の手法を解説している．

SAS/IML

マニュアル

SAS/IML 9.2 User's Guide（英語）

    SAS/IML の参照マニュアル．

付録 5　日本語の関連書籍

市川伸一・岸本淳司・大橋靖雄・浜田知久馬（1993）『SAS によるデータ解析入門　SAS で学ぶ統計的データ解析 1 第 2 版』東京大学出版会.

豊田秀樹（1992）『SAS による共分散構造分析　SAS で学ぶ統計的データ解析 3』東京大学出版会.

前川真一・竹内啓（1997）『SAS による多変量データの解析　SAS で学ぶ統計的データ解析 4』東京大学出版会.

高橋行雄・芳賀敏郎・大橋靖雄（1989）『SAS による実験データの解析　SAS で学ぶ統計的データ解析 5』東京大学出版会.

高橋伸夫（1992）『経営統計入門　SAS による組織分析』東京大学出版会.

大橋靖雄・浜田知久馬（1995）『生存時間解析　SAS による生物統計』東京大学出版会.

丹後俊郎・高木晴良・山岡和枝（1996）『ロジスティック回帰分析　SAS を利用した統計解析の実際』朝倉書店.

時永祥三（1997）『SAS による経済分析入門　改訂版』九州大学出版会.

坂井吉良（1998）『SAS による経済学入門』シーエーピー出版.

時永祥三・譚康融（2002）『SAS による金融工学』オーム社.

遠藤健治（2003）『Excel，SAS，SPSS による統計入門　改訂版』培風館.

伊藤嘉朗（2004）『医療統計分析法・活用事例 SAS Learning Edition リリース 2.0』インフォーム.

伊藤嘉朗（2004）『事例による実践・統計分析マニュアル SAS Learning Edition リリース 2.0』インフォーム.

臨床評価研究会（ACE）基礎解析分科会，浜田知久馬（監修），SAS Institute Japan（協力）（2005）『実用 SAS 生物統計ハンドブック SAS 8.2 及び SAS 9.1 対応』サイエンティスト社.

野宮大志郎（2004）『SAS プログラミングの基礎　第 2 版』ハーベスト社.

県俊彦（2004）『基本医学統計学　EBM・医学研究・SAS への応用』中外医学社.

新城明久（2005）『ノンパラメトリック法　生物統計学入門 SAS プログラム対応』金城印刷.

宮岡悦良・吉澤敦子（2008）『データ解析のための SAS 入門』朝倉書店.

高柳良太，SAS Institute Japan（監修）（2008）『SAS による統計分析 SAS Enterprise Guide ユーザーズガイド』オーム社.

Alex Dmitrienko, Geert Molenberghs, Christy Chuang-Stein, Walter Offen（著），森川馨，田崎武信（監修，翻訳）（2009）『治験の統計解析　理論と SAS による実践』講談社.

大橋渉（2010）『統計を知らない人のための SAS 入門』オーム社.

参考文献

各章で引用されている文献を順次挙げる.

まえがき

東京大学教養学部統計学教室（編）(1991)『統計学入門』(基礎統計学 I) 東京大学出版会.

前川眞一 (1997)『SAS による多変量データの解析』(SAS で学ぶ統計的データ解析 4) 東京大学出版会.

高橋行雄・大橋靖雄・芳賀敏郎 (1989)『SAS による実験データの解析』(SAS で学ぶ統計的データ解析 5) 東京大学出版会.

芳賀敏郎・野澤昌弘・岸本淳司 (1996)『SAS による回帰分析』(SAS で学ぶ統計的データ解析 6) 東京大学出版会.

第 5 章

吉村功 (1984)『平均・順位・偏差値』岩波ジュニァ新書 72.

Hartwig, F. & Dearing, B. E. (1979) *Exploratory Data Analysis*. Sage Publications. 柳井晴夫・高木廣文 (訳)『探索的データ解析の方法』(人間科学の統計学 4) 朝倉書店.

渡部洋・鈴木規夫・山田文康・大塚雄作 (1985)『探索的データ解析入門』朝倉書店.

Tukey, J. W. (1977) *Exploratory Data Analysis*. Addison-Wesley Publishing Company.

竹内啓・大橋靖雄 (1981)『統計的推測～2 標本問題』日本評論社.

鷲尾泰俊・大橋靖雄 (1989)『多次元データの解析』岩波書店.

第 6 章

渋谷政昭・竹内啓 (1962)『統計的方法と科学的推論』岩波書店.

Stokes, M. E., Davis, C. S. & Koch, G. G. (2000) *Categorical Data Analysis Using the SAS System*, Sas Institute.

第 7 章

Chatterjee, S. & Price, B. (1977, 1991 2nd ed.) *Regression Analysis by Example*. John Wiley and Sons. 佐和隆光・加納悟 (訳)『回帰分析の実際』新曜社.

Anscombe, F. J. (1973) Graphs in statistical analysis. *The American Statistician*, **27**, 17-21.

Atkinson, A. C. (1985) *Plots, Transformations, and Regression*. Clarendon Press.

奥野忠一・芳賀敏郎・久米均・吉澤正 (1981)『多変量解析法』(改訂版) 日科技連出版社.

Sall, J (1981) *SAS Regression Applications*. SAS Institute Inc. 新村秀一 (訳) (1986)『SAS による回帰分析の実践』朝倉書店.

Furnival, G. M. & Wilson, R. W. (1974) Regression by Leaps and Bounds, *Technometrics*, **16**, 499-511.

高橋行雄・大橋靖雄・芳賀敏郎 (1989)『SAS による実験データの解析』(SAS で学ぶ統計的データ解析 5) 東京大学出版会.

奥野忠一・芳賀敏郎 (1969)『実験計画法』培風館.

生沢雅夫 (1977)『実験計画』新曜社.

芝祐順・渡部洋・石塚智一 (1984)『統計用語辞典』新曜社.

Freund, R. J., Littell, R. C. & Spector, P. C. 1986 (2008 4th ed.) *SAS System for Linear Models*. SAS Institute Inc.

吉村功 (編著) (1987)『毒性・薬効データの統計解析』サイエンティスト社.

吉田道弘・浜田知久馬（1992）「PROBMC 関数による多重比較法」（1992 年日本 SAS ユーザー会論文集），SAS インスティテュートジャパン．

Cook, R. D. & Weisberg, S. S.（1982）*Residuals and Influence in Regression.* Chapman and Hall.

第 8 章

奥野忠一・芳賀敏郎・久米均・吉澤正（1981）『多変量解析法』（改訂版）日科技連出版社．

Kendall, M. G.（1980）*Multivariate Analysis*（2nd ed.）．Charles Griffin. 奥野忠一・大橋靖雄（訳）『多変量解析』培風館．

Chatfield, C. & Collins, A. J.（1980）*Introduction to Multivariate Analysis.* Chapman and Hall. 福場庸他（訳）『多変量解析入門』培風館．

芝祐順（1979）『因子分析法』（第 2 版）東京大学出版会．

Comrey. A. L.（1973）．*A First Course in Factor Analysis,* Academic Press. 芝祐順（訳）『因子分析入門』サイエンス社．

図表・データの引用

Ichikawa, S.（1983）Verbal memory span, visual memory span, and their correlations with cognitive tasks. *Japanese Psychological Research,* **25**, 173-180.

田中寛一（1958）『新版・田中式知能検査（タイプ A)』日本文化科学社．

田中寛一（1962）『改訂版・田中式知能検査（タイプ B)』日本文化科学社．

寺岡隆（1961）「アナグラムの解読に及ぼす配列および材料語の影響」心理学研究, **30**, 11-21.

牛島義友（1961）『牛島式知能検査』金子書房．

Anscombe, F. J.（1973）Graphs in statistical analysis. *The Americans Statistician,* **27**, 17-21.

事項索引

ア

アウトプット　10

イ

イエーツ（Yate）の補正　161
1元配置　184
1要因配置　184
一般線形モデル　197
因子の回転　222
因子負荷量　219
因子分析　205, 219
インストール　9
インフォーマット　55, 66

ウ

ウィルコクソン（Wilcoxon）の符号
　　付き順位和検定　159
ウインドウ　15
ウエルチ（Welch）の検定　150
打切り　155

エ

永久SASデータ（セット）　94
S-PLUS　4
SPSS　4
F 統計量　148
エラー　49

オ

応答変数　167
オブザベーション　19
オペレーティング・システム　15

カ

回帰係数　167
回帰直線　168

回帰分析　167
カイ2乗検定　159-163
カイ2乗統計量　148
拡張エディタ　10
片側検定　149
可変長ファイル　93
カラム入力　53
頑健性　124, 125
漢字キャラクタ　94
関数　28-31

キ

帰無仮説　147
級間平均平方　185
級間平方和　185
級内平均平方　185
級内平方和　185
行コマンド　15
共通因子得点　219
共通性　220
共通性の（反復）推定　221
行番号　15
共分散解析　197
共変量　197
行列言語　6
曲線相関　132
寄与率　172, 210

ク

クラスカル・ワリス
　　（Kruskal-Wallis）検定　155
繰り返しの数　186
クロス集計法　104, 159
クロンバック（Cronbach's）の係数
　　142

ケ

欠損値　24
検出力　149
検定　147
検定統計量　147
ケンドール（Kendall）の順位相関係
　　数　136

コ

交互作用　187
コマンド　15
固有値　208
固有ベクトル　208
コルモゴロフ・スミルノフ
　　（Kolmogorov-Sminov）の検定
　　123
混合モデル　197

サ

最小2乗法　168, 176
SASユーザー総会　7
サブセット化 IF ステートメント
　　39
残差　168, 172
残差プロット　180
残差平方和　174, 185
3次元プロット　143
（算術）平均　116
散布図　126

シ

シェッフェ（Scheffe）の多重比較
　　198
CPM　6
四分位数　121
四分位点　120

事項索引

四分位範囲　116, 121
斜交因子モデル　219
シャピロ・ウィルク（Shapiro-Wilk）
　の検定　123
主因子解　221
重回帰分析　175
重回帰方程式　176
重相関係数　176
従属変数　167
主効果　186
主成分　207, 221
主成分得点　208
主成分分析　205, 207, 221
出力書式（フォーマット）　55
順序カテゴリカルデータ　155
書式　53

ス

水準　184
ステートメント　17
ステューデント-ニューマン-キュールス（Student-Neumann-Keuls）の多重範囲検定　198
ステューデント（Student）の t 検定　150
スピアマン（Spearmann）の順位相関係数　136

セ

正規確率プロット　122
正規性の検定　123
正規乱数　75
正の相関　137
切片　167, 175
説明変数　167
全体平方和　185
尖度（kurtosis）　118

ソ

総当たり法　182
相関　132
相関行列　133
相関係数　132

層別箱ひげ図　121

タ

対応のある t 検定　157
対応のある 2 群の検定　156
対立仮説　147, 153
（多重）共線性　181
多重性　147
多重比較　194, 197, 198
ダネット（Dunnett）の多重比較　198
多変量分散分析　197
ダンカン（Duncan）の多重比較　198
探索的データ解析　126

チ

チューキー・クラマー（Tukey-Kramer）の方法　202
チューキー（Tukey）の多重比較　199
直交因子モデル　219
直線相関　132

テ

抵抗性　124
t 検定　150
ディスプレイマネージャシステム　9, 10
t 統計量　148
data cleaning（データクリーニング）　99
data screening（データスクリーニング）　99
テーブルルックアップ　69, 82
転置　84

ト

統計的仮説検定　147
統計パッケージ　3, 4
等高線プロット　143
独自因子得点　219

特殊 SAS データセット　19
独立変数　167
度数分布表　107

ナ

内積　225

ニ

2×2 の分割表　159
2 元配置　186
2 次元正規分布　142
入力書式（インフォーマット）　55, 66
2 要因配置　186

ノ

ノンパラメトリック検定　153

ハ

配列　78
配列要素　79
箱ひげ図　121
外れ値　99
パーセント点　120
パソコン　7
バーチャート　100
バリマックス回転　224
範囲　116
反復 DO　22
反復 DO ステートメント　71, 72
反復測定　197

ヒ

ピアソンの確率相関係数　136
BMDP　4
比較演算子　36
p 値　147
日付関数　90
日付データ　89
標準誤差　119, 174
標準偏回帰係数　179
標準偏差　112, 119
標本標準偏差　116

フ

ファイル　15
フィッシャーの正確検定（Fisher Exact test, フイッシャーの直接確率計算）　161
フォーマット　55
フォーマット入力　55
フォーマットライブラリ一覧　68
符号検定　159
符号付き順位和検定　159
負の相関　137
ブレークキー　45
プログラムの実行中断　45
プロシジャ　19, 41
ブロックチャート　110
ブロム（Blom）の近似　122
分割ヒストグラム　104
分割表　159
分散説明率　172
分散比の F 検定　152
分散分析　167, 182
分散分析表　186
分布の正規性の検定　123

ヘ

平均　112
平均平方　185
並列ヒストグラム　104
偏回帰係数　175
偏回帰プロット　182
偏差値　87
偏差平方和　172, 174, 185
変数　19
変数選択　182
変数増減法　182
変数の長さ　47
偏相関係数　141
変動係数　119

ホ

ポインタ　57
ポインタコントロール　57
ポインタ変数　58
棒グラフ　100

マ

マクロ機能　92
マッチマージ　80-83
マルチレスポンス　112
マン・ホイットニー（Mann-Whitney）検定　153

ミ

幹葉表示　121
ミニコン　7

ム

無相関　137

メ

メインフレーム　7
メディアン　116

モ

目的変数　167
文字型の変数　24
モデルによって説明される分散　172
モード　116

ユ

有意　147
有意水準　147
ユーザー作成フォーマット　64
ユーザフォーマット　69
UNIX　7

ヨ

要因　184
要約統計量　112, 114, 124
予測値　167, 169

リ

リスト入力　24, 53
Leaps and bounds アルゴリズム　171
両側検定　149

ル

累積寄与率　210, 226

レ

連続修正　155, 161

ロ

ログ　10
論理演算子　36

ワ

歪度（skewness）　118
割り当てステートメント　27

SAS関連索引

A
ABORT ステートメント　22
ANOVA プロシジャ　186, 197
ARRAY ステートメント　23, 79, 80
ATTRIB ステートメント　23

B
BY ステートメント　42, 43
BY 変数　42
BZw.d インフォーマット　56

C
CALL ステートメント　22
CHART（プロシジャ）　100
CORR プロシジャ　132, 136

D
DATA ステップ　17, 19, 21
DATA ステートメント　20, 22, 41
DATALINES ステートメント　22, 24, 26
DELETE ステートメント　22, 39
DESCENDING オプション　84
DISPLAY ステートメント　22
DO-END ステートメント　37
DO UNTIL ステートメント　22, 73
DO WHILE ステートメント　22, 73
DO グループ　37
DO ステートメント　37
DO ループ　76
DROP ステートメント　23, 27, 28

E
ELSE ステートメント　36
END ステートメント　22, 37, 71
ERROR　22
EQ　36

F
FACTOR プロシジャ　219, 236
FILE ステートメント　22, 34, 35
FORMAT ステートメント　23, 63
FORMAT プロシジャ　64, 66-68, 110
FREQ プロシジャ　107, 109, 159, 166

G
GCHART プロシジャ　100, 106
GCONTOUR プロシジャ　143
GE　36
GLM プロシジャ　182, 186 194
GO TO ステートメント　22
GPLOT プロシジャ　100, 126
GROUP=オプション　104
GT　36
G3D プロシジャ　143

I
IF-THEN ステートメント　36
IF-THEN/ELSE ステートメント　22, 35, 36
INFILE ステートメント　22, 24, 26
INFORMAT ステートメント　23
INPUT ステートメント　22, 24-26, 54, 55

J
JMP　4

K
KEEP ステートメント　23, 28

L
LABEL ステートメント　23
LIBNAME ウィンドウ　95
LIBNAME ステートメント　94
LENGTH ステートメント　23, 48, 49
LINK ステートメント　22
LIST ステートメント　22
LOSTCARD ステートメント　22
LS=オプション　47
LT　36

M
MDY 関数　91
MEANS プロシジャ　112, 114
MERGE ステートメント　22, 34, 83
MIDPOINTS=オプション　104
MISSING ステートメント　22

N
NE　36
nengo10. フォーマット　90
NPARIWAY プロシジャ　153, 156

O
ODS LISTING ステートメント　52
ODS ステートメント　51

OPTIONS ウィンドウ　47
OPTIONS ステートメント　47
OTHERWISE ステートメント　38
OUTPUT ステートメント　22, 23, 39-41, 75, 76

P

PICTURE フォーマット　64
PLOT プロシジャ　126
PRINCOMP プロシジャ　207, 216
PRINTTO プロシジャ　47
PROC ステップ　17, 19
PROC ステートメント　20
PS=オプション　47
PUT 関数　69
PUT ステートメント　22, 34, 35, 62

R

RANK プロシジャ　85-87
REG プロシジャ　167, 169, 179
RUN ステートメント　21
RENAME ステートメント　23
RETAIN ステートメント　23

RETURN ステートメント　22, 26

S

SAS/ETS　6
SAS/GRAPH　6, 13
SAS/IML　6
SAS/INSIGHT　99
SAS/OR　6
SAS/QC　6
SAS/STAT　6
SAS Institute Japan　7
SAS ステートメント　17
SAS データセット　17, 19
SELECT/WHEN ステートメント　22, 38
SELECT グループ　38
SELECT 式　37
SET ステートメント　22, 32, 33
SORT プロシジャ　43, 83, 84
STANDARD プロシジャ　87, 89
STOP ステートメント　22
SUBGROUP=オプション　104
SUGI　7
SUM ステートメント　22

T

TABULATE プロシジャ　110

TODAY 関数　91
TRANSPOSE プロシジャ　84, 85
TTEST プロシジャ　150, 153

U

UNIVARIATE プロシジャ　114, 156
UPDATE ステートメント　22

V

VALUE フォーマット　65
VAR ステートメント　42

W

w.d. インフォーマット　56
WEEKDAY 関数　91
WHEN 式　38
WHERE 演算式　44
WHERE ステートメント　22, 44, 45
WINDOW ステートメント　23
WITH ステートメント　135

Y

yymmdd10・フォーマット　90

記号索引

$ 24, 28, 48	> 36	** 27
; 18	>= 36	%INCLUDE ステートメント 46
. 24	= 36	%LET ステートメント 92
/ 27, 58	#n 59	%marco 12
! 36	@ 59	%MACRO -%MEND ステートメント 92
(.) 25	@@ 60	
^ 36	@n 58	$w. インフォーマット 56
^= 36	+ 27	$CHARw. インフォーマット 57
< 36	+n 58	& 36
	* 27	

監修者・著者紹介

竹内　啓（たけうち・けい）
略　歴　1933年，東京に生れる．1956年，東京大学経済学部卒業．現在，東京大学名誉教授，明治学院大学名誉教授，経済学博士．
主　著　『数理統計学』(東洋経済新報社)，『線形数学』(培風館)，『社会科学における数と量』(東京大学出版会)，『計量経済学の研究』(東洋経済新報社)，『偶然とは何か』(岩波書店)．

市川　伸一（いちかわ・しんいち）
略　歴　1953年，東京に生れる．1977年，東京大学文学部卒業．1980年，東京大学大学院文学研究科博士課程中退．現在，東京大学大学院教育学研究科教授，文学博士．
主　著　『考えることの科学』(中公新書)，『確率の理解を探る』(共立出版)，『学ぶ意欲の心理学』(PHP新書)，『学力低下論争』(ちくま新書)．

大橋　靖雄（おおはし・やすお）
略　歴　1954年，福島に生れる．1976年，東京大学工学部卒業．1979年，東京大学大学院工学研究科博士課程中退．現在，東京大学大学院医学系研究科教授，工学博士．
主　著　『統計的推測』(共著，日本評論社)，『多次元データの解析』(共著，岩波書店)，『SASによる実験データの解析』(共著，東京大学出版会)，『生存時間解析』(共著，東京大学出版会)，『医師のための臨床統計学　基礎編』(編著，医歯薬出版)．

岸本　淳司（きしもと・じゅんじ）
略　歴　1960年，鳥取に生れる．1982年，広島大学教育学部卒業．1987年，北海道大学大学院文学研究科博士課程単位取得退学．現在，九州大学病院高度先端医療センター准教授．
主　著　『SASによる回帰分析』(共著，東京大学出版会)，『クォリティマネジメント用語辞典』(共著，日本規格協会)．

浜田知久馬（はまだ・ちくま）
略　歴　1965年，東京に生れる．1987年，東京理科大学薬学部卒業．1989年，東京理科大学大学院工学研究科修士課程修了．現在，東京理科大学工学部経営工学科教授，博士（保健学）．
主訳著　『学会・論文発表のための統計学』(真興交易医書出版部)，『生存時間解析』(共著，東京大学出版会)，『実用SAS生物統計ハンドブック』(監修，サイエンティスト社)．

下川　元継（しもかわ・もとつぐ）
略　歴　1975年，福岡に生れる．1998年，東京理科大学工学部卒業．2000年，東京理科大学大学院工学研究科修士課程修了．現在，九州大学病院高度先端医療センター特任助教．

田中佐智子（たなか・さちこ）
略　歴　1977年，東京に生れる．2000年，東京大学薬学部卒業．2005年，東京大学大学院医学系研究科健康科学・看護学専攻博士課程修了．現在，京都大学大学院医学研究科EBM研究センター特定助教，博士（保健学）．

SASによるデータ解析入門　第3版
SASで学ぶ統計的データ解析1

1987年 1月30日　初　版第1刷
1993年 8月 5日　第2版第1刷
2011年11月30日　第3版第1刷

［検印廃止］

監修者　竹内　啓
著　者　市川伸一・大橋靖雄・岸本淳司
　　　　浜田知久馬・下川元継・田中佐智子
発行所　財団法人　東京大学出版会
　代表者　渡辺　浩
　　　　113-8654 東京都文京区本郷7-3-1 東大構内
　　　　電話 03-3811-8814・FAX 03-3812-6958
　　　　振替 00160-6-59964
印刷所　株式会社平文社
製本所　株式会社島崎製本

©2011 Shinichi Ichikawa et al.
ISBN 978-4-13-064085-5 Printed in Japan
[R]〈日本複写権センター委託出版物〉
本書の全部または一部を無断で複写複製（コピー）することは，著作権法上での例外を除き，禁じられています．本書からの複写を希望される場合は，日本複写権センター(03-3401-2382)にご連絡ください．

竹内 啓 監修	SASで学ぶ統計的データ解析〈全7巻〉		
大橋 靖雄	2 SASによる データの要約と基礎的解析	未刊	
豊田 秀樹	3 SASによる 共分散構造分析	B5判/272頁/3800円	
前川 眞一	4 SASによる 多変量データの解析	B5判/304頁/4600円	
高橋 行雄 芳賀 敏郎 大橋 靖雄	5 SASによる 実験データの解析	品切	
芳賀 敏郎 野澤 昌弘 岸本 淳司	6 SASによる 回 帰 分 析	品切	
和合 肇	7 SASによる 時系列データの解析	未刊	
大橋 靖雄 浜田 知久馬	生 存 時 間 解 析	A5判/288頁/3600円	
東大教養学部 統計学教室編	統 計 学 入 門	A5判/320頁/2800円	
東大教養学部 統計学教室編	人文・社会科学の統計学	A5判/416頁/2900円	
東大教養学部 統計学教室編	自然科学の統計学	A5判/392頁/2900円	
中村・新家 美添・豊田	経済統計入門〔第2版〕	A5判/302頁/3000円	
中村・新家 美添・豊田	統 計 入 門	A5判/288頁/2400円	
ハーヴェイ 著 国友直人 山本 拓 訳	時系列モデル入門	A5判/248頁/3800円	
高橋 伸夫	経 営 統 計 入 門	A5判/280頁/3200円	

ここに表示された価格は本体価格です．御購入の
際には消費税が加算されますので御了承下さい．